参加型GISの理論と応用

―みんなで作り・使う地理空間情報―

Theory and Applications of Participatory GIS

若林芳樹・今井　修・瀬戸寿一・西村雄一郎 編著

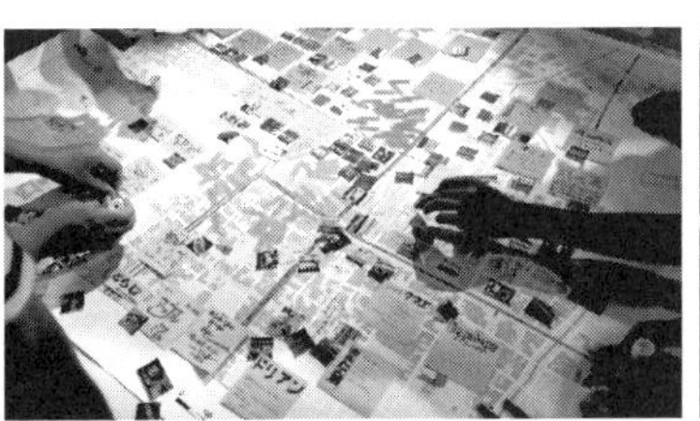

古今書院

目　次

第 9 章 PGIS とオープンソース GIS・オープンな地理空間情報

第 10 章 PGIS のハードウェア

第 11 章 PPGIS 教育ツール

第 12 章 PGIS のための人材育成

第 13 章 先住民マッピング

第Ⅲ部 PGIS の応用

第 14 章 クライシスマッピング

第 15 章 ハザードマップと参加型 GIS

第 16 章 放射線量マッピング

第 17 章 通学路見守り活動における地図活用 －富山県 A 市 H 学区の事例－

第 18 章 地域づくり：能登島の事例

序章 参加型GISの展開

1. GISと社会

今世紀に入ってから地理情報システム（GIS）の普及はめざましく，いまやGISという言葉を知らなくてもその恩恵を受ける場面が増えている．例えば，カーナビやスマートフォンのアプリを使って道順を検索したり，待ち合わせ場所をウェブ地図に表示して確かめたりといったことは，ごく日常的に行われている．また，ソーシャルメディアを使い慣れた人なら，スマートフォンで撮影した写真に位置情報を付けてウェブ上に保管し,仲間と共有するのはたやすいことであろう．つまり，携帯端末やパソコンなどの情報機器を操作してウェブを利用するスキルさえあれば，誰もが地理空間情報を利用したり作成したりできる時代が到来したのである．

このように地球上での位置を特定できる地理空間情報は，地図にして視覚的に表示するだけでなく，位置情報を持つデジタルデータとして，様々な用途に利用されている．最近の調査では，世の中に流通している情報の中で，地球上の位置を特定できる地理空間情報は6割程度を占めるという報告もある（Hahmann and Burghaldt, 2013）．そうした情報を対象にして，理論・技術・応用にまたがる研究を行うために，GISのSをScienceと読み替えて，地理情報科学（GIScience）という分野を提唱したのがGoodchild（1992）である．つまり地理情報科学とは，GISをツールとして開発し利用する研究だけでなく，その基礎となる技術や原理，さらにはGISを生み出し，それを利用する人間や社会との関係までを対象にする研究分野といえる．

表0-1は，1990年代後半から10年間の英語圏の学術雑誌に掲載された文献について，地理情報科学分野のテーマを分類して集計したものである．また，そこに挙げられた項目の地理情報科学での位置づけは図0-1に示している．表0-1から，データや分析手法などの技術的なテーマだけでなく，利用する人間の認知や社会との関係をめぐる諸問題も一定の関心を集めていることがわかる．その背景には，GISとそれを基礎にした地理情報技術（GIT）の進歩と普及にともない，それらが学術研究のみならず社会に及ぼす影響への関心が高まったことが挙げられる．こうした動きの一部は「クリティカルGIS（Critical GIS）」とも呼ばれ，GISと社会との関わりに関する批判的再検討を促した（Schuurman, 1999, 2000; 若林・西村 , 2010）．

GISと社会に関するテーマの中で，最も多くの研究が蓄積されてきたのが市民参加型GIS（PPGIS: Public participation GIS）である．SAGE社から出版された，GISと社会に関するハンドブック（Nyerges et al., 2011）でも，PPGISに多くのページが割かれている．今日では，より

表0-1 GIS関連雑誌記事の内容分析（1995～2004年）

分野	記事の数
空間分析とモデリング	190
アルゴリズム	159
地図作成と可視化	138
データ	103
誤差と不確実性	66
GISと社会	49
応用	41
認知と空間推論	35
存在論と認識論	11

Schuurman（2006）にもとづいて作成．

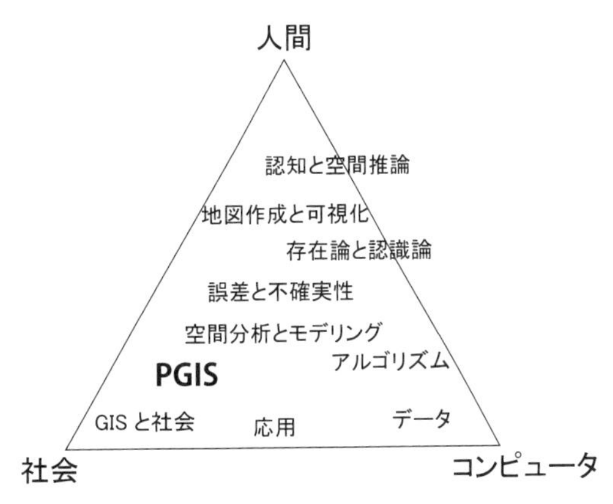

図0-1 地理情報科学の枠組みの中でのPGISの位置．
Goodchild（2010），Schuurman（2006）などをもとに作成．

広い領域を指す用語として参加型GIS（PGIS：Participatory GIS）という語が定着してきており，地理情報科学の枠組みでは，図0-1のように位置づけることができる．

PGISは学術研究にとどまらず，世界各地での課題解決に応用されており，そうした実践例や利用可能なツールを世界各地から集めて紹介したポータルサイトppgis.net[1]も開設されている．このことから，多様な主体が協働で課題解決に取り組む超学際的（transdisciplinary）な分野に対してPGISは有効な手段を提供するものといえる．本書では，開かれた技術としてGISを社会に活用していく動きとしてPGISをとらえ，その可能性と課題を探ることを目的とする．それに先立って，本章ではPGIS登場の背景とその後の展開を概観し，本書のキーワードや視点と構成を説明しておきたい．

2. PGIS登場の背景と展開過程

2-1. 欧米での展開

PGISに関連した主な出来事と出版物をまとめたのが表0-2である．ここに掲載した事項の詳細については第1～2章で改めて説明するが，ここではこの表をもとに，PGIS登場の背景と展開を概観しておきたい．

PPGISという用語は，1996年にアメリカ合衆国のNCGIA（国立地理情報分析センター）のワークショップで提示されたのが最初といわれおり，様々な市民参加活動を地理情報技術によって支援する分野を指す[2]．例えば，地図作成を通して市民の情報共有を促進したり，GISによって公共の意思決定過程を改善する活動などが含まれる．こうした動きが始まった背景には，行政主導で進められてきた従来の都市計画や地域政策を，多様な

表0-2　PGISに関連した英語圏の主要文献と出来事

年	PGISに関係する主な出版物，特集記事，出来事	関連する主な出来事
1992		地理情報科学の提唱（Goodchild, 1992）
1993	Friday Harbor会議（11月）	
1994		米国NSDI（国土空間データ基盤）大統領令
1995	論文集『グランド・トゥルース』(Pickles 1995) CaGIS特集「GISと社会」	<阪神淡路大震災で市民参加型GISの取り組み>
1996	NCGIAの研究議案I-19が発足 Schroederが次世代GISとしてGIS2，PPGISを提案	UCGIS（地理情報科学大学連合）設立
1997	NCGIAのワレニウス事業が発足	
1998	CaGIS特集「PPGIS」	米国Gore副大統領によるデジタルアースの提唱 <NPO法成立>
1999	Cartographicaモノグラフ「Critical GIS」(Schuurman, 1999)	
2000		GPSのSA（Selective Availability）解除
2001	Cartographica特集「PPGIS」 EPB特集「WebGISと市民参加」	Wikipdia開設
2002	論文集『コミュニティ参加とGIS』(Craig et al., 2002)	
2003	URISA Journal特集「地理情報を用いたアクセスと参加」	
2004	OSMが英国で活動開始 FOSS4G第1回会議開催	
2005	Cartographica特集「クリティカルGIS」	O'ReillyによるWeb2.0の提唱 Google Maps/Earthの公開
2006	Turner (2006) が「ネオ地理学」を提唱	OSGeo財団設立
2007	＜岡部・今井監修『GISと市民参加』出版＞	＜地理空間情報活用推進基本法成立＞
2008	GeoJournal特集「VGI」	
2010		ハイチ地震でOSMがクライシスマッピングを実践
2011	SAGEハンドブック『GISと社会』	＜東日本大震災でクライシスマッピングを実践＞
2012	Transactions in GIS特集「GISボランティアの出現」	
2013	EPA特集「ネオ地理学を位置づける」 GeoJournal特集「ジオウェブの理論化」 論文集『地理的知のクラウドソーシング』(Sui et al., 2013)	G8サミットで「オープンデータ憲章」に合意

雑誌名の略称：CaGIS: Cartography and GIS, EPA: Environment and Planning A, EPB: Environment and Planning B．破線は本文中の時期区分の境目を表す．右欄の＜＞内は日本の出来事．

主体の参加と連携によって再構築する動きが欧米をはじめとする先進国で顕著になったことがある（山下 , 2007）．特に米国では，2009 年に成立したオバマ政権で大統領が打ち出したオープンガバメントの方針が，PPGIS の活動にとっても追い風となったことは間違いない．2013 年の G8 サミットでは，「オープンデータ憲章」への合意が成立し，先進国を中心に，地理空間データのオープン化が推進されてきた（第 8 章参照）．

当初，米国をはじめとする先進国の都市が主たる対象となっていた PPGIS は，農村地域や原野，発展途上国にも応用され，現地の人々しか知り得ないローカルな知を GIS に取り込む活動が進展している（Craig et al., 2002; Sieber, 2006）．こうした活動を含む，より広い対象をカバーする用語として，今日では PGIS という表現が用いられるようになった（Kemp, 2008）．特に PGIS では，Web GIS などのハイテク技術だけでなく，手描き地図やレリーフマップなどの古典的な地図作成手法を含む広義の地理情報技術を，開発教育や参加型開発における PRA（Participatory Rural Appraisal，参加型農村調査法）のツールとして利用することも含まれる（第 13 章参照）．

このような PGIS の裾野の広がりを支えた技術的基盤として，地理空間データの収集・地図化・分析を容易にするハードとソフトの開発と低廉化の進行が挙げられる．詳細は第 II 部で述べるが，2000 年には，GPS（全地球測位システム）に故意に加えられていた精度劣化操作（SA）が解除されたことにより，衛星測位の精度が飛躍的に向上した．これによって普及した GPS 端末の利用が PGIS の拡大に寄与している．また 2005 年以降は，Google Maps の API などを使って，異なる情報源からのコンテンツをウェブ地図上で重ね合わせるマッシュアップ（mashup）のほか，GPS や携帯情報端末を用いたモバイル GIS などの新技術を，PGIS に活用する取り組みが盛んになってきた．

さらに，2004 年に始まる OpenStreetMap（OSM）のように，非専門家が基盤地図の作成に加わる動きもみられ，ウェブ上での地理情報の作成や共有に一般市民が参加する活動を総称した「ボランタリーな地理情報（VGI: Volunteered Geographic Information）」や「ネオ地理学（neogeography）」という用語も盛んに使用されるようになった（Goodchild, 2007；瀬戸 , 2010）．その結果，OSM のような自由に利用可能な地図データや，公的機関が公開している様々な地理空間データのほか，QGIS（Quantum GIS）をはじめとするオープンソースの GIS ソフトも利用可能になっている（第 9 章参照）．こうした動きを総体としてみると，オープン GIS（Sui, 2014）という流れの中に位置づけられる．

2-2. 日本での展開

欧米で始まった PGIS は，やや遅れて日本にも波及してきている．例えば，2003 ～ 2005 年度に政府が実施した GIS 利用定着化事業では，市民参加が中心題目に掲げられ，日本での PGIS の普及につながった．この事業の成果や活用事例は，防災，防犯，環境，バリアフリーなど様々な分野に及び，市民参加を促進するツールとしての GIS への期待が高まってきた．その成果をまとめたのが，2007 年に出版された『GIS と市民参加』（岡部・今井監修 , 2007）である．これはおそらく日本で最初の PGIS に関するまとまった書物であり，一部の専門家が独占していた GIS 利用を一般市民に拡大する 1 つのきっかけを与えたことは間違いない．

そうした動きを後押ししたのは，非専門家でも利用可能な地理空間データや GIS ソフトが広まったことが挙げられる．例えばデータについては，2007 年に成立した地理空間情報活用推進基本法によって，総務省の e-Stat や国土交通省の国土数値情報のように，無償で利用できる公共セクターからの地理空間データが飛躍的に増大した．こうした動きは，いうまでもなく世界的なオープンデータの潮流が背景になっている．一方，民間セクターでも前述の VGI の動きが日本に波及し，2004 年に英国で始まった OSM の活動は 2008 年に日本にも上陸した（第 9 章参照）．

一方，GIS ソフトについては，QGIS や MANDARA など，フリーでオープンソースの GIS ソフトが普及・改良されてきたことにより，GIS 利用のハードルが低くなってきている．また，Google Maps などのウェブ地図には，様々なデータを追加して重ねて表示するレイヤ機能を備えたものも増え，簡易 GIS として利用することもできる．こうしたウェブ地図は，一般にジオウェブ（Geoweb : Geospatial Web の略称）とも呼ばれている．

このように，利用可能なデータやソフトが飛躍的に増大したことを受けて，様々な分野に PGIS が応用されてきている．詳細については本書の第Ⅲ部で取り上げるが, 日本で PGIS が普及したきっかけは，大規模な自然災害の発生であった．今井（2009）は，1995 年の阪神淡路大震災の際にパソコン通信を使って行われた被災地の情報発信を, その先駆的事例として紹介している．その後，1998 年の特定非営利活動促進法（NPO 法）の施行を契機として，様々な分野でのボランティア活動が活発化した．2011 年の東日本大震災の際には，それにソーシャルメディアとジオウェブを組み合わせる技術が加わって，被災地支援のための情報発信に VGI の活動が大きな役割を果たし，非営利の民間セクターによる地理空間情報の役割がいっそう高まったといえる[3]．

しかし，今井（2009）の指摘にあるように，日本の PGIS は，主にコミュニケーションツールとして利用されている段階にあり，地域の課題解決など意思決定の場面に導入された例は必ずしも多くないのが現状である．また，応用事例は増えたとはいえ，学術的な PGIS に関する研究としては，ツールの開発や有効性の検証を行った事例[4]が多く，体系だった理論的な研究は乏しいのが現状である．本書のねらいは，そうした理論・方法論と技術・実践とのギャップを埋めることにある．

3. 現代の PGIS を理解する枠組み

表 0-2 では，PPGIS という言葉が最初に使用された 1996 年と OSM やウェブ地図などオンラインツールを使った動きが本格化した 2004 年で時期区分している．第 1 ～ 2 章でも，同様の区分にもとづいているが，この時期は PGIS にとって大きなターニングポイントでもあり，それ以降の PGIS 研究は，いくつかの新しい概念を基軸に展開してきている（瀬戸 , 2010, 2016）．ここでは，それらの主要な概念を切り口にして，現代の PGIS を理解するための概念的枠組みを整理しておきたい．

3-1. Web 2.0 とジオウェブ

O'Reilly（2005）が提唱した Web2.0 というバズワード（buzzword）は，いまや陳腐な表現になりつつある．しかし，最近の PGIS をめぐる動きも基本的には Web2.0 の範疇にあるといってよい．O'Reilly 自身はそれに明確な定義を与えていないが，第二世代のウェブ技術のトレンドを指す Web 2.0 の特徴として彼が挙げている 7 つのポイントのうち，貢献者としてのユーザ（User as contributor），ユーザ参加（Participation），根本的な信頼（Radical trust）は，PGIS の基盤をとなる現代のウェブ技術の特徴を端的に表している．また, 梅田（2006）は Web2.0 の本質について「ネット上の不特定多数の人々（や企業）を, 受動的サービス享受者ではなく能動的な表現者と認めて積極的に巻き込んでいくための技術や開発姿勢」と指摘したが，これはユーザの参加による新たな価値の創造につながる．このように，Web2.0 はもともと PGIS と高い親和性を持っていたといえる．

例えば，Google Maps の API を用いれば，ユーザ自身が作成した地理空間情報をウェブ地図上に表示できる. こうしたジオウェブの機能を用いて，多数のユーザが集めた情報をウェブ地図上で共有する動きが活発化した．つまり，インターネットに接続可能な環境で情報端末を操作する最低限のスキルを持っていれば，誰もが地理空間情報の発信者となって地図作成に参加できるのである．もともとはローカルな市民参加活動を地理空間技術によって支援する分野として始まった PPGIS であるが，ジオウェブの登場は，より広範な地域の多様な主体が地理空間情報を共有し意思決定に関わることを可能にしたといえる．

3-2. VGI とクラウドソーシング

GIS にとって Web2.0 の影響が強くあらわれているのは，主に地理空間データ収集・作成におけるユーザの参加であろう．前述のジオウェブを用いて不特定多数のユーザが提供した情報を地図に集約し，共有する活動はその典型である．こうした動きはクラウドソーシング（crowdsourcing）という業務形態の一種であり，収集されたデータは

VGI と呼ばれるようになった（第 5 章参照）．この言葉を発案した Goodchild（2007）の「センサーとしての市民」と題した論文でも，VGI を可能にした技術の 1 つとして Web2.0 が挙げられている．

VGI とは，端的に言えば，Web2.0 の特色であるユーザ自身が生み出したコンテンツ（UGC: User generated contents）のうち，地理空間情報を含むものを指す．UGC は，主にブログ・SNS・Wiki などの Web2.0 の技術を使って，非専門家が提供した文章，写真，動画などのコンテンツで，例えば動画共有サイト YouTube，百科事典サイト Wikipedia などがその典型例である．これの GIS 版といえるのが前述の OSM であり，Google Maps と wiki のシステムを組み合わせたオンライン地図サービス WikiMapia，ジオタグ付きの写真が共有できる Flickr なども VGI の代表的なツールとなっている．

また，スマートフォンなどの携帯端末に組み込まれた GPS や各種センサーから取得したデータは，通信事業者などが貯蔵して個人情報と位置情報を切り離した形で利用されている．そうした情報を使って，道案内，広告，ゲームなどの各種の位置情報サービス（LBS: Location Based Services）を提供するビジネスも生まれている（神武ほか，2014）．そのほか，自動車に搭載された各種センサーを用いて，走行中の路線の渋滞状況や天候の情報を収集するプローブカー（probe car）[5] の活用も VGI の応用例といえるであろう．

ただし，OSM のように，貢献者が明確な意図を持って自発的に作成したデータと，スマートフォンなどのセンサーで自動記録されたデータとでは性格がやや異なる．そのため，Harvey（2013）は，クラウドソーシングされた地理空間情報を 2 つに分け，OSM のような事前同意（オプトイン；opt-in）にもとづく VGI と，自動記録されたセンサー・データのように事後停止（オプトアウト；opt-out）による CGI（Contributed Geographic Information）とを区別している．また，VGI の実践がつねに PGIS につながるわけでもなく，Tulloch（2008）は，VGI が新技術や地図化に関心があるのに対し，PGIS は意思決定と社会変化を GIS で追求することに重点を置くという違いを指摘している．

3-3. ネオ地理学と市民科学

Web2.0 の特色は，ウェブを介して様々なユーザが双方向で情報をやりとりできることにあるが，VGI では地理空間情報のユーザ（消費者）がその生産の一端を担うことになる．こうして情報の生産者と消費者の境界が曖昧になった結果として台頭してきた，生産者であり消費者である人々をトフラー（1982）はプロシューマー（prosumer）と呼んだが，梅田（2006）は代表的な Web2.0 技術であるブログを例に取りながら，プロシューマーが卓越する現代を「総表現社会」と特徴付けている．

これを GIS に当てはめると，VGI に参加してデータ生産に携わる人たちは，必ずしも地理学の専門家ではないものの，地理的技法やツールを使って地理空間情報の生産に貢献している．こうした人たちを Turner（2006）は，ネオ地理学者（neogeographer）と呼んだ．その代表例は，OSM に参加するマッパーたちで，専門の地理学者とは異なる市民科学（citizen science）としてのネオ地理学の担い手に位置づけられる．ただし，VGI とネオ地理学者との関係は単純では無く，Wilson and Graham（2013）によれば，VGI がデータの生産を目的とする活動であるのに対し，ネオ地理学者はその利活用にも関わるプロシューマーという性格を持つと指摘している．

こうしたネオ地理学者が担うネオ地理学という新たな市民科学は，Web2.0 が可能にした面もあるが，こうした動きは他の科学にもみられる．そもそも市民科学はウェブ技術の登場以前にも存在し，天文学や生物学では古くからアマチュアが科学研究に参加する機会はみられたし，近代科学の黎明期や制度化以前に活躍したガリレオやダーウィンのような著名な科学者たちも当時はアマチュアであった（Goodchild, 2009）．しかし Web2.0 に代表されるオンラインツールの登場によって，市民科学に参加できるアマチュア科学者が飛躍的に増加し，知の生産の仕組みが大きく変わりつつある．こうした状況をニールセン（2013）はオープンサイエンスと呼んでいるが，さしずめ OSM は，オープンサイエンスの GIS 版といえるであろう．ただし，市民科学の中でもアマチュアの参加の度合いが異なり，それを Hakley（2013）は，①クラウドソーシング，②分散的知性，③参加型科学，④究極の市民科学の 4 つのレベルに分けている．

3-4. オープンデータとビッグデータ

以上の動向に加えて，2013 年 G8 サミットの「オープンデータ憲章」以降，先進国ではオープンデータ化が進展しており，これと VGI の普及があいまって，GIS 普及のボトルネックとなっていたデータの利用環境が大幅に改善されてきた．オープンデータとは，機械判読に適したデータ形式で，二次利用が可能な利用ルールで公開されたデータを指すが，その中でも地理空間データは重要な要素として位置づけられている（宇根・石関，2016）．オープンデータは主として行政機関から提供され，行政の透明性・信頼性の向上，国民参加・官民協働の推進，経済の活性化・行政の効率化を推進することがねらいとなっており，PGIS の関心とも重なるところがある．

これと並んで注目を集めてきたのがビッグデータである．これは，インターネットの普及，コンピュータの処理速度の向上，センシング技術の発達などによって生成される多種多様な大容量のデジタルデータを指し，Web2.0 技術で収集された VGI もその一部に含まれる．こうした大量のデータを AI（人工知能）技術などを用いて高速処理し，分析するための新技術や新たなビジネスも急速に進展している．

これらの 2 種類のデータは部分的に重なるとはいえ，性格はやや異なる．オープンデータには，OSM のように草の根の市民活動によって作成されたものもあるが，主に公的機関が提供する行政情報が多くを占める．これに対し，ビッグデータは公的機関だけでなく民間や個人など多種多様な情報源からもたらされるものである．しかし，いずれも地理空間情報へのアクセスを容易にすることは確かである．特にオープンデータが目指すのは，単なるデータの提供による行政の透明化にとどまらず，市民参加を促進するオープンガバメントにある．その点でも，PGIS の活動にもプラスに作用することは間違いないであろう．

4. PGIS の課題

本書の前身ともいえるのは，前述の 2007 年に出版された『GIS と市民参加』（岡部・今井監修，2007）である．ただし，そこで紹介された PGIS の国内での事例のうち，現存するのはごくわずかである．これは，同書が国土交通省による GIS 利用定着化事業の成果にもとづくもので，事例の多くがパイロット事業として試験的に取り組まれたことにも一因がある．しかし，それ以上に大きな原因として挙げられるのは，GIS を取り巻く ICT 環境の激変である．同書が出版されてからわずか 10 年足らずの間に，本章で述べたような PGIS に関連するウェブ技術が急速に進展したため，既存の PGIS の仕組みを大幅に見直す必要が生じたのである．

ただし，こうした変化の原因を単に技術の進歩だけに求めると，技術決定論に陥る恐れがある．PGIS を取り巻く変化の背景には，社会的側面も作用しており，社会が求める技術が選択的に採用され普及した結果ともいえる．そうした背景の 1 つとして，前述のオープンガバメントの動きがある（第 8 章参照）．オープンガバメントを特徴づける，透明性，市民参加，官民連携の 3 原則は，いずれも PGIS を社会に実装するための要件になると同時に，PGIS を支える各種技術の開発を促す社会的背景を形成している．こうした動きを大局的にみると，政府の一元的なガバメントから，多様な主体によるガバナンスへの公共政策の転換という流れの中に位置づけられる．

オープンデータは，こうした社会や地域の課題解決への応用だけでなく，GIS の研究・教育にも多大な影響を与えることになる．それをオープン GIS という概念で捉えた Sui（2014）は，データ，ソフト，ハード，標準化，研究，出版，資金，教育の 8 つの次元からこの動きを整理し，4 つの機会と 4 つの障害があることを指摘している．

また，PGIS が社会的実践として恒常的に機能するためには，参加の仕組みが制度化される必要がある．市民による政策決定への参加の仕方については，いくつかの類型化があるが，代表的なものは表 0-3 の 8 段階に分けた Arnstein（1969）の

表 0-3 Arnstein の市民参加の階梯

市民権力	⑧市民の自主管理
	⑦権限委譲
	⑥パートナーシップ
形式的参加	⑤懐柔
	④相談
	③情報提供
非参加	②対処療法
	①操作

Arnstein（1969）にもとづいて作成．

モデルがある．そこでは，参加の階梯を①操作，②対処療法，③情報提供，④相談，⑤懐柔，⑥パートナーシップ，⑦権限委譲，⑧市民の自主管理に分け，①〜②を非参加の状態，③〜⑤を形式的参加の段階，⑥〜⑧を市民権力の段階と位置づけた．このモデルに日本の PPGIS の事例を当てはめた山下（2007）は，③情報提供の段階にあると指摘している．

ただし，市民の自主管理が最終的な目標となるべきかどうかは異論もあり，段階を組み替えて修正したモデルもいくつか提示されている．また，市民と政府を対立的に捉えすぎているという指摘もあり，特に Web2.0 によって両者の境界が曖昧になっている面もある（Sieber et al., 2016）．

PGIS の普及を促進している VGI は，こうした参加型政策決定や市民科学にプラスの影響をもたらしていることは確かであるが，一方でマイナスの影響も指摘されている（Elwood et al., 2012）．その 1 つは社会的排除の問題で，デジタルデバイドによってデータ作成やアクセスの面で不平等な状況が残されている．また，広義の VGI に含まれる GPS や各種センサーによって集められた位置情報は，適切な措置がなされなければ監視の道具となり，プライバシーの侵害につながる恐れもある（第 7 章参照）．

VGI はまた，地図認識にも大きな変化をもたらした．Dodge and Kitchin（2013）は，OSM のような VGI にもとづく地図がもたらした影響として，①地図のオーサーシップの見直し，②オントロジー（存在論）をめぐる力関係，③地図作成の対象の局所性と永遠の未完成状態，④制作の一過性，を指摘している．これらは Web2.0 以降のウェブ技術に共通する面もあるが，必ずしもこれらを否定的に捉える必要はなく，むしろ OSM に代表される VGI は，「自然の鏡」としての地図の虚構を明るみに出す1つのきっかけを与えたともいえる．

5. 本書の構成

本書ねらいは，PGIS の理論，方法，実践にまたがる様々な話題を取り上げ，内外の事例にもとづいて現状と課題を検討することにある．

第 I 部では，PGIS の理論的諸問題を取り上げる．最初の第 1・2 章で PGIS の系譜を 2000 年より前と後に分けて紹介する．これは，2000 年を過ぎた頃からインターネットの利用環境やビジネスモデルが転換して Web2.0 の動きが活発化したのに伴い，PGIS の形態も大きく変化したことをふまえている．第 3・4 章では，PGIS による課題解決のための方法論として，米国のハーバード大学で開発されたジオデザイン（GeoDesign）と日本発祥の地元学を取り上げる．インターネットの発達と普及は，不特定多数の人々を巻き込んだ業務委託形態としてのクラウドソーシングをもたらしているが，それが PGIS の活動にもたらしたインパクトを第 5 章で紹介する．PGIS の活動はまた，社会的な少数派や弱者のエンパワーメントにも有効な手段を提供しており，その一例としてカウンターマッピングを第 6 章で述べる．その上で，第 7 章では地理空間情報全体に共通する課題としての倫理的問題を取り上げる．

第 II 部では，PGIS を支える技術と仕組みを検討する．PGIS の普及を後押ししているのは，いうまでもなくデータやソフトウェアのオープン化である．そうした動きの背景を第 8 章で述べたうえで，データとソフトウェアのオープン化の具体的事例を第 9 章で紹介する．また，PGIS を支えるハードウェアの新技術については第 10 章で概観する．一方，PGIS の裾野を広げて活動を継続するには，人材育成も重要になる．第 11 章ではオランダで開発された PGIS のための教育ツールを，第 12 章では人材育成のための活動について述べる．最後に，発展途上国で PGIS を導入するための方法論として，第 13 章では先住民マッピングの事例を取り上げる．

こうした PGIS の理論と方法を応用した事例を

紹介するのが，第III部である．ここでは応用分野を，災害対応，まちづくり・地域づくり，福祉分野，教育分野，オープンデータに分けて事例を紹介する．災害については，災害発生時の緊急対応としてのクライシスマッピング，平時の対策としてのハザードマップ，災害後の課題としての放射線量マッピングを取り上げる．まちづくり・地域づくりへの応用としては，子どもの通学路の安全確保，農村の活性化，場所の記憶を記録した地図の共有といった場面での PGIS の利用を紹介する．比較的新しい応用例となる福祉分野では，子育て情報の共有，視覚障害者の道案内，介護カルテにおける利用について検討する．一方，もともと一般市民への GIS の普及が PGIS の当初のねらいであったため，GIS 利用の裾野を広げることにつながる教育分野での事例は比較的多い．本書では，従来はあまり取り上げられてこなかった，ゲーム要素を含む AR（拡張現実）ツールの利用，大学教育での実践例を紹介する．最後に，地理空間情報のオープンデータ化について，日本と海外の動向を概観する．

ここで取り上げる PGIS の応用事例は，ローカルな地域を対象にしたものがほとんどであるが，同じ PGIS の技術を用いても，地域の条件や対象によって利用のされ方や結果に違いがあらわれることもある．つまり，PGIS の実践は，地理空間情報を使うだけでなく地域の文脈に依存するという 2 重の意味で，きわめて地理学的なテーマといえるであろう．

（若林芳樹）

【注】

1）http://www.ppgis.net/
2）ただし，これに先立つ 1995 年に出版された論文集 “Ground Truth”（Pickles, 1995）では，すでに参加型 GIS（Participatory GIS）という語を Harris らが使っていた．
3）具体的事例は，『Web Designing』誌（vol.118, 2011 年），『GIS NEXT』誌（35 号, 2011 年）などの特集記事を参照．
4）例えば，碓井（2008）は，日本の Web GIS の先駆けとなったカキコまっぷの応用事例などを紹介している．また，PGIS に応用できる Web GIS 用のツールを開発し紹介した山本（2015）には，過去の応用事例が多数挙げられている．
5）日本では ITS（高度道路交通システム）の一環として，大手自動車メーカーなどが実用化しており，2011 年の東日本大震災でも被災地の道路状況の把握などに利用された．

【文献】

宇根　寛・石関隆幸（2016）地理空間情報に関するオープンデータ化の動きと国土地理院の取り組み , 環境情報科学 44（4）: 41-44.

梅田望夫 (2006)『ウェブ進化論』筑摩書房 .

今井　修（2009）市民参加型 GIS, コミュニケーションと GIS. 村山祐司・柴崎亮介編『シリーズ GIS 3　生活・文化のための GIS』67-81, 朝倉書店 .

碓井照子（2008）市民参加型 GIS（PP-GIS）と 21 世紀の都市像 . 近畿都市学会編『21 世紀の都市像－地域を活かすまちづくり－』140-159, 古今書院 .

岡部篤行・今井　修監修 (2007)『GIS と市民参加』古今書院.

神武直彦・関　治之・中島　円・古橋大地・片岡義明（2014）『位置情報ビッグデータ』インプレス R&D.

瀬戸寿一（2010）情報化社会における市民参加型 GIS の新展開 . GIS －理論と応用 18（2）: 31-40.

瀬戸寿一（2016）参加型データ社会の到来と地理空間情報 . 川原靖弘・関本義秀編『生活における地理空間情報の活用』204-219, 放送教育振興会.

トフラー , A. 著 , 徳岡孝夫監訳（1982）『第 3 の波』中央公論社 .

ニールセン , M. 著 , 高橋　洋訳（2013）『オープンサイエンス革命』紀伊國屋書店.

山下　潤（2007）PPGIS 研究の系譜と今日的課題に関する研究－人文地理学の視座－ . 比較社会文化 13: 33-43.

山本佳世子 (2015)『情報共有・地域活動支援のためのソーシャルメディア GIS』古今書院 .

若林芳樹・西村雄一郎（2010）「GIS と社会」をめぐる諸問題－もう一つの地理情報科学としてのクリティカル GIS－ . 地理学評論 83: 60-79.

Arsntein, S.R.（1969）A ladder of citizen participation. *Journal of the American Institute of Planners* 35: 216-224.

Craig, W.J., Harris, T.M., and Weiner, D. eds.（2002）*Community Participation and Geographic Information Systems*. London: Taylor & Francis.

Dodge, M. and Kitchin, R.（2013）Crowdsourced cartography: mapping experience and knowledge. *Environment and Planning A* 45: 19-36.

Elwood, S., Goodchild, M. F. and Sui, D.（2012）Researching volunteered geographic information: spatial data, geographic research, and new social practice, *Annals of the Association of American Geographers*. 102（3）: 571-590.

Goodchild, M.F.（1992）Geographical information science. *International Journal of Geographical Information Systems* 6: 31-45.

Goodchild, M. F.（2007）Citizens as sensors: the world of volunteered geography. *GeoJournal* 69（4）: 211-221.

Goodchild, M.（2009）Neogeography and the nature of geographic expertise. *Journal of Location Based Services* 3（2）: 82-96.

Goodchild, M.（2010）Twenty years of progress: GIScience in 2010. *Journal of Spatial Information Science* 1: 3-20.

Haklay, M.（2013）Citizen science and volunteered geographic information. In *Crowdsourcing Geographic Knowledge*. Eds.

Sui, D. Elwood, S. and Goodchild, M., 105-122. Dordrecht: Springer

Hahmann, S. and Burghaldt, D.（2013）How much information is geospatially referenced? Networks and cognition. *International Journal of Geographical Information Science* 27: 1171-1189.

Harvey, F.（2013）To volunteer or to contribute locational information? In *Crowdsourcing Geographic Knowledge*. Eds. Sui, D. Elwood, S. and Goodchild, M., 31-42. Dordrecht: Springer.

Kemp, K.K. ed.（2008）*Encyclopedia of Geographic Information Science*. Thousand Oaks SAGE.

Nyerges, T.L., Couclelis, H. and McMaster, R. eds.（2011）*The SAGE Handbook of GIS and Society*. London: SAGE.

O'Reilly, T.（2005）*What is Web2.0*. http://www.oreilly.com/pub/a/web2/archive/what-is-web-20.html

Pickles, J. ed.（1995）*Ground Truth: The social implications of geographic information systems*. New York: Guilford.

Schuurman, N.（1999）Critical GIS: theorizing an emerging science. *Cartographica, monograph* 53 :1-107.

Schuurman, N.（2000）Trouble in the heartland: GIS and its critics in the 1990s. *Progress in Human Geography* 24: 569-590. シュールマン , N., 小林哲郎・森田匡俊・池口明子訳（2002）1990 年代の GIS とその批判 . 空間・社会・地理思想 7: 67-89.

Schuurman, N.（2006）Formalization matters: critical GIS and ontology research. *Annals of the Association of American Geographers* 76: 726-739.

Sieber, R.（2006）Public participation geographic information systems: a literature review and framework. *Annals of the Association of American Geographers* 96: 491-507.

Sieber, R.E., Robinson, P.J., Johnson, P.A., and Corbett, J.M.（2016）Doing public participation on the geospatial Web. *Annals of the Association of American Geographers* 106: 1030-1046.

Sui, D.（2014）Opportunities and impediments for Open GIS. *Transactions in GIS* 18（1）.

Sui, D.Elwood, S. and Goodchild, M. eds（2013）*Crowdsourcing Geographic Knowledge*. Dordrecht:Springer.

Tulloch, D.L.（2008）Is VGI participation? From vernal pools to video games. *GeoJournal* 72: 161-171.

Turner, A. J.（2006）*Introduction to Neogeography*, O'REILLY Media Inc.

Wilson, M. W. and Graham, M.（2013）Situating neogeography, *Environment and planning A*, 45（1）: 3-9.

第Ⅰ部　PGISの理論

第1章 PGIS研究の系譜（その1）

1. 2000年代前半以前のPGISの展開

米国の国立地理情報分析センター（NCGIA）のイニシアティブ19（I-19）『Social Implications of How People, Space and Environment are Represented in GIS（GISでの人間，空間，環境の代表性に関する社会的意味）』ならびにその後のワレニウス事業（Varenius projects）を通じて，PPGIS（public participation GIS）[1]研究は深化されてきた．I-19の設立はTaylor（1990）によるGIS批判に端を発しているといえる（碓井，2003）．Taylor（1990）は，これまで地理学は知識を蓄積し，一学問分野となったが，知識ではなく情報や事実を扱うGISでは学問分野とはなりえず，また情報や事実を偏重したGISは1970年代の新しい地理学と同じであり，その批判を考慮していないと指摘した．Taylor（1990）に対するGIS研究者の反論，その後のGIS研究者とGISに批判的な人文地理学者の論争の結果，社会とGISの関係を深く探求するため，I-19が設立され，I-19の中からPPGISが発展していった．さらにNCGIAのI-17（集団的空間意思決定）もI-19での研究に影響を与えているといえることから，I-17で進められてきた各種の地域計画・政策への意思決定過程に関する研究に加えて，I-19では，各種のステークホルダーの参加方法，特にアドボカシー・グループ（advocacy group）の活用も含めた，積極的に意見を表示しないステークホルダーや，周辺化された人々へのアウトリーチも問題とされてきた点は看過されるべきではない．

以上を踏まえて，以下で，Taylor（1990）を嚆矢とするGIS批判からGIS/2（以下GIS2）が提唱され，その過程でPPGISが誕生し，各分野で活用されるまでの2000年以前の経過を概論し，3節で，PPGISの特徴を示す．なおSchroeder（1996a）はGIS2を，過程を強調し，表現のためのコミュニケーションを指向するとともに，表現自体も指向する一組の方法や装置である[2]，と定義している．

2. PPGISの誕生とPPGIS研究の展開

ここでは，Taylor論文以降，PPGISの誕生までの経緯を詳述したSchuurman（2000）と，それ以降のPPGIS研究の展開を論じたSieber（2006）を中心にGIS批判から近年のPPGIS研究の拡大に至る経緯を概説する．PPGISの歴史を，Taylor（1990）論文から1993年に開催されたFriday Harbor会議までの第一期（胎動期），Friday Harbor会議以降，これまでのGISに代わる第二のGISとしてのGIS2の概念の提示をもとに，NCGIAによって1996年にI-19が設立され，同年にI-19に付随した2つのワークショップが開催されるまでの第二期（創成期），ワークショップ以降，NCGIAのワレニウス事業のもとで，初めてPP（市民参加）を冠し，1998年にサンタバーバラで開催されたワレニウス・ワークショップ以降の第三期（発展期）に分けることができる．以下では各期のPPGISに関する論点と課題と成果を示す．

2-1. 第一期（胎動期）

Friday Harbor会議にいたる第一期における論点は，GISに関する認識論上の問題にあった．この点に関しては，先述したTaylor論文へのGIS研究者の反論と，その後のGIS研究者とGISに批判的な人文地理学者の論争は，Pickles（2006）が示すように，「空間データやコンピュータの解析力，ならびに空間解析の初期モデルの生態的・相互作用的な影響力に関して，GISを用いて，その限界を解消しようとしている空間分析の後継者と，初期の実証主義者，還元主義者，政策指向の論理と奮闘していた研究者の間のサイエンス・ウォーズ」（p.764）の様相を呈していた．すなわちTaylor（1990）の指摘に対して，GIS研究者が反論（Goodchild, 1991; Openshaw, 1991）を加えているが，この反論を受けて，GISに批判的な人文地理学者は，GISは客観性や価値中立性を特徴とする実証主義に立脚しているが（Lake, 1993），湾岸戦争でのGISの活用でも明らかなように，

GIS 研究者は価値中立的立場を堅持することは難しく，彼らの GIS 研究によって何らかの社会的な影響を及ぼす（Smith, 1992）という批判である．一方で，GIS 研究が及ぼす社会的影響が認められるにもかかわらず，意思決定空間（decision space）における社会問題を積極的に取り扱っていない（Dobson, 1993）ことも GIS に批判的な人文地理学者によって指摘された．

このような GIS 批判者による主張が，社会と GIS の関係を今後明らかにするべきであると GIS 研究者に認識されるとともに，その後，I-19 での議論へと継承されることになる．さらに意思決定に関する問題は，NCGIA による集団レベルでの空間に関わる意思決定を主題とした I-17 での GIS 研究と相まって [3]，I-19 において，特にステークホルダー論（主体論）を中心とした意思決定に関する GIS 研究へと発展されることになった．また一方で，これまでの GIS が定量化できるデータを主に扱っているとされた問題は，その後，定性的データを組み込んだ PPGIS 研究を推進させる原動力にもなった（Hytömen et al., 2002; Elwood, 2006）．

このような GIS 研究者とそれに批判的な人文地理学者の対立の激化を回避し，両者の対話を促進するため，1993 年 11 月に開催されたのが Friday Harbor 会議である．この会議の中心課題は，GIS の中で表現されるべきものは何か，どのような GIS を開発し，利用するか，どのようにして市民の関与や参加を広げることができるか，であり，会議の成果は Pickles（1995）Ground Truth と Cartography and Geographic Information Systems（CGIS）22 巻 1 号「GIS と社会」特集号（1995）にまとめられている．

GIS 研究者と GIS に批判的な人文地理学者の対話促進を意図した Friday Harbor 会議であったが，Ground Truth と CGIS の内容をみる限り，人文地理学者による GIS 批判に終始した結果に終わったといえる．ただし，Schuurman（2000）が指摘するように，このような問題が，GIS 批判者が用いる社会理論の用語を用いて示されたため，批判者たちの暗号を解読できない GIS 研究者が議論に参加できず，批判者と GIS 研究者の融合へと結びつくことはなかった．しかし，Ground Truth や CGIS の特集号で指摘された周辺化された人々のデータへのアクセスの問題に関しては，認識論の問題とあわせて，その後の I-19 でも継続して議論されることになる．

2-2. 第二期（創成期）

Friday Harbor 会議ならびに当該会議以前の議論を発展すべく，NCGIA へ Initiative として提出されたのが I-19 である．その活動の方向性を示すため，1996 年 3 月にはミネソタ専門家会議が開催された．

ミネソタ専門家会議の中で，PPGIS の原型となる GIS2 なる概念が提出された．ミネソタ専門家会議に先だち I-19 運営委員会は，① GIS の認識論，② GIS，空間データに関する制度，情報へのアクセス，③次世代 GIS の開発，という I-19 における 3 つの中心課題を示した．①と②で示されるように，「認識論」と「データアクセス」が I-19 でも重要なテーマとなっていることがわかる．さらにこの 2 点に留意して，③で示された「新たな GIS」を構築することが I-19 の目的であった．ミネソタ専門家会議では，これら 3 課題がさらに 7 つの研究領域に分けられ，このうち，PPGIS との関連を考える場合に重要なのは「GIS2 とヴァーチャル地理学」分科会であり，この分科会で，後の PPGIS につながる GIS2 の概念が示された [4]．

彼が出席していた「GIS2 とヴァーチャル地理学」分科会の議事をまとめるかたちで Schroeder（1996a）が GIS2 の概念を示している．さらに Schroeder（1996a）は GIS2 を，単なる技術ではなく，過程やコミュニケーションを統合・志向するものである，とも記し，旧来の GIS，すなわち GIS に批判的な人文地理学者によって非難された GIS1 と明確に異なることを強調している．

Schroeder（1996a）は，GIS2 の次の 5 つの基準を示した．①データの作成・評価の際に，参加者の役割を GIS2 は強調する，② GIS2 は，決議に至っていない解決案に対する反対・矛盾・反論を含む多様な意見を公平に表現するよう考慮する，③［GIS2 の］成果は，測定可能な精度の基準への適合度を上げることによるのではなく，参加者が示した基準や目的を反映するよう再定義されるべきである，④ GIS2 は，全てのデータの要素や全参加者の貢献を 1 つのインターフェースで処理・統合できるべきである．データの要素には，電子メール，アーカイブへのアクセス，多様なメディアの中の各種の文書の表示，リアルタイムのデータ解析，標準的なベースマップ・データセット，スケッチやフィールドノートが含まれる，⑤ GIS2 は，GIS2 自身の発展の歴史を記録し，表示できるとともに，既存の GIS よりも時間的な要素も取り扱える（下線部・角括弧は筆者）．下線部で示したように，（計画・政策を決定する際の）意思決定過程におけるステークホルダーの意見を反映することが GIS2 の役割であることが暗示されていることがわかる．

ここで重要な点は，Schroeder（1996a）が，GIS2 ＝ PPGIS であるとは記していない点にあり，この時点では，PPGIS のみが GIS2 ではないと「GIS2 とヴァーチャル地理学」分科会の参加者が認識していた点にある．GIS2 が PPGIS であるとみなされるようになったのは，ミネソタ専門家会議とほぼ並行して 1996 年 7 月に開催された I-19 のもう 1 つの会議である「PPGIS ワークショップ」と題されたメイン州オロノでの会議による影響が大きいといえる．

オロノ会議で初めて GIS2 に代わる用語として PPGIS が使われた．Schroeder（1996b）は，オロノ会議の内容を要約した文書の中で，オロノ会議の参加者に示す際，GIS2 に代わり，より自己記述的な用語をオロノ会議の運営委員会が検討しており，それが PPGIS であったことを示している．さらに Schroeder（1996b）は，「GIS2 は，将来の科学技術や，将来的な科学技術の応用力に対して適用される詳細項目を含む枠組みであるに対して，PPGIS は，技術発展のいかなる段階においても，科学技術を有効活用する際に，広範な市民参加をもたらすという特定の課題と密接に関連している」（下線部筆者）とし，GIS2 と PPGIS の相違を示している [5]．

主に認識論に焦点があてられたミネソタ専門家会議に対して，オロノ会議では，新たな GIS に焦点があてられたのは，GIS2 だけではなく，他のイニシアティブである I-17 と関係があったからといえる．このことは，PPGIS の中の市民参加に関して，政策・計画等の集団的な意思決定過程での市民参加に関する議論が深められたと考えられる．したがって当該会議では，I-19 のメンバーを含みつつも，I-17 の GIS 研究者を中心として集団的空間意思決定の文脈で PPGIS が議論されたといえる．その後，オロノ会議での PPGIS に関する議論は，NCGIA ワレニウス事業へと引き継がれ，さらに発展されることになる．

2-3. 第三期（発展期）

1997 年にメイン州 Bar Harbor で開催された GIS 大学コンソーシアム（UCGIS）の会議終了時に，NCGIA が新たに展開したワレニウス事業に PPGIS を含めるべきである点が指摘されたことが，PPGIS 研究の拡大の第一歩となった．翌年 3 月には，NCIGA が，『分権，周辺化，PPGIS』（I-PPGIS）と称されるワレニウス事業を承認した．同年 10 月にサンタバーバラで開催された専門家会議で，この事業の方向性が示され，その内容を Craig et al.（2002）が記している .

この会議の成果として，PPGIS が備えるべき前提条件と，PPGIS 研究の今後の課題が示された．まず前提条件として，以下の 8 点が示された．① PPGIS は地域社会とその構成員に権限を与えること（empower）ができる，②データや情報への平等なアクセスが PPGIS の重要な構成要素の 1 つである，③データの規模は地域社会のニーズと合致すべきである，④ PPGIS の利用も地域社会のニーズに適合したものであるべきである，⑤地域社会の信頼の形成と維持が，PPGIS とともに活動する人々にとって鍵となる，⑥ PPGIS は特定の目的を持った価値づけがなされる，⑦意図したもの，意図しないものにかかわらず，PPGIS による成果はモニタリングされるべきである，⑧他の技術の実践以上に，PPGIS は倫理的な事項を含んでいる（下線部筆者）．この前提条件を踏まえて，PPGIS 研究の今後の課題として以下の 4 領域が挙げられた . ①モニタリングと評価，②インターフェースとプロセス，③組織の課題と社会活動の文脈，④データに関する課題である．

サンタバーバラ専門家会議の開催以降，PPGIS 関連の出版物の刊行や，PPGIS に関する各種行事の開催等によって，PPGIS研究が急速に発展していった．すなわちPPGISに関する最初の専門書である先述のCraig et al.（2002）の刊行に加えて，GIS関連の学術誌でのPPGISに関する特集号が刊行された（PPGIS，Cartography and Geographic Information Systems, 1998, Vol. 25-2；Web GISを用いた市民参加，Environment & Planning B, 2001, Vol. 28-6; アクセスと市民参加に関するアプローチ，Journal of the Urban and Regional Information Systems Association, 2003, Vols. 15-APA1 & 15-APA2; PPGIS, Cartographica, 2003, Vol. 38-3&4）．これらの特集号以外にも，PPGIS研究を展望した論文の刊行（Sieber, 2006; Elwood, 2006），URISA（the Urban and Regional Information Systems Association）によるPPGISに関する国際会議の開催，研究データベースの構築，PPGISに関する実践・理論両面でのコミュニケーションを図るためのホームページの開設などを通じて，PPGIS研究が拡大し，PPGIS研究はGIS研究の中で新たなニッチを形成した[6]．

3. PPGISの特徴

広範な学問・実践領域でPPGISに関する研究や応用が進められる中，PPGISと旧来のGISの相違を示すため，PPGISの特徴や，PPGISの定義を示すことが求められるようになった．以下ではWeine and Harris（1999）が示したPPGISの特性を紹介する[7]．①システムデザインは，地域社会や個人への権限の委譲の追求や，GISを基礎とした意思決定過程における市民参加を促進することに明確に限定される，②既存のGISアプリケーションによる構造的な知識の歪曲を最小限にとどめつつ，地域社会が立脚する豊かな知識基盤を統合化する，③GIS情報への公的なアクセスを提供するシステムや構造が必要である，④技術（GIS）自身による直接的な影響として生じる，意思決定過程における（技術の利用を）強いられた市民の受身的な態度[8]を緩和する一方で，GISを基礎とした意思決定過程における市民の情報入力や双方向性の機会を提供する，⑤個人のプライベートかつ機密性の高い生活へのGISによる監視力や潜在的な侵入行為を認め，それを最小化することを探求するための研究が必要である，⑥GISのナレッジベースとなる定量的・定性的知識の異なった形態を内包し，かつそれらを表示できる可視化やGISマルチメディアのような革新的な技術や機構の開発が必要である，⑦WWWとのGISの統合も必要である（下線部筆者）．

これらの特性から，権限委譲，意思決定，データへのアクセス，技術を用いたインターフェースの問題，PPGISの影響としてのプライバシーの問題，定性データを含む表現の問題，視覚化，マルチメディア，WebGISといったキーワードで示される要素がPPGISを語る上で不可欠な要素であるといえる．これらの項目は，サンタバーバラ会議で，PPGIS研究の今後の課題として示された4領域と重複する．

Sieber（2003）は旧来のGISとの対比の上で，PPGISの特徴をさらに明確に整理している（表1-1）．この表から，Wiener and Harris（1999）が示したPPGISの特徴に加えて，旧来のGISに比べてPPGISが，ニーズ指向であり，事業ごとに特

表1-1 GISとPPGISの比較

次元	GIS	PPGIS
対象	技術	人と技術
目的	（公的な）政策決定の支援	地域社会への権限移譲
採用	供給主導，技術先導	需要・ニーズ主導
組織の構造	厳格な階層的・官僚的な構造	柔軟かつ開かれた構造
なぜ利用されるか	なぜならGISでできるから	なぜならPPGISが必要だから
（システムの）詳細	技術者によって決定	利用者やフォーカス・グループによって決定
アプリケーション（の内容）	独立した専門家が主導	ファシリテーターやグループ・リーダーが主導
機能	汎用・多目的なアプリケーション	特定かつ事業レベルでの活動
アプローチ	トップダウン	ボトムアップ
費用	資本集約	低費用

出所：Sieber（2003）

定され，ボトムアップ型のアプローチをとり，そのため，ファシリテイターやステークホルダー・グループのリーダーによって活用されることが読み取れる．

（山下　潤）

【注】

1）PPGIS の和訳として，市民参加型 GIS，参加型 GIS 等があるが，訳語が定まっていないため，ここでは略語である PPGIS を用いる．

2）原文は以下のとおりである．GIS/2: A set of methods and instruments which emphasize process, and which are oriented toward communication about representations as much as toward the representations themselves.

3）SDSS に関しては，Densham（1991），高阪（1994）の第 9 章「公共施設の立地に対する空間決定支援システム」，山下（1998）を，CSDM に関しては , Jankowski（2001）や Balram and Dragicevic（2006）を参照されたい．

4）ミネソタ専門家会議の成果については，I-19 に関する NCGIA 特別報告書（Report #96-7）である Harris and Weiner（1996）を参照されたい．

5）Schroeder（1996b）による PPGIS の定義は，本文中の括弧内で示したとおりである．一方 Sieber（2006）等によれば，Schroeder（1996a）で以下のように PPGIS の定義がなされたと示されている．しかし Schroeder（1996a）にはそのような記載はない．したがって，オロノ会議の際には，PPGIS が意思決定過程における活用を必ずしも前提とされていなかったことがうかがえる．“a variety of approaches to make GIS and other spatial decision-making tools available and accessible to all those with a stake in official decisions”（Sieber, 2006, p. 492）

6）URISA によってラトガース大学で 2002 年に第 1 回 PPGIS 年次会議（1st Annual PPGIS Conference）が開催されて以降，年 1 回のペースで会議が開催されている．Sieber により，2003 年までの PPGIS 研究の成果が以下の URL に示されている . http://desthstar.rutgers.edu/ppgis/PPGISBiblio.htm. また PPGIS 研究・実践の交流をはかる目的とした，以下のようなホームページもある . http://ppgis.iapad.org/

7）Aberley and Sieber（2002）も異なる視点から PPGIS たる 14 の基準を示している．

8）Leitner et al.（2002）は PPGIS の利用に関して，直接的な利用がまったくない場合から，標準的な GIS 手法による，利用可能な地図・データベースの利用である「受動的利用（passive use）」，利用者は自由に独自の GIS 操作が可能で，既存のデータベースを分類できるような「能動的利用（active use）」，ささらに独自のデータを入力でき，これらのデータに対して最適な情報技術からの恩恵をうけることができるような積極的利用（proactive use）までの 4 つに分けている．

【文献】

碓井照子（2003）GIS 革命と地理学－オブジェクト指向 GIS と地誌学的方法論－ , 地理学評論 76（10）: 687-702.

高阪宏行（1994）『行政とビジネスのための地理情報システム』古今書院.

山下　潤（1998）施設立地と GIS，中村和郎・寄藤　昴・村山祐司編『地理情報システムを学ぶ』174-189, 古今書院.

Aberley, D. and Sieber, R.（2002）Public participation GIS（PPGIS）guiding principles. http://deathstra. rutgers.edu/ppgis/PPGISPrinciples.htm（最終閲覧日 : 2006 年 9 月 30 日）

Balram, S. and Dragicevic, S eds.（2006）*Collaborative Geographic Information Systems*, Hershey: Idea Group Publishing, 364 p.

Craig, W., Harris, T., and Weiner, D., eds.（2002）*Community Participation and Geographic Information Systems*, New York: Taylor and Francis.

Densham, P.（1991）Spatial decision support systems, Maguire, D. J., Goodchild, M. F. and Rhind, D. W. eds., *Geographical Information Systems Vol. 1*, London: Longman, 403-412.

Dobson, J.（1993）The geographic revolution: A retrospective on the age of automated geography, *Professional Geographer* 45: 431-439.

Elwood, S.（2006）Critical issues in participatory GIS: Deconstructions, reconstructions, and new research directions, *Transactions in GIS* 10-5: 693-708.

Goodchild, M. F.（1991）Just the facts, *Political Geographical Quarterly* 10（4）: 335-337.

Harris, T. and Weiner, D. eds.（1996）*GIS and Society: The Social Implications of Howe People, Space and Environment are Represented in GIS,* Scientific Report for the Initiative 19 Specialist Meeting, Report # 96（7）: NCGIA, 199 p.

Hytömen, L. A., Leskinen, P. and Store R.（2002）A spatial approach to participatory planning in forestry decision making, *Scandinavian Journal of Forest Research* 17: 62-71.

Jankowski, P. and Nyerges, T. L. eds.（2001）*Geographic Information Systems for Group Decision Making: Towards a Participatory, Geographic Information Sciences*, New York: Taylor & Francis, 273 p.

Lake, R. W.（1993）Planning and applied geography: Positivism, ethics and geographic information systems, *Progress in Human Geography* 17: 404-413.

Leitner, H., McMaster, R., Elwood, S., McMaster, S. and Sheppard, E.（2002）Models for making GIS available to community organizations: Dimensions of difference and appropriateness, In Craig, W., Harris, T., and Weiner, D., eds., 2002, *Community Participation and Geographic Information Systems*, New York: Taylor and Francis, 37-52.

Openshaw, S.（1991）A view on the GIS crisis in geography, or using GIS to put Humpty-Dumpty back, *Environment and Planning A* 23（5）: 621-628.

Pickles, J. ed.（1995）*Ground Truth: The Social Implication of Geographic Information Systems*, New York: Guilford Press, 248 p.

Pickles, J.（2006）Ground Truth 1995-2005, *Transactions in GIS* 10（5）: 763-772.

Schroeder, P.（1996a）Criteria for the design of a GIS/2. http://www.spatial.maine.edu/~schroed/ppgis/criteria.html（最終閲覧日 : 2006 年 9 月 30 日）

Schroeder, P.（1996b）Report on public participation GIS workshop. http://www.geo.wvu.edu/i19/report/ public.html（最終閲覧日 : 2006 年 9 月 30 日）

Schuurman, N.（2000）Trouble in the heartland: GIS and its critics in the 1990s, *Progress in Human Geography* 24（4）: 569-590. ナディーン・シュールマン , 小林哲郎・森田匡俊・池田明子訳（2002）翻訳 : 1990 年代の GIS とその批判 , 空間・社会・地理思想 7: 67-89 .

Sieber, R. E.（2003）Public participation geographic information systems across borders, *The Canadian Geographer* 47（1）: 50-61.

Sieber, R. E.（2006）Public participation geographic information systems: A literature review and framework, *Annals of Association of American Geographers* 96（3）: 491-507.

Smith, N.（1992）History and philosophy of geography: real wars, theory wars, *Progress in Human Geography* 16: 217-252.

Taylor, P.（1990）Editorial comment: GKS, *Political Geographical Quarterly* 9（3）: 211-212. ピーター・J・テイラー , 池口明子訳（2002）翻訳 : GKS, 空間・社会・地理思想 7: 38-39 .

Weine, D. and Harris, T.（1999）*Community-integrated GIS for land reform in South Africa*, Working Paper 9907, Regional Research Institute at West Virginia University., 24 p.

第 2 章 PGIS 研究の系譜（その 2）

1. 2000 年代以降の PGIS 研究の展開

2000 年代以降の PGIS 研究については，後述するように Web を通した参加の多様化が進展した一方で，フェミニスト地理学やクリティカル GIS を中心とする批判的再検討がなされた（Elwood, 2014）．この背景として，PGIS 研究で対象となる「参加」主体は，画一的であり地域社会を構成する多様な立場の人々の存在を留意していないという批判である（Elwood, 2006）．また，GIS 研究で一般的に行われる定量分析を PGIS でも重視する立場に対する批判も展開された．これについては社会科学分野を基礎とした混合研究法の導入が，新たな知見を発見する方法として，後に「質的 GIS（Qualitative GIS）」として位置づけられた（Cope and Elwood, 2009）．

PGIS における質的研究についても，2000 年代中期までの英語圏における動向は，主に比較的小規模なコミュニティを対象とするような，問題解決や単一のテーマに対する事例研究が多かった．また参加の範囲についても，都市計画や環境管理に直接利害関係のある都市の市民が取り上げられやすい傾向にあった．他方，2000 年代には ICT の普及や Web を通じたサービスが社会に浸透したことを背景に，先の批判を乗り越える契機として，また参加機会を拡充する有効な手段の 1 つとして Web を通した参加のあり方が注目されるようになった．これにより 2 節および 3 節で紹介するような新しい概念や現象が生起することとなった（瀬戸 , 2010）．

2. Web を通した参加

Web を通じた PGIS は，情報社会の到来に伴い，大量の地理空間情報を統合・整理して提供するという側面のみならず，市民参加を検討する際に問題となる会場の場所や開催時間などの偏りといった，参加に関わる直接的な影響を解決する手段としても注目された．しかし Web による新たな問題として，ウェブ地図の操作性や情報へのアクセス性，すなわちデジタルデバイドについての課題が新たに起こることとなる．初期の研究では，特に WebGIS のインターフェースやユーザビリティに注目した研究（Haklay, 2003）や，ウェブ地図上で市民同士が議論するための機能を取り入れたシステム研究（Hall, et al., 2010）が進められることで，ウェブ地図を通した情報共有やコミュニケーション手法の研究に発展した．

このような動向に関連して，欧米では ICT を用いた地域情報の発信が政策的に推進され，大学等の研究機関への支援が実施されてきた. 例えば，英国情報システム合同委員会（JISC）は，1993 年に設立された非営利組織であるが，国内の高等教育機関に ICT を用いた学術情報基盤を構築し，広く社会に発信・活用を目指した支援活動が行われてきた．PGIS 研究の推進に関しては，2009 年から 3 年間にわたり採択された「社会シミュレーションのための国家的 e インフラストラクチュア（NeISS）プロジェクト」において，GIS や Web を用いた地域情報のインフラ整備や空間的意思決定支援システムに関する研究が挙げられる．このプロジェクトは，リーズ大学の空間分析・政策センターが中心となり，マンチェスター大学やロンドン大学など，8 つの地理空間情報や e サイエンスの先端研究を担う高等教育研究機関で構成され，多くの研究成果を挙げた．

NeISS プロジェクトの基盤システムについては，各大学の研究チームで開発された GIS ツールが基礎となっており（Birkin et al., 2009），リーズ大学の「e サイエンスのためのモデリングとシミュレーション」（MoSeS）やユニバーシティ・カレッジ・ロンドン（UCL）による「バーチャル・ロンドン」は，代表的なプロジェクトである．

このように 2000 年代後半には，e デモクラシーや e ガバメントといった政治 - 政策的な社会的関心に伴い，地方単位や国家単位など，多様な種類の地理空間情報が一般に提供されるようになり始め，第8章などで取り上げる「オープンガバメント・オープンデータ」の文脈に，引き継がれることとなる．さらにこれらのツールがWeb上で整備されジオウェブ化されることで，国籍や居住地域によらないグローバルな規模で情報を共有するための基盤環境も整った．

このような動向は，PGIS研究でこれまで取り上げられてきた特定の地域的 - 社会的課題のみならず，さらには地域社会の直接的な関係者以外の一般大衆に対しても，情報共有を可能にする段階に達することとなる．

3. ネオ地理学の出現

今日のWebと地理空間情報との関わり合い，さらには一般市民の参加について，ネオ地理学という語を用いたTurner（2006）は，「ネオ地理学とは，独自の記述方法を用い，既存のツールの諸要素を組み合わせて，自分自身の地図を作り用いる人々のものである」と述べ，従来の地図作成主体とは異なる新たな立場の出現を議論した．また「友人やサイトの訪問者と位置情報を共有することや，地図構築の背景を支えること，場所の知識を持ってなされる理解を伝えることである」（Turner, 2006）とも指摘することで，2000年代以降のWebに関する動向ともつながるような，個人のブログやSNSといったソーシャルメディアを通じた地理空間情報の個人的な活用例に早くから着目した．このような地図サービスの公衆への普及を支える背景として彼は，①地図サービスにおけるAPIの提供，② GPX（GPS eXchange Format）やKML（Keyhole Markup Language）といった地理空間情報の新しい記述フォーマットの標準化，③ハンディGPSや携帯電話など複数の機器で取得された位置情報を写真等に付加するジオタグ，という要素を取り上げた．

①に関するAPIによるウェブ地図作成をめぐる急速な技術的展開は，インターネットに接続可能な多くの市民の参加を活発化させたとして重要視されている．この分野の代表例として，序章でも指摘されているように，2005年から開始されたGoogle社による地図検索サービスAPIの「Google Maps API」公開が挙げられる．また，第9章で扱うようなFree and Open Source Software for Geospatial（FOSS4G）の台頭やこれに伴う多数のベンチャー企業の進出等，これらのサービスが世界的に普及されることで，基盤となるデータやデスクトップGISを持たないユーザでも，地理空間情報の発信者側になることを可能にした．

②に関しては，2008年4月にKML2.2版がOpen Geospatial Consortium（OGC）において標準規格化されることで，上記アプリケーションやデスクトップGISなどの開発において欠くことのできないフォーマットになった．近年ではWebネイティブで軽量なフォーマットとしてGeoJSONが着目され，ウェブ地図サービスを中心に導入が進んでいる．また，③についても2000年代以降のGPS端末の小型化や, Androidや iOSなどスマートフォン向けOSの世界的普及，さらには身体等に装着して自動撮影するウェラブルカメラや無人航空機（Unmanned Aerial Vehicle: UAV）といった野外向けデバイスの小型化・低廉化などが相まって，地理空間情報を日常生活で生成する一般の人々が増加したことは間違いない(第10章参照)．

このように，Web技術を用いて地理空間情報を共有する市民は，地理学やGISの専門家とは限らず「ネオ地理学者」（Leszczynski, 2014）と称される，市民のIT技術者によっても担われているといえよう．

ところでネオ地理学は，主にWebを介したGISに関する技術的革新や参加機会・範囲の増大といったようなGIS普及の社会的な側面のみに影響を与えるものではない．このような動向や新しい技術は，自身の趣味や日常生活に関する情報，さらには地理学を超えた他領域においても位置情報を付加することで，無償あるいは公開性の高い手段での発信を通して情報共有する点に大きな特徴がある（Wilson and Graham, 2013）．ユーザがWebマップやツールを通じて新たな情報を共有する仕組みは，地理空間情報への参加自体を支える技術やサービスの基礎となると同時に，Environment and Plannning A の45号（2013）で「Situating neogeography（ネオ地理学を位置づける)」という特集が組まれたように，誰でも地理空間情報を発信できる状況下での倫理問題や民主化，政治性といった「GIS と社会」における新たな研究課題として検討されるべき状況にある．

4. ボランタリーな地理情報（VGI）

Web を通じて生成された地理空間情報は，この数年間に限っても莫大な量に及ぶ．その多くは個人によって収集され，Web を通じて共有されている点が大きな特徴である．Goodchild（2007）は，Google Earth を用いたデータ生成や，OpenStreetMap（OSM）など，Web 上での大規模参加によってデータが自発的に生成され，Web 上に蓄積される現象に早くから着目した．これは，Web を用いることでローカルな地域活動を支援するだけなく，国境さえも越えて草の根的かつ迅速に地理空間情報が共有されることから「ボランタリーな地理情報（Volunteered Geographic Information: VGI）」と称することで，PGIS 研究の新たな展開と重要性を強調した．

この概念をめぐる研究は，大きく 3 つの要素に分けられる．すなわち，①個人から自発的に提供された地理空間情報を生成・蓄積し，普及するための方法に関するもの，②ユーザ作成コンテンツ（UGC）など Web2.0 の概念にもとづく現象や地理空間情報に焦点を当てるもの，③ボランティアによって生成されデータの妥当性の検証と評価がなされるもの，である．

ユーザ作成コンテンツとその共有について，Goodchild（2007）は初期の大規模な具体例として，WikiMapia に代表されるような地名辞書の構築を挙げている．地名情報は地理空間情報において基礎的な情報の 1 つとされ，国家機関や民間の地図会社が網羅できないローカルな地名についての情報が，Web 上で共有蓄積されている点に着目した．地名に関する情報は，当該地域に居住する人々や異なる文化的背景を持つ人々が呼称する俗名など，これまで公式な地図や地名辞典に十分に収録されてこなかった．しかし，Web 上で共有可能なシステムが様々な形で構築されることで，大量の地理空間情報を迅速に蓄積することを可能にした．また，市民側からの情報提供も，第 II 部で取り上げるように多様な方法を通じて，高精度かつ高頻度な更新が可能になりつつある．

VGI 研究は，2007 年にサンタバーバラで開催されたワークショップの成果をまとめた GeoJournal 誌の 72（1）号（2008）を契機に，例えば Geomatica 誌の 64（4）号（2010），Transactions in GIS 誌の 16（4）号（2012）など多数の特集号を経て，2012 年には Elwood ほかによる展望論文（Elwood et al., 2012），2013 年には Sui ほかによる著書『Crowdsourcing Geographic Knowledge: Volunteered Geographic Information（VGI）in Theory and Practice』（Sui et al., 2013）が刊行された．2007 年から現在に至る VGI 研究をこれらの特集号や展望論文等から簡単に振り返ると，当初から中心的に研究されてきたテーマの 1 つである OSM 等を通したグローバルからミクロスケールに及ぶ大規模な地理空間情報の取得・生成に関する事例研究を中心に，VGI によるデータの質に関する議論（データの位置精度，データの空間的不平等，適切なメタデータの付与やデータモデルなど），ネオ地理学研究と相まって VGI を推進するための技術的方法論，さらに VGI の社会実践を踏まえた担い手をめぐる議論として，法制度・倫理問題などの政策的・哲学的議論に至るまで広範に及んでおり，Web2.0 と総称される 2000 年代以降における「GIS と社会」の根幹に関わるテーマの 1 つへと達したといえる．

実際，VGI 研究は 2013 年の著書発刊以降も盛んに議論され，VGI による地理的知識に関する認識論や社会的コンテクストをめぐる批判的検討に関する展望論文（Sieber and Haklay, 2015）や，Cinnamon（2016）による VGI 研究のレビュー，さらに国際学会の GIScience 2014 では『Role of Volunteered Geographic Information in Advancing Science』と題するワークショップが開催されるなど，活発な議論が継続されている．

5. PGIS の社会実践と担い手の拡大

2000 年代以降の PGIS 研究から VGI に至る地理空間情報の共有に対する人々の多様な参加は，Web サービスの技術革新や普及によって，急速かつ広範囲に拡大されつつあることを述べた．これにより，PGIS 研究で当初規定されていた都市部において積極的に活動する市民だけでなく，従来の市民参加型活動には必ずしも関与しなかった一般の人々も身の回りの地域や場所に関する情報を閲覧し，地理的知識の提供に気軽に参加できるようになった．

初期のPGISで実践されてきた研究や実践は，行政機関の空間的な意思決定に対する市民からの意見収集を主な目的とするものであった．一方，現在ではWebを中心とするネオ地理学やVGIという新たな展開により，用途を限定せず活用可能な地理空間情報が多様な主体によって共有される段階に至っている．したがって，共有に対する参加者の対象や関わり方が，大きく変化したと考えられる．

以上のように，今日のPGIS研究は，実践的方法論や事例の探求に留まらず，その技術的背景，さらには市民を始めとする参加者の地理空間情報に対する意識や動機が重視されよう．特に技術的側面は，目まぐるしい進歩を続けており，データ量や処理速度の最適化という観点でも工学や情報学との連携が必然となっている．あるいは共有される（べき）地理空間情報が，どのような特徴や文化的，時に政治的なコンテクストを有するのかを明らかにし，それぞれの課題と共に検討することが，2010年代以降のPGISにおける参加を規定する上で引き続き必要である．

（瀬戸寿一）

【文献】

瀬戸寿一（2010）情報化社会における市民参加型GISの新展開．GIS-理論と応用 18（2）: 31-40.

Birkin, M., Turner, A., Wu, B., Townend, P., Arshad, J. and Xu, J.（2009）MoSeS: A grid-enabled spatial decision support system, *Social science computer review* 27（4）: 493-508.

Cinnamon, J.（2016）Deconstructing the binaries of spatial data production: towards hybridity, *The Canadian Geographer* 59（1）: 35-51.

Cope, M. and Elwood, S. eds.（2009）*Qualitative GIS: a mix methods approach*, London: SAGE Publications.

Elwood, S.（2006）Critical issues in participatory GIS: deconstructions, reconstructions, and new research directions. *Transactions in GIS* 10（5）: 693-708.

Elwood, S.（2014）Straddling the fence: critical GIS and the geoweb. *Progress in Human Geography*（Virtual Issue）: 1-5.

Elwood, S., Goodchild, M. F. and Sui, D.（2012）Researching volunteered geographic information: spatial data, geographic research, and new social practice, *Annals of the Association of American Geographers* 102（3）: 571-590.

Goodchild, M. F.（2007）Citizens as sensors: the world of volunteered geography. *GeoJournal* 69（4）: 211-221.

Haklay, M.（2003）Usability evaluation and PPGIS: towards a user-centered design approach. *International Journal of Geographical Information Science* 17（6）: 577-592.

Hall, G. B., Chipeniuk, R., Feick, R., Leahy, M. and Deparday, V.（2010）Community-based production of geographic information using open source software and Web 2.0. *International Journal of Geographical Information Science* 24（5）: 761-781.

Leszczynski, A.（2014）On the neo in neogeography, *Annals of the Association of American Geographers* 104（1）: 60-79.

Sieber, R. and Haklay, M.（2015）The epistemology（s）of volunteered geographic information: a critique. *Geo: Geography and Environment* 2（2）: 122-136.

Sui, D., Elwood, S. and Goodchild, M. F.（2013）*Crowdsourcing Geographic Knowledge: Volunteered Geographic Information（VGI）in Theory and Practice*. London: Springer.

Turner, A. J.（2006）*Introduction to Neogeography*, O' REILLY Media Inc.

Wilson, M. W. and Graham, M.（2013）Situating neogeography, *Environment and planning A* 45（1）: 3-9.

第3章 ジオデザインにおける市民参加の可能性 PGISの理論

1. はじめに

2010年頃から欧米のGIS・地理情報科学分野において注目を集めているジオデザイン（Geodesign）は，地理学（Geography）＋計画学（Design）の造語である．その起源は，GISを用いたランドスケーププランニング（Landscape Planning）にある（スタイニッツ, 2014）．

ジオデザインは，対象地域に対する将来計画を策定する場合に，新たな土地利用の変化（住宅，商業地，工場，道路などの施設の立地）が当該地域にどのようなインパクトを与えるのかを，様々な評価視点から比較検討するための枠組みである．そして，そのような将来計画や評価，インパクトは，地図として可視化され，容易に把握されることになる．

現在，ジオデザインは，「地理学的内容，システム思考，情報技術にもとづき行われる影響シミュレーションと提案デザインの創出を強く結びつけたデザインとプランニングの方法論である」（Flaxman, 2010; Ervin, 2012）と定義され，さらに「新たな解が地理空間技術で引き出された（科学的な）地理空間知識によって影響を受けることによるインタラクティブなデザイン・計画手法」と定義されている（Lee et al., 2014）．

ジオデザインの提唱者の1人であるハーバード大学計画大学院のCarl Steinitz教授は，世界で最初のGISに関する大学附設研究所として名高いハーバード大学コンピュータ・グラフィック空間解析研究所が1965年設立した時の最初のメンバーの1人であった．そして，彼がその研究所でジオデザインのフレームワークを考案したのは，1967-68年に行われたボストンを対象とした，広域な景観保全と開発の対立関係に関する計画であった（スタイニッツ, 2014）．そこでは，当時開発されて間もない，ラスタ・マッピング用自動作図プログラムSYMAPを用いて，土地利用の魅力度と脆弱性を表す評価マップを作成した．

ジオデザインの最大の特徴は，地図を介して，地理学と計画学が協働する点と，本書が企図する将来計画における市民参加の仕組みが明確に組み込まれている点にある．本章では，ジオデザインとは何か，ジオザインの中でのGISの活用と市民参加のあり方がどのようなものであるのかを紹介する．

2. ジオデザインとは

スタイニッツ教授の近著『ジオデザインのフレームワーク』（スタイニッツ, 2014）では，ジオデザインの考え方や事例が詳述されているが，ここでは，そこに示された地理学と計画学の連携と，ジオデザインのフレームワークについて概観する．

2-1. 地理学と計画学の連携

地理学と計画学の間には2つの大きな違いがある．1つ目は，それぞれの関心が現状の理解なのか，将来の計画にあるのかの違いである．地理学は地域の現在に関心があり，それを理解するために当該地域の過去にも目を向けてきた．一方，計画学は地域の将来に関心があり，そのために現在そして過去を理解する必要がある．2つ目の違いは，空間スケールの違いである．スタイニッツ教授は，対象とする空間スケールを，大きくローカル，地域レベル，グローバルの3つに分け，地理学は地域レベルからグローバルの範囲に，そして，計画学はローカルから地域レベルに関心がある，と述べている．そして，対象地域がローカルであればあるほど個々の人々の知識に頼ることになり，一方，グローバルになるにつれて科学的な知見や科学的技術に頼ることになる．

ジオデザインは，地理学者が計画学者になるのでなく，また，計画学者が地理学者になることを勧めるものではない．ジオデザインでは，プロジェクトとして両者が互いを理解し合い，協働するフレームワークを考えることを提唱している．

2-2. ジオデザインのフレームワーク

スタイニッツ教授によると，地域は，計画学者(デザインの専門家)，地理学者，情報技術者，地域住民の 4 者の協働からなるジオデザインによって，変えていく必要があるとされる．スタイニッツ教授のジオデザインの最大の特徴は，以下の 6 つの問いかけ（モデル）を地図で可視化しながら実行していくところにある（図 3-1）．

1. 記述モデル：どのように対象地域は説明されるべきか？
2. プロセス・モデル：どのように対象地域は機能するのか？
3. 評価モデル：現状の対象地域はよく機能しているのか？
4. 変化モデル：どのように対象地域は変化するだろうか？
5. インパクト・モデル：変化によって，どのような違いがもたらされるのか？
6. 意思決定モデル：どのように対象地域は変えられるべきか？

例えば，ある地域の将来計画を描くということは，現在の地域の土地利用すなわち景観を変化させるということである．当該地域のどこで住宅開発を行い，商業地や工場などをどこに配置するのか，といった計画者による空間的な意思決定が行われ，複数の将来計画が変化モデルとして地図として作成される．それらの新たな土地利用の空間的配置案（変化モデル）には，それぞれコンセプトがあり，複数の視点からの評価マップをもとに作成されるが，同時に，それら評価マップによって，その景観変化がもたらすインパクトが計量的にかつ地図として可視化されることになる．

なお，これら 6 つのモデルの適用順は一方向的ではなく，繰り返しやフィードバックがなされる．複数の評価マップにもとづいて，複数の将来計画が作成されるが，そのインパクト・マップから，再度，将来計画が改善される．そうした繰り返しや変更によって，よりよい将来計画が作成されていくことになる．

そして，近年の GIS と地理情報科学の発展が，以下の点で，これまでの主に地図による可視化と地図の重ね合わせにもとづくジオデザインを大きく変容させたといわれる（Batty, 2013）．

その変化は，①デザインを支援できる科学的な地理空間情報の膨大な蓄積，② Web やクラウドの GIS 技術による様々な関係者の参加のあり方の変化，③情報技術のデザインへの浸透，④ボトムアップ型の仕組の導入である．

ジオデザインの 6 つのモデルの中でも，地域の概要をとらえる記述モデルでは，解像度の高い衛星画像による土地被覆をはじめ，住宅 1 つ 1 つの家屋形状の GIS データや，3 次元建物モデルなど詳細かつ多様な GIS データが出現している．さらに，それらを可視化する 3 次元 GIS の技術が飛躍的に進歩している．

そして，表現モデル，評価モデル，計画モデル，インパクト・モデルで生成される多くの分析結果や GIS によって作成された地図が，地理学者と計画学者間はもちろん，ICT によって，地域住民

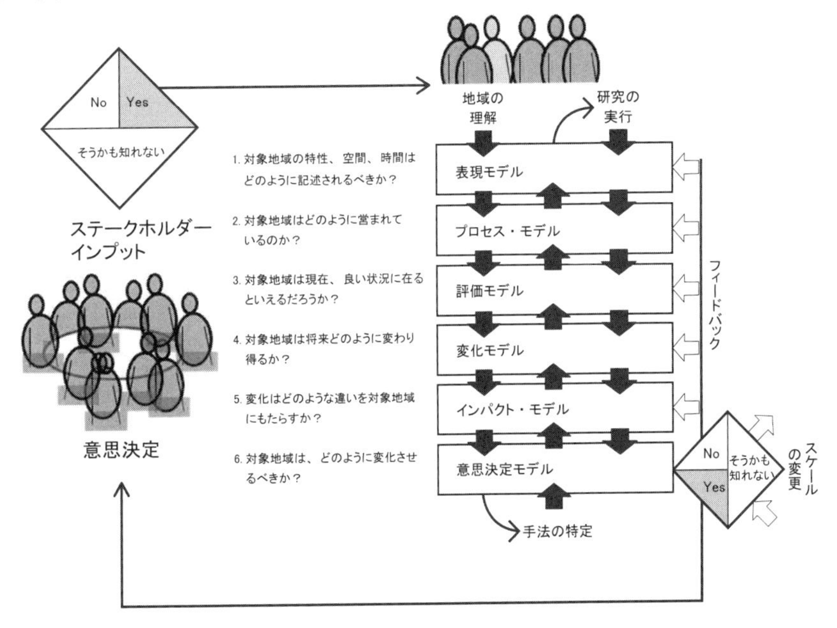

図 3-1 ジオデザインのフレームワーク．スタイニッツ（2014）の図 3-1 を転載．

図 3-2 GeoPlanner. http://doc.arcgis.com/en/geoplanner/ より引用.

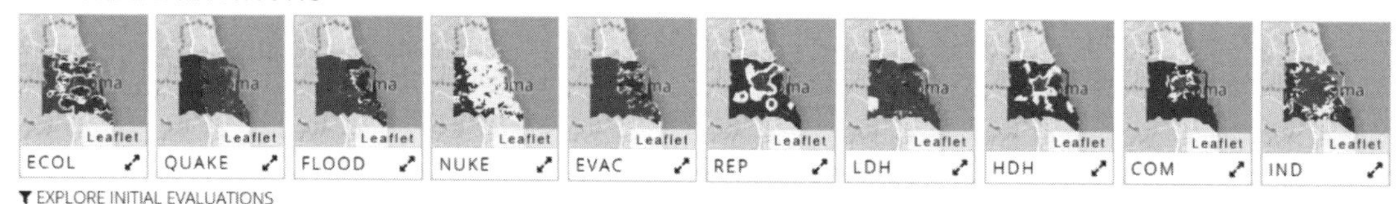

図 3-3 Geodesign Hub の評価マップ.

とも容易に共有されるようになった．特に，2 次元の地図だけでなく，3 次元地図での可視化は，多くの関係者の理解を大きく促進する．

さらに，Web を活用してジオデザインをより効率化させるものとして，米国 ESRI 社の GeoPlanner for ArcGIS（図 3-2）や，Hrishikesh Ballal 博士が開発した Geodesign Hub のような，インタラクティブな Web ベースのジオデザインのためのソフトウェアが出現している．

とりわけ，Geodesign Hub は，ロンドン大学 UCL の先端空間分析研究所（CASA; Centre for Advanced Spatial Analysis）のジオデザインに関する最初の Ph.D 修了生である Hrishikesh Ballal 博士の学位論文の中で，スタイニッツ教授の指導のもとで開発されたものである．そこではその優れた操作性から，これまでの評価マップ，変化モデル，インパクト・モデルの作成といった GIS のスキルと膨大な作業時間を要した一連の作業を一気に簡略化することに成功した．その結果，こうしたインタラクティブな Web ソフトを介して，ジオデザインのフレームワークのあらゆる場面において，地域住民の参画が可能となったのである．

3. Geodesign Hub の実例

ここでは，筆者らがスタイニッツ教授らと 2013 年に 2 月に 3 日間かけて実施した，福島県相馬市を対象とした東日本大震災の復興計画のジオデザインのワークショップ（矢野 , 2014）の内容を Geodesign Hub に取り込んだ実例を紹介する．

この Web サイトでは，第 1 段階の評価マップとして，リスク要素（生態系・文化遺産，津波・洪水，放射能，地震，避難）と，魅力度要素（災害復興公営住宅，低密度住宅，高密度住宅，商業，工業）の 10 個の評価マップ（5 段階の評価マップ）を準備する（図 3-3）．そして，それら評価マップにもとづいて，具体的な土地利用ごとの新規立

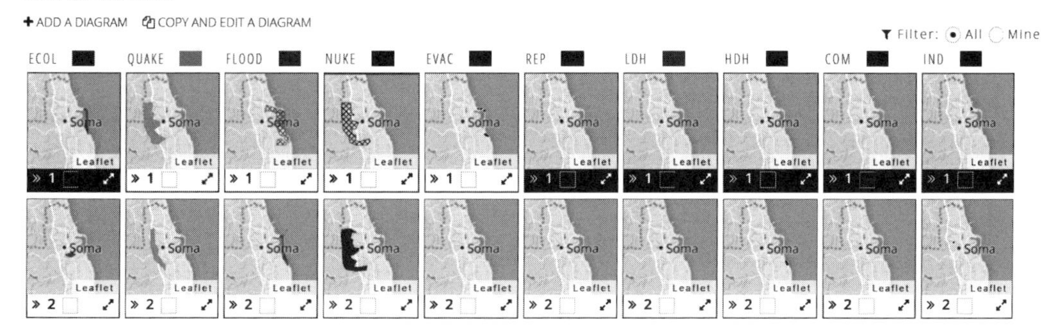

図 3-4 Geodesign Hub の評価ごとのダイアグラム．将来計画案に利用するダイアグラムをクリックすると，地図の下が黒く反転する．

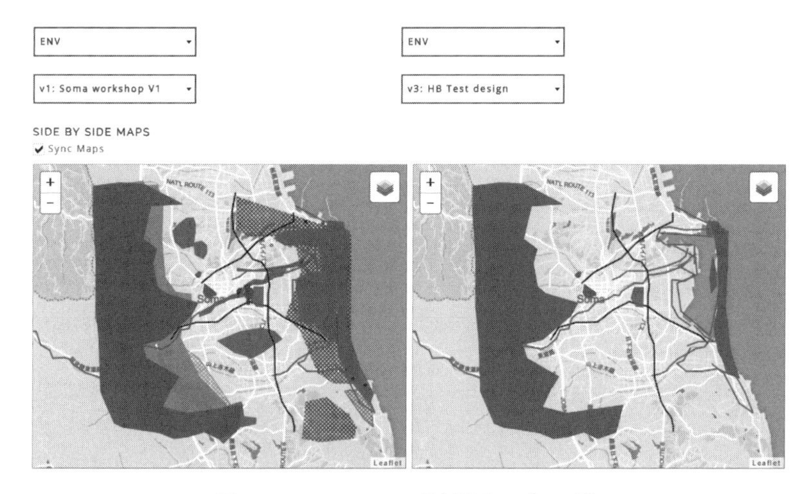

図 3-5 Geodesign Hub の将来計画マップの 1 例．

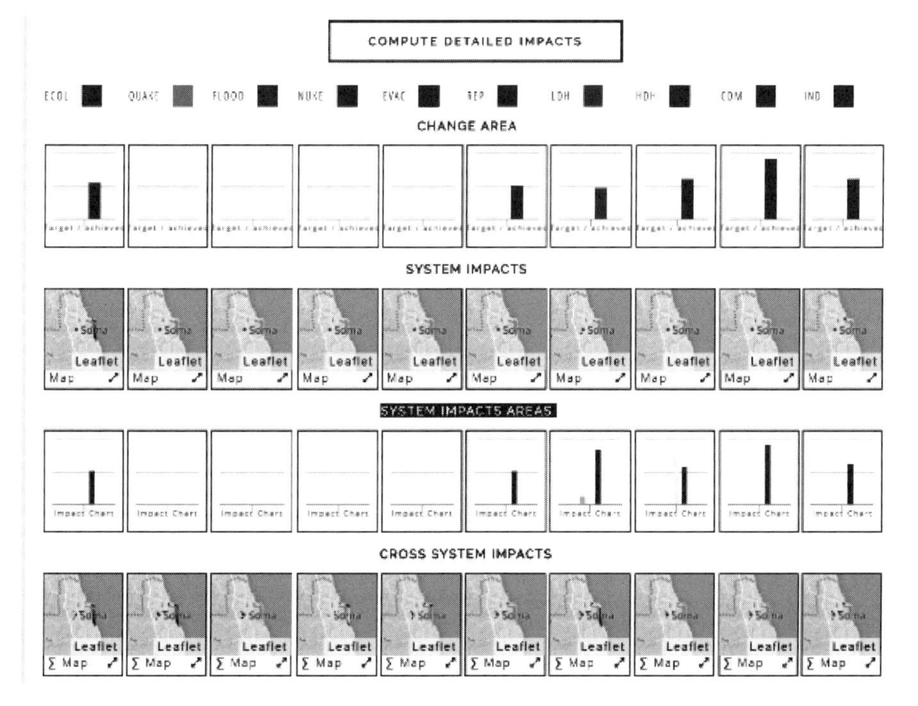

図 3-6 Geodesign Hub のインパクトの表示．

地計画予定地（ポリゴンやライン）をダイアグラムとして作成する（図 3-4）.

そして，これらダイアグラムを土地利用ごとに選択し，新規の将来計画を作成する（図 3-5）．その後，当該の将来計画の各評価からのインパクトを計算し，それぞれのインパクトの棒グラフやマップを自動的に作成することができる（図 3-6）.

さらに，Geodesign Hub では，API を用いて他の 3 次元 GIS ソフトウェアと連携させて，作成した 2 次元の将来計画マップを 3 次元表示することもできる.

4. ジオデザインにおける市民参加

スタイニッツ教授は，これまでハーバード大学の大学院生を巻き込んだスタジオ形式でのジオデザインのワークショップを全世界で数多く実践してきた. その中での利害関係者である地域住民（市民）の関わりは様々であった．基本的には，市民との関わりは 6 つのモデルの中の意思決定モデルでの役割が最も大きかったといえる．しかし，地域住民は 6 つのモデルのあらゆる場面で関わることが可能であるし，事実関わってきた.

そして，ICT の発展とジオデザインの分析過程を Web ベースのソフトでサポートすることによって，これまで以上に市民参加を促すことができる.

前章で見たように，ジオデザインのワークショップで時間のかかっていた，評価マップ，将来計画マップ，インパクト・マップの作成や重ね合わせなどの GIS やコンピュータでの作業がこの Web ソフトによって大幅に簡便化された．これによって，地域住民の意見を聞きながら，変化モデルを作成し，瞬時に各評価視点からのインパクトを算出し，地図化することができる．その結果，変化モデルのインパクトがより良いものとなるように変化モデルの修正が繰り返される（図 3-7）.

スタイニッツ教授は，今後，地域住民のジオデザインへの参画は，今後ますます増加するであろうと述べている（スタイニッツ , 2014, 第 11 章）.

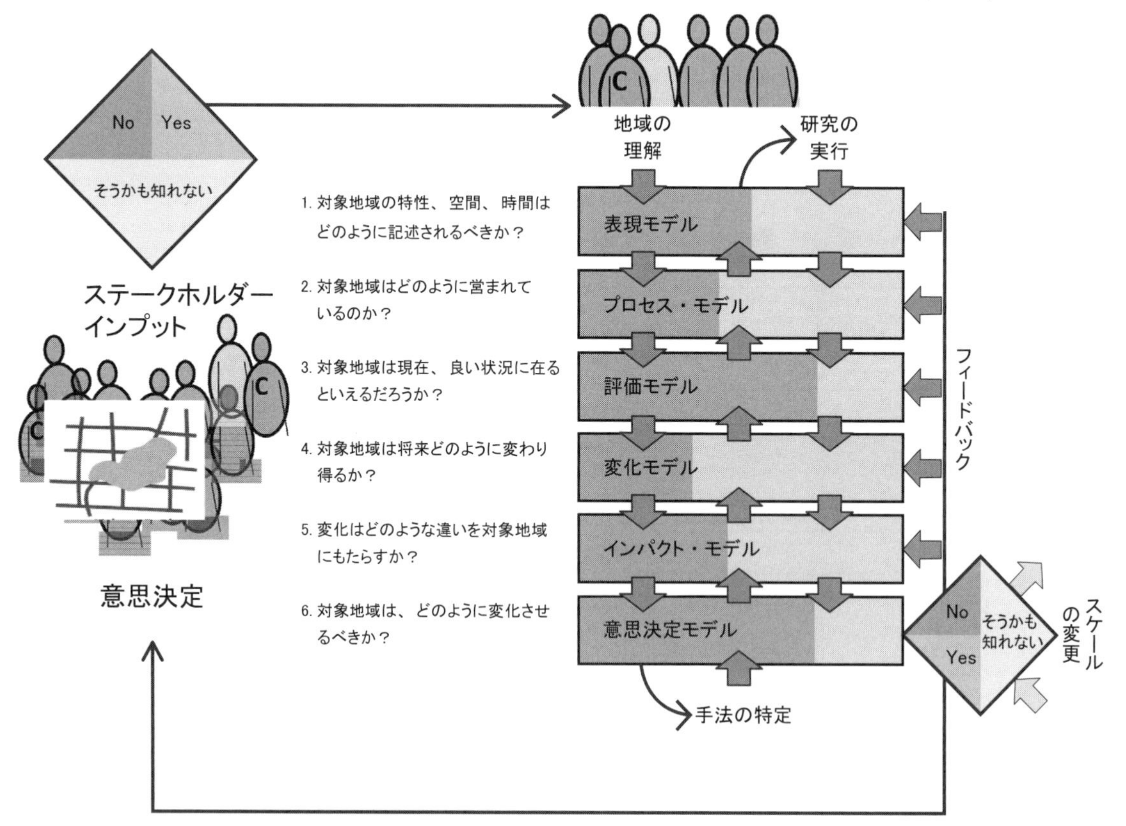

図 3-7 ジオデザインのフレームワークにおける市民参加のあり方 . スタイニッツ（2014）の図 12-7 を転載 .

そして，ヨーロッパの景観協定では，当該地域の地域住民とステークホルダーの責任の範囲を広げ，計画チームと彼らの直接的でより深い関わりを合法化しているという．

しかし，一方で，スタイニッツ教授は，地域住民がジオデザインのフレームワークのすべてにおいて関わる必要はないし，むしろ，効率的でない場合もあると指摘している．すなわち，すべての地域住民が自主的に自分たちの地域の将来像を考えるとも限らないし，ジオデザインが扱う包括的なすべての課題に関心を持ち続けるかもわからないからである．

このことは，将来計画における地域住民の参画や合意形成をどのように促進するかという大きな課題であるといえるが，少なくともジオデザインは，そのためのフレームワークを提供することができるといえる．

5. おわりに

本研究では，地域の将来計画を策定する際のGISや地理情報科学を活用したプラットホームとして，近年，注目を集めているジオデザインを紹介した．そして，さらに，ジオデザインにおける地域住民の関わり方を説明するとともに，GISやICTの技術発展が，ジオデザインのフレームワークにおける市民参加のあり方を大きく変化させていることを紹介した．

現在，内閣府が進めようとしている，地方創生のための取り組みの中では，中山間地域などでは，「小さな拠点」の形成（集落生活圏の維持）が推奨され，地域住民による集落生活圏の将来ビジョン（地域デザイン）の策定，ワークショップを通じて住民が主体的に参画・合意形成に関わることがうたわれている（まち・ひと・しごと創生本部事務局 , 2015）．また，地方都市では，都市のコンパクト化と交通ネットワークの形成，いわゆる「コンパクト・シティ」が推奨されている．この策定に，ジオデザインのフレームワークを適用することが可能である．

今後は，このような超高齢化・人口減少に直面する日本の地方再生に, GISとICTに支援された，市民参加型のジオデザインを推進させていく必要がある．

（矢野桂司）

【文献】

スタイニッツ C. 著 , 石川幹子・矢野桂司編訳（2014）『ジオデザインのフレームワーク：デザインで環境を変革する』古今書院． Carl Steinitz（2012）*A Framework for Geodesign: Changing Geography by Design*, Esri Press.

まち・ひと・しごと創生本部事務局（2015）『まち・ひと・しごと創生について－国と地方における人口の現状と将来見通し，総合戦略の策定・推進－』(配布資料)

矢野桂司（2014）東日本大震災の復興に向けてのジオデザインの適用－福島県相馬市を対象としたワークショップの事例－, 吉越昭久編『災害の地理学』212-232, 天理閣.

Batty, M.（2013）Defining geodesign（= GIS + design ?）. *Environment and Planning B* 40（1）: 1-2.

Ervin, S.（2012）GeoDesign Futures: Possibilities, Probabilities, Certainties, and Wildcards. Redlands, California: 2012 Geodesign Summit, January 5-6, 2012, Redlands.

Flaxman, M.（2010）Geodesign: Fundamentals and Routes Forward. Presentation to the Geodesign Summit, January 6, 2010, Redlands.

Lee, D. J., Dias, E. and Scholten, H. J.（2014）Introduction to Geodesign Developments in Europe. in Lee, D. J., Dias, E. and Scholten, H. J.（eds.）: *Geodesign by integrating design and geospatial sciences*. Springer, 3-9. http://video.esri.com/watch/1010/geodesign-futures-possibilities_comma_-probabilities_comma_-certainties_comma_-and-wildcards

第 4 章　地元学と PPGIS

1. 地元学の重要性と可能性

農村計画分野では知られるようになっている「地元学」は，都市計画分野では，まちづくりという言葉に置き換えられており，あまり知られていない．地元学とまちづくりでは，その意味するところは少し違っているものの，地元学が提起する問題意識は，これからのまちづくりの中でも重要な役割を果たすに違いない．

現在，各地で盛んに行われている地元学は，大きく 2 人の提唱者によって広がったものである．1 人は水俣市の職員であった吉本哲朗ともう 1 人は仙台在住の民俗研究家の結城冨美雄である．2 人は，その活動対象が出身とも重なって少し異なっているが，その内容は，同じである．

吉本によれば，「地元学とは，地元に学ぶことである．（中略）地元のことを地元に住む者が良く知らないのに，ものをつくったり地域をつくったりしようとしていることの矛盾に気がついたからである．地元学とは地元のことを地元の人たちが，外の人たちの目や手を借りながらも自らの足と目と耳で調べ，考え，そして日々，生活文化を創造してゆく．その連続行為を言う」（吉本，2001）と記し，上から言われて行うのではなく，住民が自ら行う活動であることを強調している．

さらに，結城はそのまえがきの中でこの地元学の可能性について「いたずらに格差をなげき，都市とくらべて「ないものねだり」の愚痴をこぼすより，この土地を楽しく生きるための「あるもの探し」．それを私はひそかに「地元学」と呼んでいるのだが，要はこれからの家族の生き方，暮らし方，そして地域のありようを，この土地を生きてきた人びとから学びたいのである．性急に経済による解決を求める人間には，ここは何もないと見えてしまうだろうが，自然とともにわが地域を楽しく暮らそうとする地元の人びとの目には，資源は限りなく豊かに広がっているはずである」(結城，2009）と記し，地元に学び，その暮らしの知恵の可能性を述べている．さらに，結城は，ゆるがぬ「地域」を家族が集まって暮らす具体の場とする経験にもとづき「よい地域であるための 7 つの条件」を示した．「①よい仕事場をつくること，②よい居住環境を整えること，③よい文化をつくり共有すること，④よい学びの場をつくること，⑤よい仲間がいること，⑥よい自然と風土をたいせつにすること，⑦よい行政があること」．

各地で，この 2 人の地元学が注目され，活動が拡がっている背景には，地方の人口減少に伴う地域の疲弊が止まらず，何とかしたいと考える人びとに対して，この地元学が提案する，地元の人による地元の学び，さらに得られた資源を磨き，地域の可能性を考え，地元住民が自ら行動することを期待するからである．

2. フィールドワークとその役割

地元学における地元の人に学ぶこととは，現場に赴いて話を聞くというフィールドワークにほかならない．

社会科学の諸分野では，フィールドワークは現場の社会生活に密着して調査を進める手法として，早くから定着してきた．特に人類学の分野では 1920 年代には，その持つ有効性が認識され，調査手法として広く採用されてきた．また，社会学の分野でも現場調査とその成果をまとめる手法はフィールワークとして定着していたが，この主観的観察に対する批判として「行動科学」と呼ばれる実証主義的な手法が中心となり，フィールドワークに対する見方が変化していくことになった．しかしその後，この実証的発想にもとづく定量的調査に対し，フィールドワークや文書資料の検討などを通して得られる定性的調査（質的調査）の重要性が再認識され，定量的調査手法と定性的調査手法による補完が認識されるようになってきた（佐藤，2008)．

現在のフィールドワークは，ノートに筆記するだけでなく，デジカメ（静止画，動画），IC レコーダー，GPS といった ICT 機器を導入し，定性的調査の記録に役立てており，主観的観察と呼ばれる定性的調査の弱点を補う方法として活用されている．さらに，本章後半で紹介するように，GIS 技術の発展により，このように取得されたデータを位置情報と結び付け，地図情報として活用することが簡便に行えるようになり，統計データ等を中心に扱う定量的調査手法との融合が進んでいる．

3. 地元学の進め方

吉本（2008）は，地元学の進め方について（地元の人（土の地元学）と外の人（風の地元学）の共同作業として進められるものとして示している．あるものを探し，それを磨き価値あるものにする第一歩として，外の人と一緒になって地元に出かけて調べる．調べた結果を吉本は，「つなぐ，重ねる，剥ぐ」という視点で考えることを提案する．次にその結果を，「地域資源カード」として個々の情報を整理し，「地域資源マップ」として地図を作成すること等を示している．次のステップでは，得られた地域の資源をどのように役立てるかを皆で考える段階になる．考えるヒントとして，①これまでを読む，②変化の風を読む，③これからを読む，④手を打つ，を示しており，これらのヒントを手がかかりにして，地元の人の話し合いが行われる．このことにより，普段は地域のことを抽象的にもしくは漠然と考えていた住民が，個々の具体的なテーマにあわせて地域を具体的に考え始めることができると説く．

例えば，商品では，その商品の背景や歴史について説明ができるようになったり，地域を訪れる人に対して案内することができるようになったり，食べ物カレンダーなどに，新たに調べたい内容が加わり新たな活動に繋がっていくなどの変化が起こる．このような変化は，「当事者としての自分，または住民が，自分の事は自分で，地元の事は地元でやっていくために，また，地域の課題を直視し，外的・内的変化を適正に受け入れ，なじませていくために，その力量を身につけていくこと」（吉本, 2008）と説き，地域を元気に促す力になると説明する．

4. 観光と地元学

6 次産業等の新たな商品開発を考え地元学を取り入れる地域も多い中，井口は観光と地元学に対して「観光の本義とは抽象的に譬えて言えば①観国之光，②努力発国光，③近説遠来につきる．そしてこれら 3 つの文言は，まさに「地元学」が目指すところと通底している」（井口, 2011）と記し，その重要性を指摘した．

2007 年観光立国推進基本法，それを受けた基本計画では，観光推進の基本的方向として，「インバウンドの拡大，地域の主体性・自主性，文化的魅力の向上とその海外への発信といった比重が高まって」おり，過去のリゾート開発に見られたような一部の観光産業や観光施設に偏った施策からの転換が求められているのである．このような動きは，以前から団体旅行のようなマス・ツーリズムから個人中心のオルタナティブ・ツーリズムの動きとして認識されていた事である．オルタナティブ・ツーリズムは，ごく普通の地域に密着し，地域に住まう普通のひとによって担われ，地域の暮らしに共感し学び合う知的交流を展開することで，個性的なまちづくり，暮らしづくりを進めることに繋がる活動と言える．

井口（2011）は，近江八幡市を例にこのような活動の特徴を「①観光を地域の歴史や文化の再認識，自然環境の保全，さらには地域の人びとが織りなす風景づくりの課題と位置付ける，②地域のアイデンティティの源泉である地域文化の継承とその新たな創造を市民の感性や知性，技術に依拠して進めている，③国と地方，官と民といった立場の違いや利害を越え，連携・協働を通してまちづくりを進めようとする市民の姿勢」として捉え，新しい公共の創造につながる活動と捉えた．このように捉えることで，「地域に住まう人びとが育んでいく観光によって地域の固有価値の源泉である文化資源を保全してゆくことが求められ，他方で文化政策の視点を導入することによって観光文化を振興してゆくことが必要になっている」とし，この活動に対し「まちづくり観光」という言葉をあてた．

一方，地元学は，「単に地域の歴史や文化を発掘する学習活動にとどまらず，自らの住まう日常的な生活の場としての地域に目を向けさせ，持続的なまちづくり，地域づくりを促しつつ究極的には自己の生き方の問い直しを迫るものなのである」と指摘しており，先の観光文化を考える際に，地域の人びとの地元を掘り下げる活動における知的交流と通ずるものである．また，風の人としての外の人には，観光客も含まれて良いのではないかと井口（2011）は考えており，これが観光交流の意義として，地域内外の人びととの出会いや価値感の認め合いにより，観光者の地域に対する共感こそ観光の深い次元での支えになることこそ持続的観光のコアと指摘している．

5. 島根県中山間地域研究センターの活動

島根県中山間地域研究センター[1]は，1998年（平成10年）に発足し，2002年（平成14年）に新施設（飯南町上来島）で，農業試験場を母体として地域研究部門を新設した中国地方5県の共同研究施設である（図4-1）．具体的な活動として，①中山間地域に係る地域振興や農業，畜産，林業の試験研究を総合的に実施，②中山間地域の現場でのサポート活動，③研究成果，実践ノウハウの情報発信，④各種研修事業の実施，を柱とし，その中の1つの活動として「「住民主動」による地域づくりへの支援」を行ってきた．

このセンターは発足当時より地域研究の柱としてGISを導入し，中国5県のデータベース構築，さらにそのデータを活用した様々な研究を行ってきたと同時に，「住民主導」の地域づくりの現場へのGIS活用を行って来ており，具体的には，神戸川流域環境マップ作成（2002年）では地元の小学校の校外活動の一環で神戸川の生物調査を実施し，その成果をGIS上に表示したものを作成した（図4-2）．

同センターでは，2010年（平成22年）より集落支援員等のスキルアップ研修を開始し，2012年（平成24年）より地域サポート人材のスキルアップ研修として継続されている．その内容は，年度により若干異なるが2014年（平成26年）度は，6月に基礎講座を行い，7月から個別課題解

図4-1　島根県中山間地域研究センター外観．

出典：島根県中山間地域研究センターのウェブページ（以下，図4-1～図4-9も同じ）

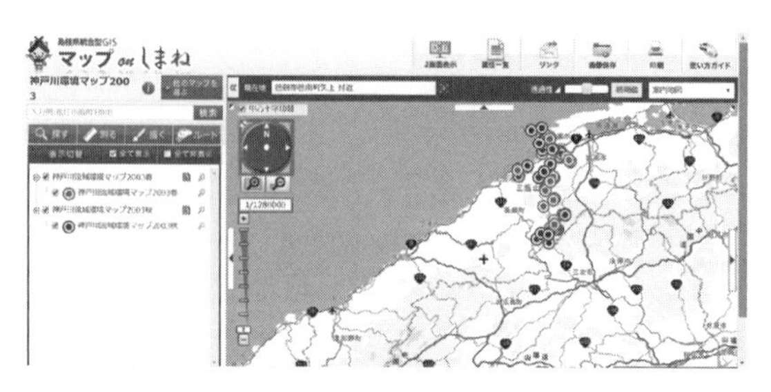

図4-2　神戸川流域環境マップ．

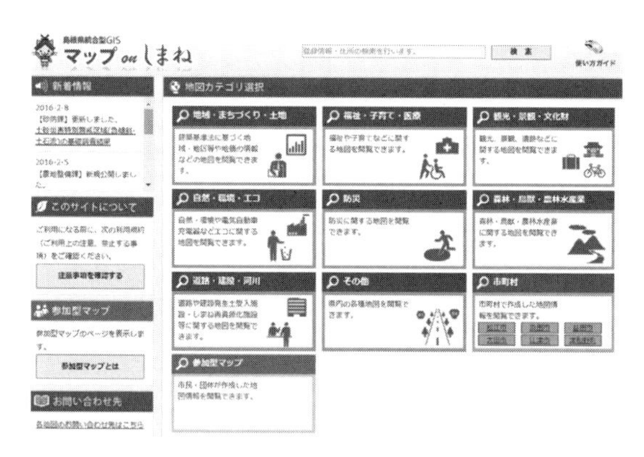

図4-3　参加型マップの入り口．

決講座として，①ワークショップ，②GISトレーニング実習（全5回），③住民協働の自治づくり市町村職員課題解決講座（全5回），⑥耕作放棄地対策，⑦地元学（地域を知る），⑧鳥獣対策：サルとカラスの集落ぐるみの対策，⑨地域資源の活用，⑩集落組織の運営の研修会を実施している．対象とする地域サポート人材は，地域に入って活動する集落支援員，地域おこし協力隊員ほかであり，このような地域づくりを支援する人に対して，GISと地元学を研修するプログラムを持つものは，島根県中山間地域研究センターが唯一であろう．

住民によるマップづくりについては，島根県統合型GIS（マップonしまね）のトップページか

ら「参加型マップ」を選択してみることができる（図 4-3 ～図 4-9）.

1）斐伊川・神戸川流域環境マップ（14 種）

図 4-4　斐伊川・神戸川流域環境マップ 2015.

2）GIS モデル事業団体作成マップ（33 種）

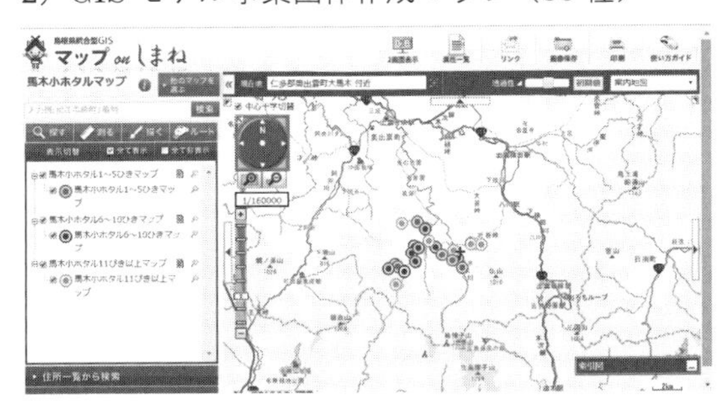

図 4-5　馬木小学校によるホタルマップ.

図 4-6　地区住民による乃木地区安全確認マップ.

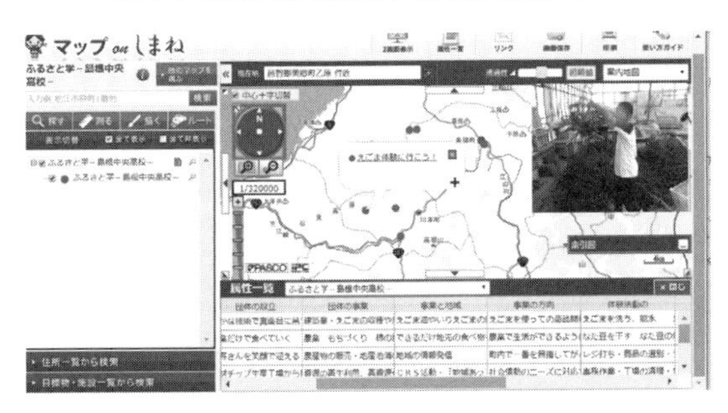

図 4-7　松江中央高校生によるふるさと体験施設調査.

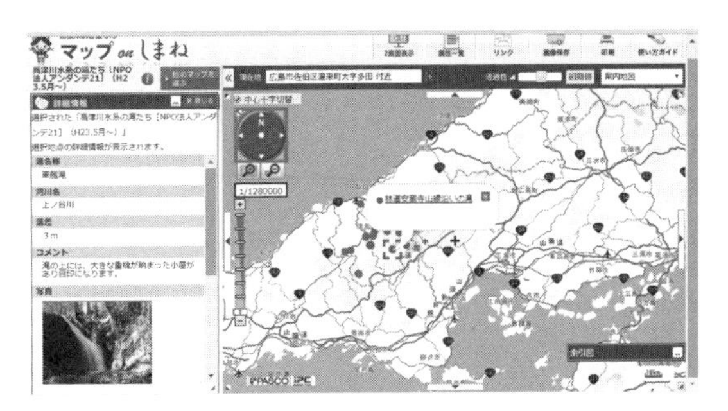

図 4-8　NPO による高津川水系の滝調査.

3）その他のマップ（33 種）

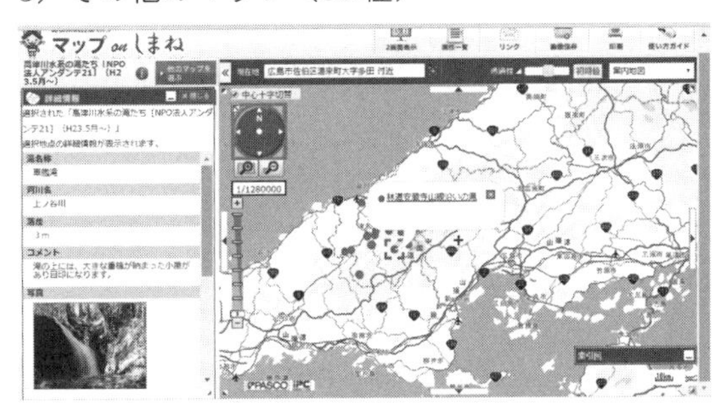

図 4-9　弥栄里あるきマップ.

6. PPGIS から見た手法の整理

これまで紹介した手法，事例を整理して示すと図 4-10 のようになる．地元学の視点を活かしたフィールドワークに，スマートフォンやデジカメ，IC レコーダ，GPS などの機器を利用して定性的調査内容をデジタルデータとして取得し，一方で GIS の得意とする統計データ，地理空間情報による定量的調査内容を取得し，これらを使って地域の記録，課題解決に活用するという流れが整理できる．

そこで，筆者が関わった事例を使って地元学の視点による「あるもの探し」，フィールドワーク，GIS による可視化，活用方法の検討について紹介する．

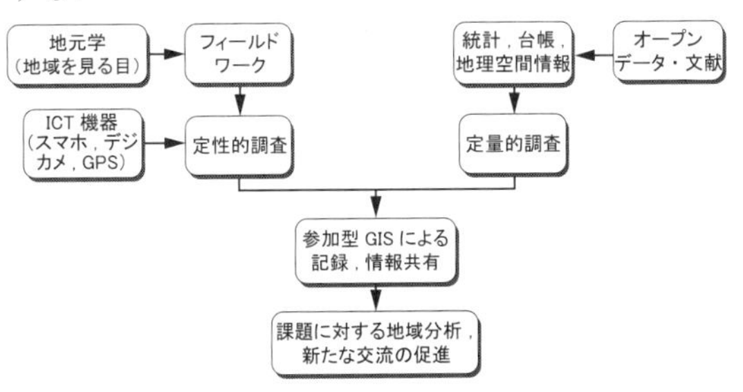

図 4-10　PPGIS 手法の整理.

6-1. 島根県飯南町谷地区での活動

2011年（平成23年）5月，島根県中山間地域研究センターの支援により飯南町谷自治振興会（人口260人，95世帯，高齢化率47%）で地域資源の把握を行うこととなった．この地域は，江戸時代に石見銀山直轄領の谷村であり，現在も谷地区としての一体感が維持されている地域である．

まず初めに，6集落ごとに地域の高齢者に集まって頂き，地域の環境，歴史，文化について航

図 4-11　地域資源発見ワークショップ．（筆者撮影）

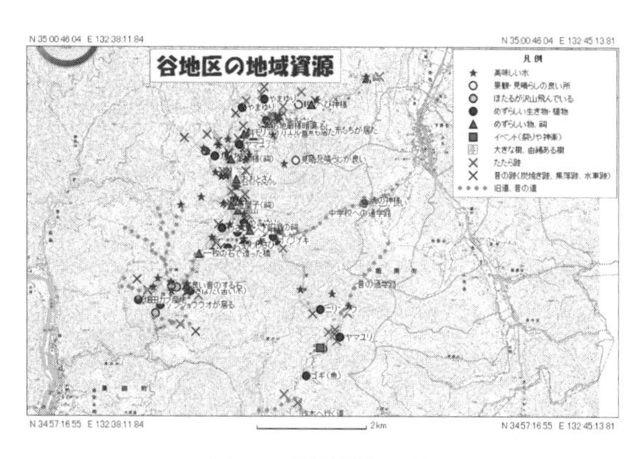

図 4-12　地域資源マップ．

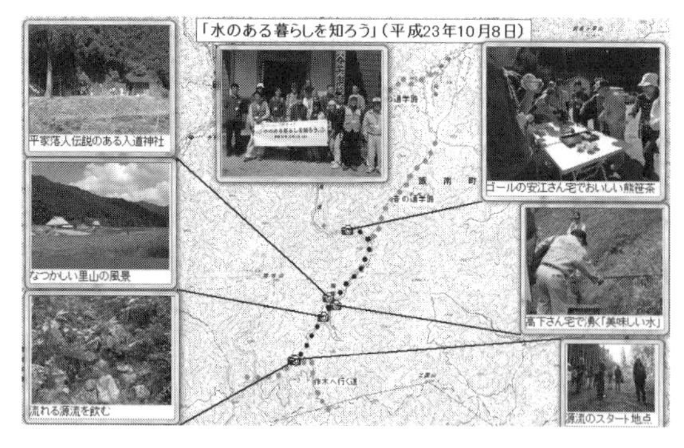

図 4-13　カントリーウォークマップ．

空写真に地域資源の付箋を貼る作業を開始した．

これらの地域資源に関する付箋情報をGISのデータとして種類別に登録した．この結果は，住民にとって，地域には地域資源となるものが豊かに存在していることを気づかせる効果を持つことができた（図4-11，図4-12）．

次に，この地域資源をどのように活用してゆけば良いのかを話合ってもらうこととした．その方法としては，①産直に出荷，②新たな食品加工，③グリーンツーリズム等が考えられるが，できるところから始めてみようということから，グリーンツーリズムに繋がるカントリーウォークに着手することになった．外の人間として私からは，「おいしい水」をテーマとして提案し，地域の人で企画を練ってもらった（図4-13）．

その結果，「水のある暮らしを知る」という内容で，ルート，ストーリー，ガイド役，休憩ポイント等を固め，中山間地域研究センターのイベントとして集客し，実施することとなった．

多数の参加者によりイベントは成功し，地域の人に喜びを呼び起こし自信を感じることとなり，今後の取り組みのきっかけとなった．

6-2. 岩手県西和賀町にしわがやすらぎの郷づくり協議会

対象となる地域は，10年前に湯田町と沢内村とが合併し，その両町村にまたがる地域である．また，地域づくりに関するワークショップ，地域資源を洗い出す「地元学」がすでに実施され，それらを「エコミュージアム構想」としてとりまとめが行われている地域である．今回は，地域の文化的土台を明らかにするために，当時の湯田町にダムが建設された50年前の暮らしをテーマとして，協議会に参加している6集落ごとに，高齢者に集まってもらい航空写真を利用して話を聞くこととした（図4-14）．

その結果，地域内には，いくつか鉱山が操業しており，鉱山の有無が地域の活気に大きく影響を及ぼしていた．雪深い地域であり，茅葺の家の中に家畜とともにいきいきと自給自足の暮らしを行っていたことを把握することができた．

対象となる地域では，当然多くの地域資源が描かれることとなる（図4-15）．

実際に地元の方に案内してもらい現地を歩いてみると，用水路周辺の雰囲気がとても良く，全国的に広がりを持つフットパスのコースに適しているのではないかと感じさせるものであった．また，地域ではもう価値が無いとして放置されている萱場が健在であり，棚田再生のようにこれを活かす方策を考えてはどうかと提案した（図 4-16）.

今回の GIS の利用方法の 1 つは，情報の可視化という効果から，合併された地域の情報共有を促し，集落連携を促す道具となる可能性を確認することであった．この調査に引き続き，島根県で実施されている農地 1 筆マップの構築を予定しており，これらの詳細な情報にもとづく地域連携の実現に向かうことになる.

（今井　修）

【注】

1）島根県中山間地域研究センターのウェブページ参照.
http://www.pref.shimane.lg.jp/chusankan/

【文献】

井口　貢（2011）『観光文化と地元学』古今書院.

佐藤郁哉（2008）『フィールドワーク 増訂版』新曜社.

結城冨美雄（2009）『地元学からの出発，シリーズ地域の再生 1』農文協.

吉本哲郎（2001）『風に聞け，土に聞け 風と土の地元学（現代農業増刊）』農文協.

吉本哲朗（2008）『地元学をはじめよう』岩波書店.

図 4-14　50 年前の地域の姿.（撮影者不明）

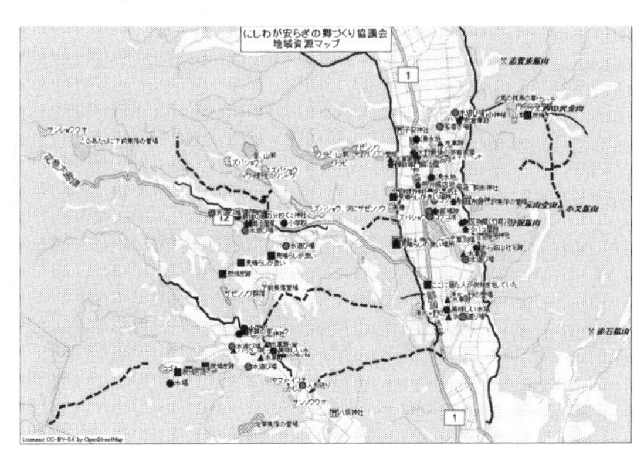

図 4-15　地域資源マップ.

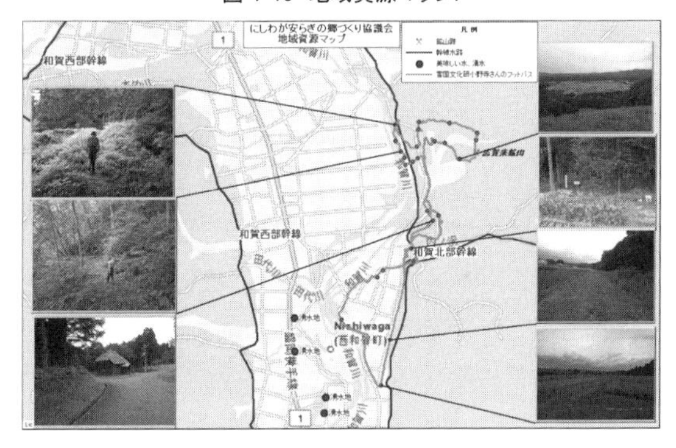

図 4-16　フットパスルートマップ.

第 5 章 地理空間情報のクラウドソーシング PGIS の理論

1. はじめに

ICT（情報通信技術）の発展と Web の世界的な普及は，私たちの生活の中で地理空間情報を容易に取得することを可能にした．第 2 章の「ネオ地理学」でも取り上げたように，私たちは Web ブラウザやスマートフォンなどの携帯型デバイスを通して，何らかの位置情報を常に収集し，時間やメッセージには画像や動画を付与し，Twitter や Instagram など種々のソーシャルメディアを通じて発信し続けている．このような情報の消費者（利用者）と発信者の境が曖昧になることを「プロシューマー」（Wilson and Graham, 2013）と称することで，これまでの情報生成の流れを大きく変えると共に，バーチャルなコミュニケーション手段あるいは社会ネットワークの有り様も変化し続けている．特に，地理学や地図学においてソーシャルメディアを分析対象とした研究は急速に拡大し，地理的視覚化（geo-visualization）も重要な研究トピックスとなっている（Tsou and Leitner, 2013）．

ところで，このような新しいメディアや技術の出現により，地域的な社会課題や環境についてのモニタリングを市民が担う活動，すなわちクラウドソーシング（Crowdsourcing）が多様な分野で実施されるようになってきた．地理情報科学ではこれを「ボランタリーな地理情報（VGI）」（Goodchild, 2007）と定義し，市民同士のみならず政府・行政にとっても有用な情報の供給源として，機能し始めていると捉えている（Haklay et al., 2014）．他方，地理空間情報のクラウドソーシングに関しては，ボランタリーな地理情報以外にも類似する様々な用語や文脈で捉えられつつあり（Lauriault and Mooney, 2014），扱う対象に相違が見られる．

2. クラウドソーシング

クラウドソーシングという用語は，2000 年代中盤以降インターネット上に散在する群衆（クラウド）に対して，企業等による外注（アウトソーシング）が起こり始めた現象を，ワイアード（Wired）誌の編集者であったハウらによって定義されたことで広まった（ハウ , 2009）．現在，多くの分野の論者によって様々な定義がされているが，初期の定義としては Web を通して「人々の労働力を組織化し，コーディネートする手段」（Grier, 2013）と広く解釈され，「自発的に作業に取り組むことを提案する参加型オンライン活動の一種」（Estellés-Arolas and González-Ladrón-de-Guevara, 2012）とも定義されている．クラウドソーシングは Web を用いて主に公募形式で作業を依頼することで，時間を問わず，また地理的な近接性を考慮せずともユーザが参加可能な，新しい分業形態として着目されている．海外の最大手で 270 万ユーザ以上の登録者がある Upwork（https://www.upwork.com/）と比してユーザ数は少ないものの，日本国内でも Lancers（www.lancers.jp）など数十万人規模で登録者を有するクラウドソーシングサイトが構築され，データ入力のような単純作業から，デザイン設計や Web サイト構築など高度なスキルが必要な依頼に至るまで多様化している．

ところで，クラウドによるデータ生成という面に注目すると，無報酬の科学的な活動に対してもクラウドソーシングが 2000 年代以降，積極的に採用されるようになった．初期の代表例の 1 つは，2005 年より始まった Amazon 社の「Mechanical Turk」（https://requester. mturk.com/）というプロジェクトで，コンピュータプログラムのみでは自動化が不可能な，画像からの文字起こしやタグ付け，レイティングといった分割された単純作業を依頼し，依頼者が報酬を支払う形態として始まった．

このようにクラウドソーシングは，依頼者が何らかのプロジェクトに対して希望者を募るとともに，その成果物として生成されたデータに対して報酬を支払うといったモデルが一般的であった．他方，近年ではクラウドソーシングの方法論を活用し，無報酬ではあるが市民活動の一環として科学的な活動に応用する試みがなされ始めており，次節で解説するような多くの事例も登場するようになった．

3. 科学的活動への参加

科学的活動に対するクラウドソーシング型でのデータ取得や分析に貢献する取り組みは，Webが登場する以前から存在し，古い事例は17世紀まで遡るとされている（Haklay, 2015）．他方，20世紀中盤頃より，特に生態学や環境学などの分野で，動植物の観察活動に市民参加を促すようプログラムを適用させた取り組みが始まり，例えば1975年に始まった北アメリカチョウ類保全協会による「Butterfly Count Program」や，1976年より始まった英国の「Butterfly Monitoring Scheme」などの取り組みが挙げられる．

このような取り組みを契機に，観測データの取得，分類あるいは分析に対して市民が，自らのスキルアップとともに専門家らの助けを得ながら大量のデータを収集する活動は「市民科学（Citizen Science）」という用語によって近年再注目され，クラウドソーシング技術の進展や科学的活動のオープン化の潮流も伴い，参加型の科学的活動に広く波及しつつある概念である（Haklay, 2015）．

Webを活用した取り組みとしては，2007年に設立された「Galaxy Zoo」（http://www.galaxyzoo.org/）プロジェクトが代表例の1つである．これは世界中で約15万ユーザが参加し，宇宙望遠鏡などで撮影された銀河の画像データをWeb上で分類する取り組みで，約90万もの銀河データが作成されている．ここで作成された分類データはWebを通じて一般に公開されることで，再利用可能な宇宙科学の基礎的なデータになっている点が特徴である（Hand, 2010）．また，Webを駆使した野鳥情報の大規模な情報収集・共有事例としては，環境保全団体である米国オーデュボン協会が中心となって2002年から始まった「eBird」が代表例で，2015年5月時点で全世界950万の観察レポートが位置情報と一緒に投稿されている（図5-1）．

eBirdでは，クラウドソーシングで得られたデータを科学的な研究の基礎資料として，ユーザ登録後ダウンロードすることも可能である．また，コーネル大学ではeBirdのAPIサービスを提供しており，XMLやCSVなど研究データとして扱いやすい形式にダウンロードも可能である．

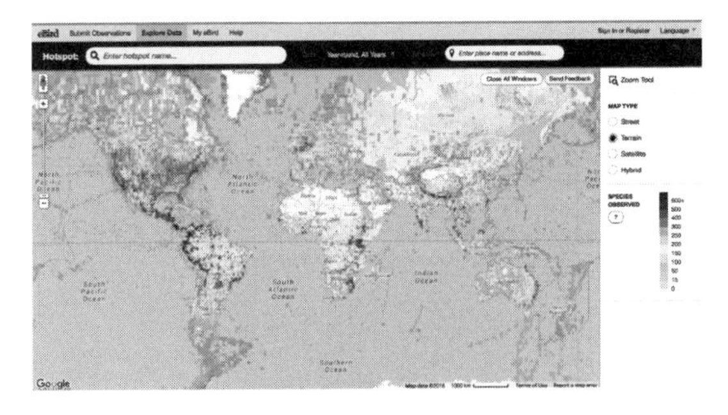

図5-1 eBirdプロジェクトの世界地図．（http://ebird.org/）

以上のようなクラウドソーシング型による市民科学的な活動の高まりを背景に，米国では第26章で取り上げるオープンガバメントの文脈の中で，これらの活動を政策的に重視した．具体的には，2013年12月に制定された「オープンガバメント・パートナーシップ」において，政府としてクラウドソーシング・市民科学プログラムの拡充を計画した．これにより，「クラウドソーシングと市民科学実践の連邦コミュニティ（The Federal Community of Practice on Crowdsourcing and Citizen Science: CCS）」が設立されるとともに，全米で100を超えるプログラムや優良事例に関する紹介をデータベース化し，2015年にツールキット集として公開した（https://crowdsourcing-toolkit.sites.usa.gov/）．CCSで紹介されている市民科学の事例は，アメリカ地質調査所（USGS）を中心に地球環境のモニタリングや地図作成支援，災害情報の地図化など地理空間情報を伴うプロジェクトが多く，いずれも重要な活動に位置づけられている．

他方，草の根におけるプロジェクトについても横断的に検索可能なプラットフォーム「Crowdcrafting」（http://crowdcrafting.org/project/category/featured/）が，オープンナレッジ財団によって開発されている．このWebサイトでは，ボランティアがプロジェクトを検索し参加できるだけでなく，プロジェクトを新規登録することもできるWeb上での実行環境として用意されており，市民科学に関するスタートアップを支援する取り組みの1つといえる．

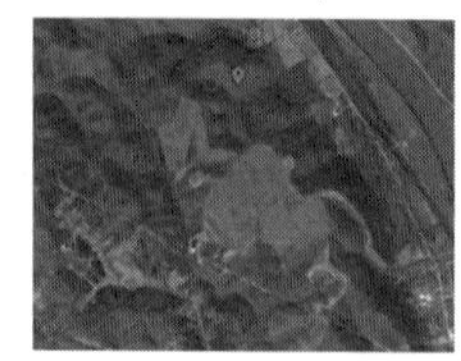

図 5-2 Landfill Hunter の Web サイト.
(https://crowdcrafting.org/project/landfill/)

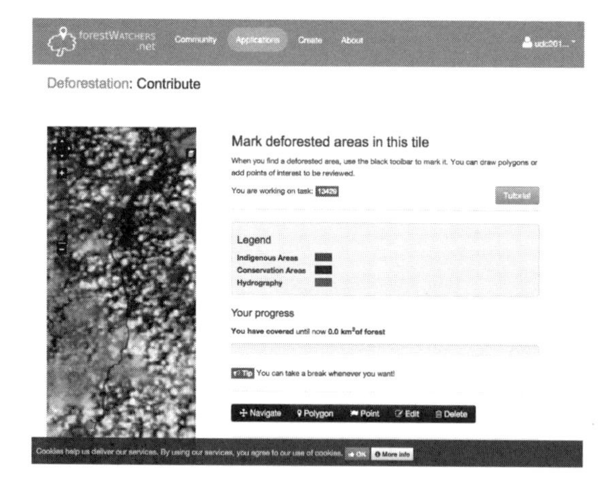

図 5-3 ForestWathcers の Web サイト.
(http://forestwatchers.net/)

例えば,「Landfill Hunter」というプロジェクトは,航空写真を用いたゴミ集積地の特定と地図データ化を行うものである(図 5-2).また,「ForestWathcers.net」は,同様に航空写真から判別する森林伐採のモニタリングプロジェクトである(図 5-3).このように,Crowdcrafting に登録されているプロジェクトには環境問題や防災・減災に関わるテーマのものが多い.これらのサービスは,全て「PyBossa」(https://github.com/PyBossa)と呼ばれる Python のオープンソースのフレームワークで構築されていることも特徴の 1 つで,有事の際にも独自サーバーを介すること無くプロジェクトを簡易に立ち上げることが可能である.

このような市民科学と地理空間情報技術をめぐる動向は,大学における教育・研究の新しい潮流にも影響を与えている.UCL では,学際的な市民科学研究グループを 2013 年頃より立ち上げ,「Extreme Citizen Science(ExCiteS)」(http://www.ucl.ac.uk/excites/)という名称で,都市部以外でも,アフリカやアマゾンの現地住民が,身のまわりの環境モニタリングや地図生成活動が出来るよう支援する教育・研究プログラムを多数行っている.なお,ExCiteS で開発されたモバイル向けの地理空間情報の収集アプリケーション(「Sapelli」・「GeoKey」)は,オープンソースになっており,他地域へも展開可能に設計されている.

4. VGI への展開

第 2 章で取り上げたように,PGIS 研究の新しい潮流として VGI が注目され,OSM のような巨大な地理空間情報データベースを事例に多くの研究が行われてきた.Cinnamon(2015)によれば,VGI の急速な拡大の背景には,「Web2.0」(O'Reilly, 2005)に位置づけられる,Google Maps や OSM に代表されるジオウェブの存在が大きいと述べている.加えて VGI は,例えばトップダウン/ボトムアップ,専門家/アマチュアといった二項対立的な参加形態を再考する枠組みとしても捉えられる. Lauriault and Mooney(2014)は,ボランタリーの中身として,地理空間情報の収集に対する貢献(contribute)以外にも,例えば政府やデータホルダによる流通・分配(distribute)が役割としてありうる点について指摘した.また,貢献者自体についても Coleman et al.(2009)は,多様な技術的背景のアマチュア・エキスパートの存在を背景に,知識と貢献度に関する諸段階の存在を指摘した.このような議論を受け,VGI 研究においても活動実践のプロセス分析やデータの定量的分析といった研究蓄積と平行して,Neis and Zipf(2012)に代表される,貢献者の活動実態と参加動機(モチベーション)に関する分析といった参加者に焦点を合わせた応用的な研究も行われるようになった.

他方,VGI 研究の初期から存在する WikiMapia や OSM のように,ボランタリー組織がグローバ

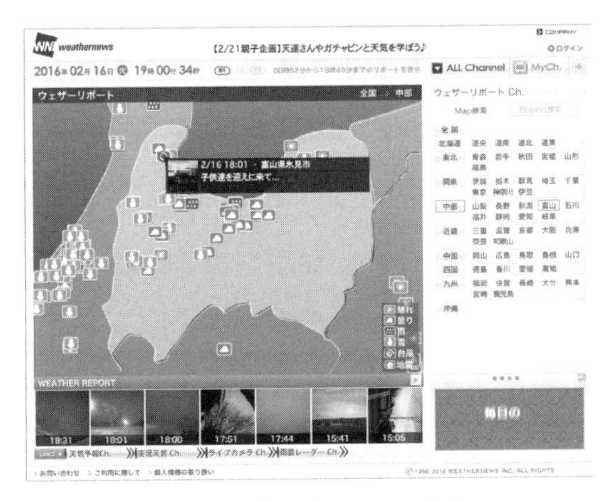

図 5-4 ウェザーリポートの Web サイト.
(http://weathernews.jp/)

ルな取り組みとして空間データ基盤を構築するようプロジェクト以外にも，前述のクラウドソーシングや市民科学における活動の拡大に伴って，特定のテーマに関する大規模な地理空間情報の収集と，既存データへの新たな意味付け・価値付けを行う VGI の実践例が増えている．例えば USGS では，従来からの地震に関するデータ公開に合わせて，地震発生時の体感状況を Web アンケート形式で共有する「Did you feel it ?」(http://earthquake.usgs.gov/earthquakes/dyfi/) を提供し，1994 年以降に発生した 68,000 以上の地震に対して，5,000 以上のユーザからフィードバックが得られた事象は 100 以上にのぼっている．

USGS の「National Maps Corps」は，機関が有する 1:24000 の地形図ベースの地理空間情報に関して OSM の活動スキームなどを参考にしながら，Web 上で有志が National Map データの修正・改善提案するプロジェクトを 2006 年より始め，米国内の 50 州以外にプエルトリコやヴァージン諸島の地図作成にも活用されている．

他方，日本においても目的特化した VGI 活動が，2000 年代頃からいくつか現在でも継続して行われている．例えば，NPO 法人バードリサーチの「ツバメかんさつ全国ネットワーク」(http://www.tsubame-map.jp/index.html) は，2004 年に Web 版での活動が始められた代表例の 1 つである．また，民間会社として 2005 年から開始されたウェザーニューズ社の「ウェザーリポート」が代表的なサービスの 1 つである (図 5-4)．これは，有料会員が

図 5-5 ポストマップの Web サイト.
(http://postmap.org/)

スマートフォンアプリケーションを用いてピンポイントの気象情報と写真・記事を投稿するもので，毎日 10,000 以上投稿されたデータを Web 上で閲覧可能にしている．さらに，草の根ボランティアによる活動の代表例としては，2006 年に開始された「ポストマップ」が挙げられる (図 5-5)．これは，ポストの位置情報と設置場所，回収時間等の情報を共有するプロジェクトで，2016 年 2 月時点で 175,000 基以上の情報が投稿されている．

5. まとめ

以上のように，Web2.0 下における地理空間情報の収集・共有は，幅広い分野で行われている．特に市民科学に分類されるような活動は，市民参加自体の重要性を高めるとともに，専門家自身の関与や専門的知識を市民に提供する事によって，市民自らが科学技術に関わっていくことへの期待も大きい．一方，Goodchild (2007) が指摘するように，単に参加型による情報収集に注目するのみならず，基盤データや分析結果に対する一般市民からのアクセシビリティを高めることが重要である．

その一助として本節で扱った事例の多くは，PGIS 研究の初期にあったような Web 上での公開のみならず，二次利用や加工を含めて再利用可能なライセンスを付与する工夫がされている．これは，データ基盤の構築と利用を前提にした市民科学や VGI を背景にした情報設計として GIS 分野でも重要視されなければならない．

(瀬戸寿一)

【文献】

ハウ , J. 著 , 中島由華訳 (2009)『クラウドソーシング―みんなのパワーが世界を動かす』早川書房 . Howe, J.（2008）*Crowdsourcing: Why the power of the crowd is driving the future of business*. Crown Business.

Cinnamon, J.（2015）Deconstructing the binaries of spatial data production: towards hybridity. *The Canadian Geographer* 59（1）: 35-51.

Coleman, D.J., Georgiadou, Y. and Labonte, J.（2009）Volunteered geographic information: the nature and motivation of producers. *International. Journal of Spatial Data Infrastructures Research* 4: 332-358.

Estellés-Arolas, E . and González-Ladrón -de-Guevara, F.（2012）Towards an integrated crowd-sourcing definition. *Journal of Information Science* 38（2）: 189-200.

Goodchild, M. F.（2007）Citizens as sensors: The world of volunteered geography. *GeoJournal* 69（4）: 211-221.

Grier, D. A.（2013）*Crowdsourcing for Dummies*: Wiley.

Haklay, M., Antoniou, V., Basiouka, S., Soden, R., and Mooney, P.（2014）Crowdsourced geographic information use in government, *Report to GFDRR*（*World Bank*）. London.

Haklay, M.（2015）Citizen Science and Policy: *A European perspective*. Washington, DC: Woodrow Wilson International Center for Scholars.

Hand, E.（2010）People power, *Nature*, 466（5）: 685-687.

Lauriault T.P. and Mooney, P.（2014）Crowdsourcing: a geographic approach to public engagement. *Programmable City Working Paper* 6（2）: 1-28.

Neis, P. and Zipf, A.（2012）Analyzing the contributor activity of a volunteered geographic information project: the case of OpenStreetMap. *ISPRS International Journal of Geo-Information* 1: 146-165.

O'Reilly, T.,（2005）What is web 2.0: design patterns and business models for the next generation of software, O'Reilly blog, oreilly.com/web2/archive/what-is-web-20.html

Tsou M-H. and Leitner, M.（2013）Visualization of social media: seeing a mirage or a message? *Cartography and Geographic Information Science* 40（2）: 55-60.

Wilson M.W. and Graham M.（2013）Neogeography and volunteered geographic information: a conversation with Michael Goodchild and Andrew Turner. *Environment and Planning A* 45: 10-18.

第6章 カウンターマッピング

1. カウンターマッピングとは

カウンターマッピング（counter-mapping）という言葉は聞き慣れない言葉であるが，参加型GIS（PGIS）において重要な視座を与える，参加によるマッピングのあり方，参加の動機と密接に結びつく言葉である．カウンターマッピングとは，政府や企業などによる覇権主義的な地図作成に対抗し，途上国の地域コミュニティやエスニック・マイノリティらによる，慣習的かつ土着の土地に対する権利や利用を表すような地図の作成を示す言葉として誕生した（Maantay and Ziegler, 2006）．この語はPeluso（1995）によって初めて提示されたものであり，インドネシア・カリマンタン島の森林管理で政府と住民との間で発生したコンフリクトの現場において，政府がその土地の管理のために地図を作成する一方で，それらが示す公によって示された所有や利用の範域に対して住民が異議を申し立て，政府の作成した地図に対抗するような地図作成が行われた．これらは，住民自身によって作成された，日常的な森林の利用に関わる手描き地図と，それらをGIS上にデジタル化した地図が国際的な援助団体の協力の下で作成され，これらを根拠とした異議申し立てがなされた．

2. 異議申し立て地図（protest map）の歴史

しかしながら，Peluso（1995）がカウンターマッピングの概念を提起する以前にも，カウンターマッピングとして位置付けられる地図化の実践がすでに行われてきたことを，Wood（2010）は指摘している．これによると，カウンターマッピングは，様々な異議申し立て地図（protest map）の実践においてみることができるという．異議申し立て地図の事例として挙げられているのは，19世紀初めのマサチューセッツ州知事Gerryによる不自然な選挙区割り（選挙区の形状が伝説上の生物であるサラマンダーと形状が類似していることから「ゲリマンダー」と呼ばれた）を風刺した地図，オーストラリア人McArtherが，北を上とする学習に反発し，またそうした地図の学習を受けた米国人からオーストラリアを地球の「底」とみなされた経験から，南半球を上にしたMcArthur's Universal Corrective Map of the World（南北逆さ地図）を発行した例が挙げられている．

またその他にも，ラディカル地理学者のバンジ（Bunge, 1988）が関わったデトロイト地理探検協会（Detroit Geographical Expedition）により作成された地図作成が挙げられている．これは，「車が黒人の子どもをひき殺した地点の地図」（図6-1），「赤ちゃんがネズミにかじられた地点の地図」（図6-2）などのように，これまで決して地図化されることのなかったマイノリティにとって劣悪な都市環境が，市民自らの手によって地図化された例である．図6-1は，スピードを上げてこれらの地域を通過する加害者としての（白人の）自動車運転者，それに対する被害者として黒人の子どもの存在を示している．日常生活の空間に存在する危険は人種や社会的階層によって大きな差があり，こうした状況を訴える地図として作成された．また図6-2は，インナーシティの劣悪な衛生環境によって，居住する子どもの生活に多くの悪影響が及んでいることを示している．これらの地図は，この地域に居住する黒人コミュニティの市民地理学者（folk geographer）自らがデータを収集し，地図化したものである点からも，市民参加型GIS（PPGIS）の初期の取り組みの1つともいえ，また，こうした地図がコミュニティを改善するために実効的な力を持ち，行政のレポートに社会的な公正という点から対抗する地図となっていたという（原口, 2006）．

もう1つの事例として取り上げられているのは，1950年にくり広げられたフランス・パリのシチュアシオニストによる「心理地理学」（psychogéographie）の作成プロジェクトである．シチュアシオニストとは，芸術と日常生活，文化

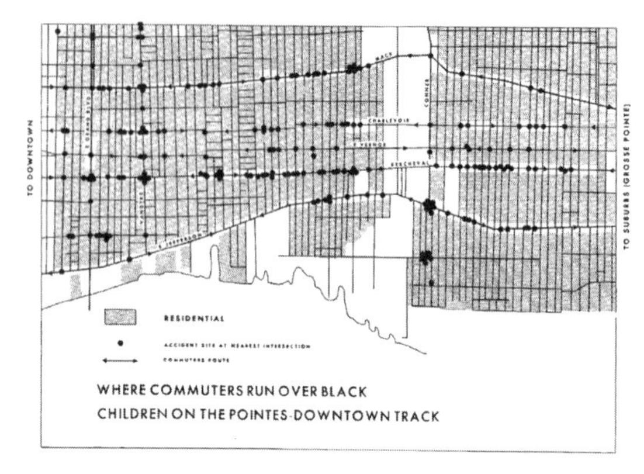

図 6-1 車が黒人のこどもをひき殺した地点の地図.
(The Detroit Geographical Expedition and Institute, 1971) Fieldnotes 3. http://freeuniversitynyc.org/files/2012/09/Detroit-Geographical-Expedition-and-Institute-1971.pdf (2015 年1月閲覧)

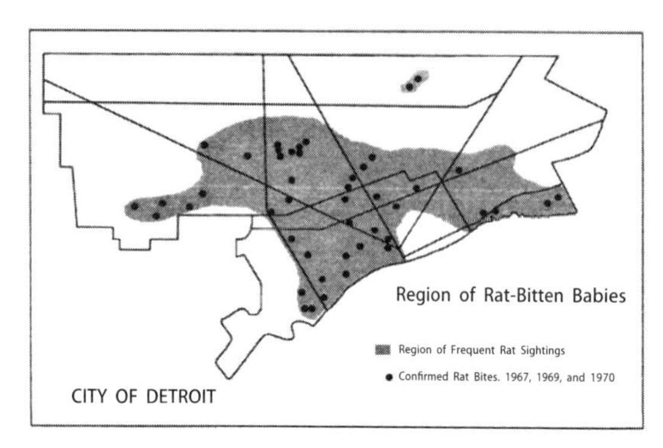

図 6-2 赤ちゃんがネズミにかじられた地点の地図. (Wood, 2010)

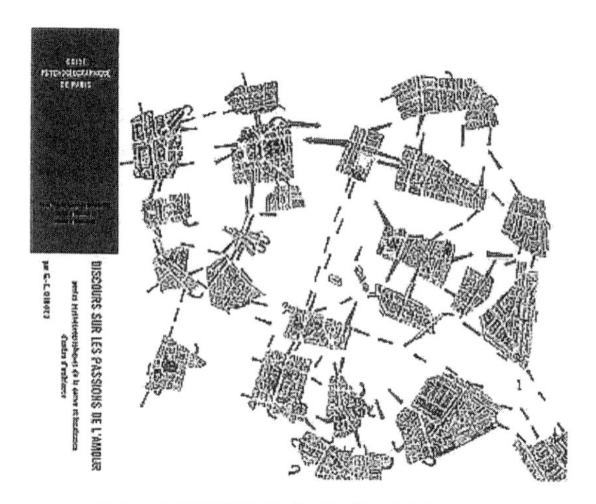

図 6-3 『心理地理学的パリガイド』. (南後 , 2006)

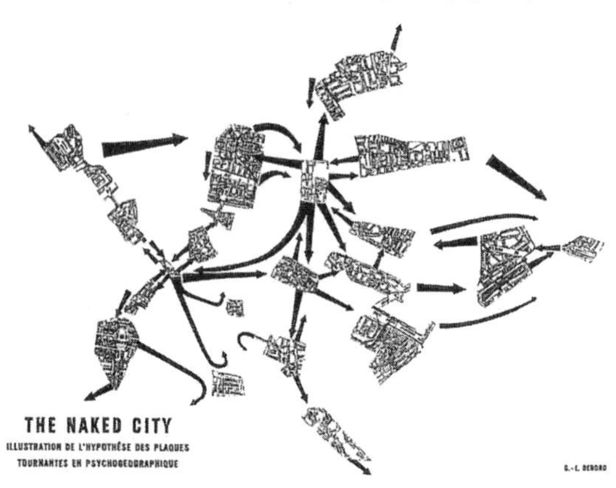

図 6-4 『ネイキッドシティ』. (南後 , 2006)

と政治の統一的実践を目指した領域横断的な前衛グループである (南後 , 2006). その主宰者の 1 人であるドゥボールが次のように「心理地理学」を定義している.「心理地理学とは，意識的に整備された環境かそうでないかに関わらず，人間の感情や行動に地理的な環境がもたらす原理や効果について研究することを目指している」と定義され，「漂流」を実施することで個人の多様な経験や感情によって，様々な形で都市が読まれた. 1957 年にドゥボールによる「心理地理学的パリガイド」と「ネイキッドシティ」が作成された (図 6-3，図 6-4). 個人の感情や経験，様々な場所の持つ雰囲気が，それが経験された「漂流」の軌跡とともに地図化された. これは，公的な地図，地図データを批判し，それを分解，転用するような，都市の多様な読みを促し，流動的な人間の感情や行動を地図化するようなカウンターマッピングの試みであったといえよう.

3. GIS とカウンターマッピング

1990 年代以降の GIS の社会への浸透によって，途上国・先進国の両者を含む都市や農村において，様々な社会集団がカウンターマッピングを進展させるようになった.

1990 年代にこのような流れが加速した理由の 1 つとして，この時期のパーソナルコンピュータ (PC) の性能向上によって，グラフィクスなどを含む，より大きなデータが PC 上で取り扱えるようになってきたこと，そうした PC 上で，GUI ベースのスタンドアロン型の GIS ソフトウェアが広く用いられるようになり，GIS の普及が広がったことが挙げられる.

特にこの時期に GIS の利用が拡大した分野は，企業や政府分野であった. それらがマーケティングやアセスメントなどの業務において GIS を大規模に利用するようになり，ビジネスでの GIS 利用が進展した．このような状況のもとで，企業や政府などの大規模にデータを保有・取得する巨大組織によって覇権主義的な地図作成が加速したことは，それに対抗するカウンターマッピングの必要性を高める結果となった．

一方，米国やヨーロッパで情報公開に関する法律の整備が進んだことによって，この時期，地図化のためのデータの取得が市民の側でも可能となりつつあった．これらのデータの利用がカウンターマッピングの実践を助ける面もあった．

例えば，1990年代後半以降，フェミニスト地理学においては，女性の置かれた多様な状況を示すために，経験や感覚的な知，身体や感情的な側面を重視し，定性的・定量的な側面の両者を組み合わせた地図の作成が女性自身によって進められてきた（若林・西村, 2010）．Kwan（2002）ではフェミニスト地理学の立場からGIS批判の論点を整理した．彼女は，フェミニスト地理学の共通の関心として，①個人の生きられた経験を理解するのにジェンダー・アイデンティティの物質的・再帰的構築を重視すること，②知の状況依存性や再帰性（あるいはポジショナリティ）を重視し超越的客観性や真実を支持しないこと，③特定の研究方法を持つわけではなく，マルチメソッドを指向すること，④社会的不平等や周縁化された集団の抑圧を減じるための進歩的社会変革に関与すること，の4点を挙げており，これらを実現するために，「フェミニストによる可視化（feminist visualization）」を行う戦略的なGISの利用を行うべきとした．

女性の身体や健康に関わる経験を女性自身によって地図化した例として，Kwan（2008）は女性の「身体地図」（身体の動きを時空間座標上にトレースしたものであり，時間地理学のパス概念を応用したもの）を示しながら（図6-5），2001年の9.11テロ以後に米国内のイスラム系女性に生じた行動の制約についての研究を行った．

また別の例として，ニューヨーク近郊のロングアイランドにある乳ガン多発地区に住む女性たちが，政府の保健部門が乳がん多発地区発生の要因を高収入，高学歴，特定の民族に帰結するような社会経済的，人口学的要因からのみ説明したこと

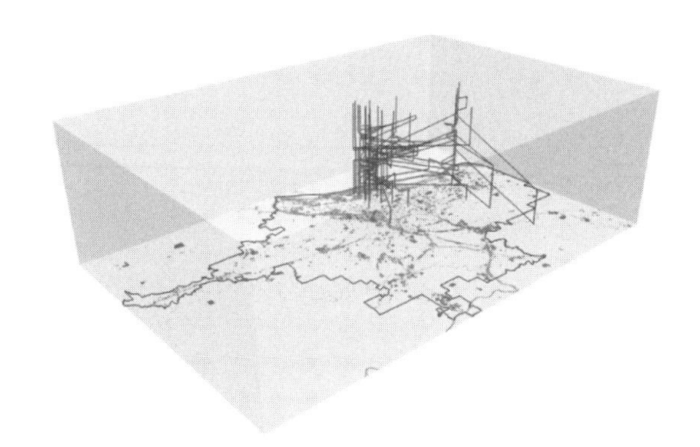

図6-5 オレゴン州ポートランドにおけるアフリカ系アメリカ人の身体地図．（Kwan, 2008）

に納得することができず，それ以外の環境的要因が存在するかどうかを，GISを用いて分析した事例が挙げられる（McLafferty, 2005）．彼女らは，コミュニティベースの戸別訪問調査によって，ボランティアとして地域の乳がん患者のデータを収集し，それらのデータを大学の協力のもとでGIS化した上で，様々な環境要因に関するデータと比較した．その結果，具体的に環境要因と乳がんとの関連を示す証拠は見つからなかったものの，住民にとっては，こうした分析が行われたことで，満足を得られることとなった．その一方，多額の費用をかけてロングアイランドで行われた別の研究プロジェクトでは，プライバシー上の秘匿の必要性などから，政府の持つがん患者のデータの利用が研究者にのみ制限されたため，一般市民が自らそのデータを分析するようなことができず，結果として草の根運動は排除された．

4. ウェブ地図時代のカウンターマッピング

特に2000年代後半に入ると，Web2.0と呼ばれる潮流が強まる中，インターネットの通信速度の高速化，スマートフォンなどの持ち運び可能なデバイスの浸透などによって，Web GIS，ウェブ地図の利用が進展した．ウェブ地図の浸透によって，必ずしもGISソフトウェアや高性能なコンピュータを持たなくとも，インターネット上で多種多様なカウンターマッピングが行うことができるようになった．

また，最近では行政や企業が自らの持つデータをオープンデータとして公開するケースも増え，カウンターマッピングに用いることのできるデー

タは増加しつつある．その一方で，近年オープンデータと並んで取り上げられることの多いビッグデータは，プライバシーに関わるデータを多く抱えており，市民がそうしたデータを利用することに対するハードルは依然として高い．

近年行われるようになったカウンターマッピングとしては，以下の 2 つの方向性が挙げられる．1 つは，様々なマイノリティが自ら作成する地図である．例えば，近年では Google などのポータルサイトを運営する企業を中心に，様々な企業が無償のウェブ地図を提供するようになった．しかし，例えばこれらのウェブ地図は，健常者の移動を暗黙の前提としており，障害者や高齢者などのモビリティにハンディキャップを持った個人に向けた地図サービスではないため，そうしたマイノリティにとっては不十分なものとなっている．このような既存のウェブ地図に対抗し，車椅子利用者向けのバリアフリー情報をユーザ自身がウェブ地図上で作成・共有を行う wheelmap プロジェクトといった当事者やボランティアが参加する地図作成活動が行われるようになった（図 6-6）．

また，ウェブ地図自体がグローバルなサービスとして構築されている場合でも，ウェブ地図が持つ情報は，グローバルに均一なものではなく，地域的な偏り・粗密さを伴っている．先進国と発展途上国の間では，提供されている地図の地物情報には大きな差異があり，先進国ではより詳細な情報が入手可能である．先進国内においても都市においては，詳細な情報が入手できるのに対して，農山村地域では同じレベルの情報が入手できない．このように自分の生活する範囲のウェブ地図が入手困難な「マイノリティ」が出現している．こういった状況に対抗する地図として，個人が自由に編集・共有可能な wiki 型の地図作成プロジェクトが行われるようになっている．例えば，OpenStreetMap (https://www.openstreetmap.org/) は，企業や政府の提供するウェブ地図がライセンス上複製や自由な利用ができないこと，農山村地域や途上国で詳細な地図が提供されていないカバーエリアの問題，住民の多様なニーズを反映した地理空間情報が提供されないことなどに対抗する地図として位置付けられ，ユーザ自身がこのような情報を自ら調べ，誰もが自由に共有可能なウェブ地図に投入・利用することができる（第 9 章参照）．

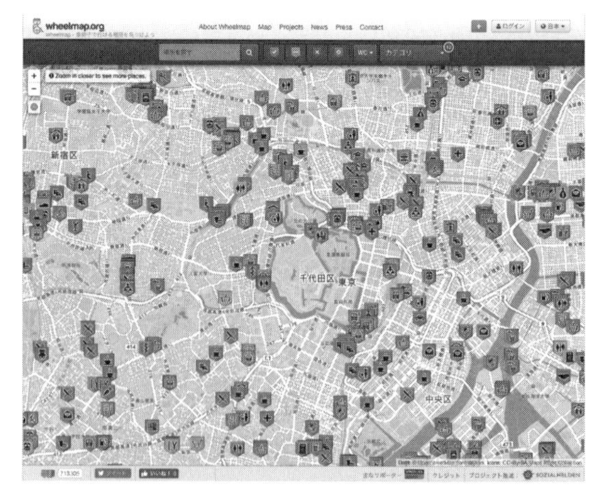

図 6-6　wheelmap.（http://wheelmap.org）

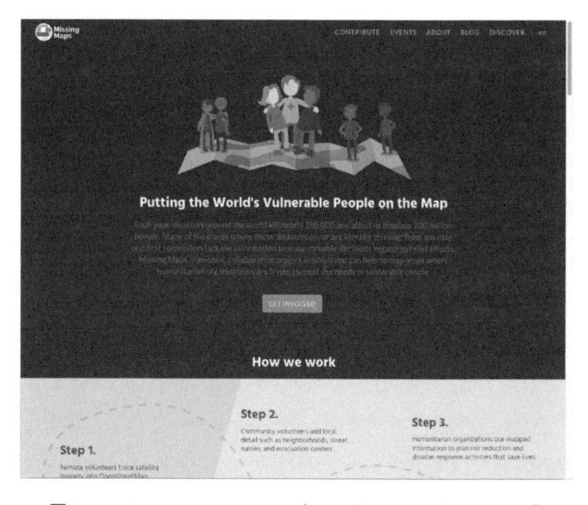

図 6-7　missing maps project.（http://www.missingmaps.org）

この OpenStreetMap を利用して，wheelmap プロジェクトは行われており，またウェブ地図が得られない災害発生地域の地図作成を世界中のユーザが共同で行う Missing maps project が進行している（図 6-7）．

また，もう 1 つの方向性として，パリのシチュアシオニストによる「心理地理学」を受け継ぐような，様々な場所の物語を示すウェブ地図も作られるようになってきている．City of Memory はニューヨークのデザイナーである Jake Barton が作成した都市の集合的記憶を，ユーザの参加により作成するウェブサービスである（Wood, 2010）（図 6-8）．都市の中の様々な物語をユーザがテキストや写真，動画や音声ファイルなどで投稿する

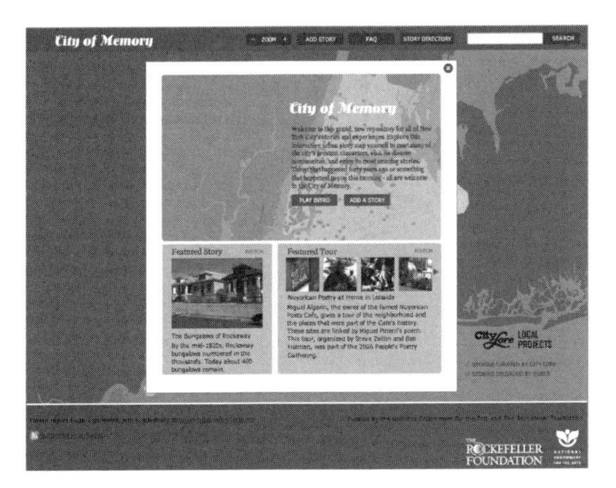

図 6-8　City of Memory.（http://www.cityofmemory.org/）

図 6-9　localwiki.（https://www.localwiki.org）

とともに，管理者がそれらの物語をつなぎ合わせ，物語の「ツアー」としてまとめ，投稿者以外の誰でも体験できるようにしている．

さらに近年では，地図と地域の物語をユーザ自身が作成・編集を行う localwiki が始まり，地域における個人によって異なる物語を，ユーザが書き手となってオープンに共有していくという事例がみられるようになった（図 6-9）．

一方，そのようなウェブ地図への流れを横目で見ながらも，ウェブ地図自体を拒否するカウンターマッピングの例も見られる．Counter Cartographies Collective（3Cs: http://www.countercartographies.org）は，既存のウェブ地図では社会問題が看過されたり，既存の権力構造を強化する地図が作成されたりすることが多いことから，このようなウェブ地図に対抗するために，あえてウェブ地図を利用せず，社会・政治・経済的な問題と結びついた様々な地図をイラストなども用いて作成し，主に紙地図として出力可能な PDF で公開している例も見られる（3Cs, Dalton and Liz Mason-Deese, 2012）．

（西村雄一郎）

【付記】 本稿の概要の一部は 2016 年度日本地理学会春季学術大会で報告した．

【文献】

南後由和（2006）シチュアシオニスト．加藤政洋・大城直樹編著『都市空間の地理学』52-69，ミネルヴァ書房．

原口　剛（2006）デイヴィド・レイとウイリアム・バンギ．加藤政洋・大城直樹編著『都市空間の地理学』85-98，ミネルヴァ書房．

若林芳樹・西村雄一郎（2010）『GIS と社会』をめぐる諸問題－もう一つの地理情報科学としてのクリティカル GIS－．地理学評論 83-1: 60-79.

Bunge, W.（1988）*Nuclear War Atlas*. Oxford: Basil Blackwell.

Counter Cartographies Collective（3Cs）, Dalton, C., Mason-Deese, L.（2012）Counter（Mapping）Actions: Mapping as Militant Research. *ACME* 11（3）: 439-466.

Kwan, M-P.（2002）Feminism visualization: re-envisioning GIS as a method in feminist geogarphic research. *Annals of the Association of American Geographers* 92: 645-661.

Kwan, M-P.（2008）From oral histories to visual narratives: re-presenting the post-September 11 experiences of Muslim women in the USA. *Social and Cultural Geography* 9: 653-669.

Maantay, J. and Ziegler, J.（2006）*GIS for the urban environment*. Redland（CA）: ESRI Press.

McLafferty, S（2005）Geographic information and women's empowerment: a breast cancer example. In *A companion to feminist geography*. eds. Nelson, L. and Seager, J., 486-495. Malden: Blackwell.

Peluso, N. L.（1995）Whose Woods Are These? Counter-Mapping Forest. Territories in Kalimantan, Indonesia. *Antipode* 27（4）: 383-406.

Wood, D.（2010）*Rethinking the Power of Maps*. New York: Guilford Press.

第7章　地理空間情報の倫理

1. はじめに

ここまで，PPGISに関わる理論的基盤について多くをみてきた賢明な読者諸兄はお気づきのことと思うが，現段階でのPPGISの理論と実践の多くは，1990年代以降の地理空間情報の飛躍的増大と，2000年以降のインターネットの高速化や，ハードウェア（パソコンや携帯端末）およびソフトウェアの進歩に依拠している．その背景には，これまで行政や一部の専門家，企業が独占的に利用してきた地理空間情報をオープンなものにし，市民に地理空間情報を利活用する新たな力をもたせようとする「民主化」の思潮がある．

Google Maps上に旅の想い出をピン留めし，NAVITIMEで目的地までの経路を検索してプリントアウト．地元有志や基礎自治体の公開したアプリを携帯にインストールし，地域のイベントを自動配信してもらう．中にはブログで時事問題を論じるための根拠資料に，官公庁のウェブサイトから統計データをダウンロードして主題図を作図する人もいるだろう．しかし開闢（かいびゃく）以来，市民がこれほど気軽に多様な地理空間情報へアクセスし，自由に利活用する権利を獲得したことはない．これは有史以来誰も経験したことのない，革命的な事態なのである．それゆえ，この未曾有の技術革新は時に我々のプライバシーを脅かし，新たな倫理的課題を投げかけている．本章では，努めて平易にそれらを概観しながら，有識者による議論を紹介したい．

図7-1　警戒するプレーリードッグ．
（Curtis J. Carley提供，パブリックドメイン．https://commons.wikimedia.org/wiki/File:Cynomys_ludovicianus_2.jpg）

2. 軍事技術としての地理情報技術

眺望＝隠れ家理論（Prospect-refuge theory）をご存じだろうか．環境心理学者のアップルトンによって提唱された概念である．自らは存在を隠すことができ，なおかつ周囲を見渡す眺望がある場所を人は好む傾向があり，これが生物としての本能に立脚しているという仮説である（Appleton, 1975）．プレーリードッグは平坦な砂混じりの草地に穴を掘って身を潜めているが，外で活動する際は巣穴の周辺で思い切り躰を伸ばして立ち上がり，周囲を窺う動作をしている（図7-1）．これによって広い眺望と，安全な隠れ家の両方を確保しているのだ．いかに相手にこちら側の存在を悟られずに相手の情報（隙や弱点）を探るか，いかに早く相手の存在を察知して隠れ家に身を隠すことができるかは，生物にとって生存競争で優位に立つための基本である．

この原則は人間社会を考える上でも有効である．最も端的な例は，戦争であろう．いかに相手に気づかれることなく密かに相手の情報を探り，監視下に置くかは，現代戦において勝敗に決定的な影響を及ぼすからだ．実は，われわれが気軽に用いている地理情報技術の多くの核心技術は，遠隔監視を目的に開発された軍事技術をその礎にして発展してきた背景がある．

最も早い時期の遠隔監視技術は空中写真であった．1936年に米国農業調整局（Agricultural Adjustment Administration）は，土壌調査や境界画定に利用する目的で農地の空中写真撮影を始め，1941年までに米国の農地の90%以上を撮影した（Monmonier, 2002a）．程なく空中写真は経緯度座標値や地形図とともに太平洋戦争末期の日本の都市空襲に用いられ，上空からの水平爆撃における高い有用性を示した（United States Army

Air Forces, 1944; 柴田, 2002)．赤外線撮影の基礎技術も，1943年にコダック社が開発した赤外線帯域を可視化するフィルムがルーツである．この技術により，カムフラージュされた火器や軍事施設を上空から識別することも可能になった（Monmonier, 2002b)．戦時下で開発された，赤外線や紫外線によるこれらの暗視技術が，やがてリモートセンシングの基礎をなす技術となっていったのは知られているとおりである．

第二次大戦後，ナチスが開発した軍用ミサイルV-2を接収した米国は，次世代軍事技術開発のため「ペーパークリップ作戦（Operation Paperclip)」を実施した．V-2開発に関わったドイツ人技術者の協力を得てV-2の技術をロケット開発に応用，その到達高度は1949年には400 kmに達した．一連の実験の過程で，1946年10月には地上約100 kmの下部熱圏（カルマン線）から，ロケットに搭載したビデオカメラで人類史上初めて地球の姿を撮影することにも成功している．これが今日の衛星写真技術の礎となったことは改めて述べるまでもない（Reichhardt, 2006)．

軍事目的で開発された地理情報技術の中で，今日民間で最も汎用されているのはGPSであろう．湾岸戦争（1991年～）では衛星通信や攻撃目標の位置情報伝達のために60基以上の軍事衛星が用いられ，第三次湾岸戦争（2003年～）の際は，慣性誘導とGPSによる精密誘導を組み合わせたJDAM（統合直接攻撃弾）が初めて実戦投入された（福島, 2013)．GPSは米国国防総省がシステムを運営し，現在でも人工衛星から送られる認識コードは民間用のC/Aコードと軍事用のPコードに分けられている．しかも1990年から2000年まで，民間GPS向けのC/Aコードには100 m程度の誤差を意図的に加える操作（Selective Availability）も行われていた．このため，特にGPS技術に関しては，旧ソ連も独自の衛星測位システムGLONASSの構築を進めたほか，EUや中国などによる独自の全地球航法衛星システム（Galileo）の計画があり，日本も独自の準天頂衛星システム（QZSS）の計画を進めている（Hofmann-Wellenhof et al., 2008; Odolinski et al., 2015)．

このように，私たちが何気なく用いている地理情報技術の歩みは，軍事目的で開発された技術に多くを負ってきた．今日，その多くが無償供与されていることには，地理空間情報の基幹的技術の管轄権を掌握しておくインセンティブもあることは認識しておいて良いだろう．そもそも，当たり前のように使われているインターネットも，源流を辿れば1960年代後半にアメリカ国防総省の高等研究計画局（ARPA: Advanced Research Project Agency）の資金供与によって開発されたパケット通信による学術機関のネットワーク・システム（ARPANET）に行き当たる．1983年にここから軍関連のネットワークがMILNET（後にNIPRNet）として分離され，1989年に接続プロバイダを介した民間のインターネット利用が開始された．日本がバブル景気のピークにあった時期である．電話回線を利用したインターネット接続が一般化するのはさらに時代を下った1990年代半ば以降で，ほんの20年前に過ぎない（深瀬, 1996)．

3. Web2.0時代における地理情報技術の発展

コンピュータの技術革新により，誰もが支障を感じることなく，ウェブ端末を通じて自由に情報交換できる状況を，ユビキタス・コンピューティングと呼ぶ．この概念が提唱されたのは1991年，Windows 3.1の登場（1990年）により，電話回線を介したパソコンのインターネット接続が広がり始める時期のことだった．しかし，インターネット回線の高速化が進んだ2000年代以降，ウェブ上に電子地図を組み込む技術（API）が開発され，Twitter，Facebookなどの SNSを通じて地理空間情報のやりとりを自由に行うインフラが急速に整備されてきた．また携帯端末の普及によって，誰もがこうしたインフラを気軽に利用できるようになった結果，Web 2.0と呼ばれる双方向型ウェブ・コミュニケーションの時代が本格的に到来した．

折しも日本では，阪神・淡路大震災（1995年）を教訓に進められてきた電子地理空間情報の基盤整備を背景に，2007年には「地理空間情報活用推進基本法」が制定され，情報技術革新に伴う電子地理空間情報の作成・共有・利活用の推進が掲げられた．総務庁統計局ではe-Statを介して統計

図 7-2 ストリートビュー撮影車 . ©Google.

データとGISデータを連携させたデータ配信が進み，国土地理院も土地条件図，明治前期の低湿地，火山土地条件図，宅地利用動向調査及び空中写真の閲覧や，手持ちの地理空間情報の重ね合わせができる「電子国土Web」(「地理院地図」の前身) の本格運用が始まっている．

また，「事業用電気通信設備規則」の改正・公布（2006年1月）および施行（2007年4月）により，3G以降の携帯電話にGPS機能の搭載が義務づけられ，施行後に発売される3G端末にGPSモジュールを内蔵することが義務付けられた．これは，対応端末から110番／118番／119番へ緊急通報した際には通報者の位置情報がGPSで測位され，警察・消防・海上保安本部に自動通知される仕組み（通称「日本版e911」）により，災害時の初動の迅速化を狙ったものである．

しかし，ユビキタスな地理空間情報利用を促す最大の契機となったのは，2005年から2007年にかけてGoogle社が相次いで提供を開始したGoogle Earth，Google MapsとGoogle Street Viewであった．TwitterのジオタグやFacebookのチェックイン機能は，いずれも携帯端末で撮影した写真にGPSで取得した位置情報を添付してGoogle Mapsに表示させたり，電子地図と連携した電子アルバムを作成する機能であり，市井の地理空間情報の利活用局面におけるGoogle社の優位は絶対的である．Google Mapsの衛星画像は，DigitalGlobe社が2009年に運用を開始したWorldview-2と，2014年に運用を開始したWorldview-3の2つの商用観測衛星の画像を購入，利用している（Cheng and Chaapel, 2010）．これらの衛星は可視光線のほか赤外線撮影もでき，約600～770 kmの上空から約30～50 cm^{2}の解像度で地上を捉えることができる高精度の撮影機材を搭載した最先端の衛星である（DigitalGlobe, 2016a, b）．Google社はあえてこれを無償化することで，民間利用におけるプラットフォームの管轄権を獲得する戦略をとったとみることもできる．一方，Street Viewは，SUVを改造した撮影車（図7-2）のほか，三輪自転車のトライク，積雪地向けのスノーモービル，手押し車のトロリーなどを併用して，およそ進入可能な全ての道路のようすを全方向型カメラで撮影・公開するウェブ上の都市アーカイビング・プロジェクトである（Googleマップ , 2016）．もちろんその中には，須く読者諸兄の家の前に延びた道路も含まれている．

このほかGoogleには，2001年から検索語に一致・類似する画像を探し出す機能が実装された．2011年には，前年に特許申請した光学式文字認識システムを導入して，画像をもとにウェブ検索する機能が加わり，2013年には深層学習（Deep learning）を援用し，画像情報からその特徴を識別・抽出して検索キーワードを自動生成する機能も加わるなど，大幅な機能強化が進んでいる（Rosenberg, 2013）．こうした技術革新により，Googleは現在，Exif情報（撮影地点の経緯度や標高値）を持たない風景写真からでも撮影地点を割り出すことができるほど検索機能が高度になっている．類似の画像検索の技術開発は顔認証の分野でも進み，Facebookは2012年6月に顔認証技術を持つイスラエルのFace.comを買収した．同社は，顔写真を3D化して異なるアングルからでも本人識別できるようにする技術を保有していた企業であり，元CEOを第一著者とする研究グループの報告では，すでにその識別力が人間と同水準にまで高められているとされている（Taigman et al., 2014）．

4. 地理空間情報の技術革新とプライバシー

プログラムとしてのGIS（GISystem）の可能性を追求してきた地理学者たちは，より高精度のデータでより厳密な解析結果を出力することに精力の多くを傾注してきた．しかしGISによる空間解析の可能性が飛躍的に高まった1990年代以降，得られるデータの精度が自らの必要すらも超えるまでに細密になり，技術的には個人単位の空間データすらも解析･出力可能な状況を前にして，その社会的影響の大きさを自覚せざるを得なくなった．GISは入力されたデータをもとに厳密な結果のみを吐き出すツールに過ぎないのか，それとも細分化した系統地理学を統合する新しい方法論的支柱となり得るのか．多方面にわたる議論がなされた．これをGIS論争という（池口, 2002）．ある地区の犯罪率と地理的・社会的・心理的条件との相関関係を，GISは誰の目にも明らかな形で出力し，犯罪抑止に貢献した．しかしながらその一方，その出力結果は解析対象地区に「犯罪多発地区」のレッテルを貼り付けることになってしまう.技術革新の必然的な帰結として,プライバシーや倫理の問題が議論の俎上に上がったのもこの論争が大きな契機であった．

GIS論争を受けて，地理空間情報をめぐる倫理的問題に地理学で最初に踏み込んだ議論をしたのはCurry（1996, 1998）であろう．彼は特に米国と欧州のプライバシー観の違いに着目し，プライバシーが複数の要素からなる多義的な概念であることを指摘した．彼の指摘は，倫理的観点から地理空間情報の発達を考える上で重要な論点を含んでいる．

プライバシーをめぐる議論は1970年代以降，一足早く情報倫理の領域でなされ，私的空間に踏み込むことを侵害行為とみなす古典的なプライバシー概念（Warren and Brandeis, 1890）から，その可否を選択する権利の侵害とする考え方（Westin, 1967）や，侵害する側に説明責任を持たせる考え方（Moor, 1997）を含む，重層的な概念として理解されるようになった．この違いがなぜ重要か，いくつか例を挙げて考えてみよう．

1992年，ルイジアナ州で，ハロウィンの変装をして他人の敷地に入った日本人留学生が射殺される事件が起きた．銃社会アメリカの現実を浮き彫りにしたとされるこの事件の刑事陪審評決で，被告は無罪評決を受けている（葉, 2010）．評決の理由は明らかにされていないものの，この事件は，敷地への侵入とみなされることが人を死に至らしめる動機として法的に許容されうる点において，米国のプライバシー観が私的空間の侵害に対しては非常に敏感であることを象徴する事件とも解釈できる．

Google Street Viewの公開からわずか11カ月後，プライバシー問題の観点から地理情報技術を考える上で象徴的ともいえる訴訟がGoogleに対して起こされた．侵入してきた撮影車から撮影されたことによる「心理的な被害と資産価値の低下」を訴えるものであった．裁判は翌年2月，「完全なプライバシーなど存在しない」ことを理由に原告側の訴えを棄却して結審したが，原告側は私有地への無許可侵入を根拠に再度訴えを起こし，こちらはGoogle側に1ドルの過料を課す判決が下されている（Hennigan, 2010）．この判決は，管轄権については却下しながら，私有地への侵入については罪を認めた点において，アメリカ的なプライバシー観の反映された事件とみなしうる．「他者による，自らの所有地への侵入」をもってプライバシーの侵害とみなす傾向の強い米国では，道路に面し公に晒されている地物を撮影すること自体は許容される風土があり，Googleが地理空間情報のオープン化においてこれほど独走することができたのも，こうしたプライバシー観によるところが少なくない（Ling, 2008）．

一方，ヨーロッパでは，同様の訴訟がスイスで起こされた．2009年11月にスイス連邦データ保護・情報委員（FDPIC）のHanspeter Thürにより，不十分なストリートビューのぼかし処理に対して，よりプライバシーに配慮した対応策を採るよう勧告がなされ，これを拒否したGoogleとの間で訴訟となった（Federal Data Protection and Information Commissioner, 2009）．2012年5月にこの訴訟は結審し，外国企業であってもスイスの国内法の訴求を受けるとの連邦裁判決が下されている（Federal Data Protection and Information Commissioner, 2012）．

地理空間情報をプライバシーの観点から考える上で注目に値するケースは日本にもある．ゼンリンの住宅地図には個別の住宅に居住者の姓（名）

が記載され，ゼンリンはその個人情報をもとに利益を上げている．しかし，これが訴訟になった例は寡聞にして聞かない．表札は公道に面し，現地で視認可能であることからプライバシー侵害にはあたらない（あるいは地図に一定の公共性が認められる）とする立場に立脚して，住宅地図は販売されているのであろう．しかし，無許可で個人情報を収集・販売する側が個人のプライバシー管轄権を侵害し，説明責任を果たしていないとする論点も成り立ちうる．この点については，2003 年に成立し，2005 年に施行されたいわゆる個人情報保護法第 23 条 2 項に，個人情報取扱業者の要件として，第三者への提供目的等を本人が容易に知り得る状態におくことや，事前の個人情報保護委員会への届け出義務を負わせる規定がなされ，本人の申し出によっていつでも第三者への情報提供を停止するよう義務付けられている．

地理空間情報の開示に際して行われるプライバシー対策は，データの匿名性を確保する方法が一般的である．しかし，それでもなお，別の複数のデータを組み合わせ「名寄せ」することで個人を特定できる場合がある．これを情報監視（Dataveillance）という（Clarke, 1988）．2012 年 7 月，八王子市の中学生が下校中の小学生に難癖をつけて苛める動画を Youtube にアップしたところ，これに立腹した大勢の閲覧者が中学生の過去のアップロード履歴や動画に映り込んだ風景などを摺り合わせ，Street View を活用して自宅や中学校を特定し，吊し上げ行為をする事件が起きた．組織的にリスクマネジメントのとれる企業や官公庁とは異なり，個人レベルでプライバシーを適切に管轄し，匿名性を保つことは容易ではない．

このように，地理空間情報およびその技術の急速な発達は，時として予期せぬ形で個人のプライバシーに触れ，時にこれを漏洩し侵害するリスクをも内包しているのである．

5. おわりに

おサイフケータイで賢くポイントを貯め，ETC を利用して高速道路通行料の割引を受ける．このとき，我々はその便利さと引き替えに，購買・移動履歴を電脳空間上に痕跡として残しながら生活している．Zook et al.（2004）はこれを，「データ・シャドウ（data shadow）」と呼んだ．しかし，約款の「プライバシーの一部をサービス提供者側が利用する」の一文を承知した上で契約している人はほとんどいないであろう．

2013 年 7 月，JR 東日本は，Suica の乗降履歴データを匿名化した上で販売することを発表した．法律上は問題のない行為であったが，物議を醸して中止に追い込まれた（インターネット白書編集委員会 , 2014）．2013 年 9 月には，NTT ドコモも携帯電話の位置情報を性別，年齢別，地域・時間別に集計したデータを販売するサービス「モバイル空間統計」の提供を発表した．これも法的には問題なく，現在も続けられているが，「個人情報が売られる」という流言飛語がネット上に溢れた．目の前のツールが，便利さと引き替えにどのような個人情報を収集しているかを知らない（管轄権を行使しない／できない）ままの利用者と，それらを入手し利用可能な提供者との間には，力関係において絶対的な差がある．それゆえにこそ，地理情報技術の革新を前にした我々は，それに対応したリスク・コミュニケーションや地理情報教育を通じて地理空間情報リテラシーを養っていく必要がある．

あなたがプライバシーに敏感で，個人情報を適切に管轄できたとしても，それで対処できることには限界がある．その最も端的な例として挙げられるのが，監視カメラを通じた遠隔監視であろう．

世界一の監視カメラ大国として知られる英国では，1990 年代以降，それまで駅構内や港湾地帯などに限られていた防犯カメラが街頭に進出し，その数は 2002 年に 420 万台（全世界の 20%）を超えた．きっかけとなったのは，1993 年に起きた幼児誘拐殺人事件で犯人の姿を防犯カメラが捉えていたことだったという（星 , 2010）．日本の監視カメラの総数に正確な統計はないが，警視庁は 2001 年以降，都内の繁華街 6 箇所に 195 台の街頭防犯システムを設置し，実際に刑法犯認知件数を 30%～ 50%程度減少させる効果をあげた（警視庁 , 2016）．

その一方，2005 年 10 月，国土交通省と運輸政策研究機構は東京メトロ霞ヶ関駅で，顔認証システムを導入した監視カメラの実証実験を行うと発表し，翌年5月にこれを実施した．これは日本で初めて行われた，顔認証システムによる公共空間の監視実験であった（中野, 2007)．2014年3月には，情報通信研究機構（NICT）も，顔認証技術を用いてJR大阪駅ビル利用者の動きを捕捉し，同一人物の駅構内の行動を継続的にモニターしデータ化してJRに販売するサービスの実証実験を始めると発表した（朝日新聞2014年8月12日; その後延期)．ビッグデータが流行語となる中，今や技術的には，あなたが家を一歩出て再び帰宅するまでの軌跡の全ては追跡可能である．また，監視カメラに映る人を顔認証技術で識別し，携帯に搭載されたGPSの位置情報を組み合わせることで，その人物の携帯端末をリアルタイムに同定・追跡することも可能になりつつある（谷口ほか, 2006).

もちろん，モニターされたからといって，ただちに直接の被害があるわけではない．やましいところがないなら構わないだろうとの意見もある．防犯という公共の利益のためにはプライバシーが制限されるべきと考える人もいよう．しかし，先に述べたように，権利としてのプライバシーには重層性がある．撮影の際にカメラが人の私的空間を直接侵犯しなくとも，我々はなお無許可で自分をモニターしている誰かに対して，撮影されることの可否を選択する権利や，撮影する行為の説明責任を負わせる権利を有しているはずである．

万引きで店の売り上げに影響が出たら店主はいつでもビデオを回してあなたを含む容疑者を検分でき，事件が起きたら警察はいつでも録画映像を確認してあなたを職務質問の対象者にできる．この無言の圧力が抑止力として機能するからこその「防犯カメラ」である．一方，撮影される側は撮影されたことすら知らず，撮影されることの可否を選択できず，撮影目的を問うこともできない．権力は設置者がもち，撮影される側に権利はないのである．

2016年1月，世界中のオンライン監視カメラの映像をリアルタイムで配信するサイト（insecam.org）の存在が明らかになり，物議を醸した．設置者のセキュリティ対策が充分でない場合，第三者によって，監視カメラのモニター映像がリアルタイムで世界に配信されることもあり得るのだ．もちろん，カメラの向こうの人物は，誰一人その事実に気づいてはいない．

また本稿執筆中の2016年10月には，過去に下級審で判断の分かれてきたGPSを用いた令状なしの尾行の違法性をめぐって，最高裁第2小法廷が審理を大法廷に回付したとの報道がなされた（産経新聞2016年10月5日)．合法との判断が確定すれば,現在も自動車ナンバー自動読取装置（Nシステム）で行われている警察の遠隔監視能力は大きく向上することになるだろう．

Crampton（2003）は，警察や専門家らによる犯罪マッピングや監視カメラなどの監視技術が犯罪抑止の名の下に対象をスティグマ化することに警鐘を鳴らし，監視技術を通じた常時監視社会の到来をみている．これを地理的監視（Geosurveillance）という．また，Dobson and Fischer（2003）は，ICカードやGPS携帯などのサービス提供者が，不正かつ強制的に個人をモニターし，他者の位置情報を管理する権限を行使するとき，捕捉された個人は，犯罪者であるかどうかにかかわらず身体レベルでプライバシーを奪われてしまうことを問題視し，これを地理的隷属（Geoslavery）と呼んだ．

自らの身体すらデータとなる時代に生きる者として，私たちには地理空間情報ツールやプログラムの操作能力のみならず，その技術がもたらす社会的影響まで含めた意識の向上をはかっていくことが求められている．

（鈴木晃志郎）

【文献】

池口明子（2002）解題 : GIS 論争. 空間・社会・地理思想 7: 87-89.

インターネット白書編集委員会編（2014)『インターネット白書 2013-2014』一般社団法人インターネット協会.

Google マップ（2016）カメラを載せて走る乗り物たち. https://maps.google.co.jp/help/maps/ streetview/technology/cars-trikes.html（最終閲覧日 : 2016年2月10日）

警視庁（2016）街頭防犯カメラシステム. http://www.keishicho.metro.tokyo.jp/seian/gaitoukamera/gaitoukamera.htm（最終閲覧日 : 2016年2月14日）

柴田　賢（2002）空中写真による稲沢空襲の検証. 名古屋文理大学紀要 2: 167-174.

谷口　英・西尾修一・鳥山朋二・馬場口登・萩田紀博（2006）監視カメラ映像における GPS 端末携帯ユーザの同定と追跡. 電子情報通信学会技術研究報告 105（674）: 143-148.

中野　潔編著（2007）『社会安全システム－社会，まち，ひとの安全とその技術』東京電機大学出版局．

深瀬弘恭（1996）インターネットとは何か．石油技術協会誌 61（2）: 125-134.

福島康仁（2013）宇宙空間の軍事的価値をめぐる議論の潮流－米国のスペース・パワー論を手掛かりとして－．防衛研究所紀要 15（2）: 49-64.

星周一郎（2010）公共空間のサーベイランス（一）英米における街頭防犯カメラ論・覚書．法学会雑誌 51（1）: 83-106.

葉　陵陵（2010）市民の裁判参加に関する比較的考察（1）: アメリカ，日本及び中国を中心に．熊本法学 121: 162-226.

Appleton, J.（1975）*The experience of landscape*. London: John Wiley.

Cheng, P. and Chaapel, C.（2010）Pan-sharpening and geometric correction: WorldView-2 satellite. *GEO Informatics* June 2010: 30-33.

Clarke, R.（1988）Information technology and dataveillance. *Communications of the ACM* 31（5）: 498-512.

Crampton, J.W.（2003）Cartographic rationality and the politics of geosurveillance and security. *Cartography and GIS* 30（2）: 135-148.

Curry, M.R.（1996）Data protection and intellectual property: Information systems and the Americanization of the new Europe. *Environment and Planning* A 28（5）: 891-908.

Curry, M.R.（1998）*Digital places: Living with geographic information technologies*. New York, Routledge.

DigitalGlobe（2016a）Worldview-2 Datasheet. http://www.digitalglobe.com/sites/default/files/DG_WorldView2_DS_PROD.pdf（最終閲覧日：2016 年 2 月 9 日）

DigitalGlobe（2016b）Worldview-3 Datasheet. http://www.digitalglobe.com/sites/default/files/DG_WorldView3_DS_D1_Update2013.pdf（最終閲覧日：2016 年 2 月 9 日）

Dobson, J.E. and Fisher, P.F.（2003）Geoslavery. *Technology and Society Magazine* 22（1）: 47-52.

Federal Data Protection and Information Commissioner（2009）. http://www.edoeb.admin.ch/dokumentation/00526/00529/00530/00534/index.html?lang=en（最終閲覧日：2016 年 2 月 12 日）

Federal Data Protection and Information Commissioner（2012）Press release: Verdict of the Federal Supreme Court in Google Street View case. http://www.edoeb.admin.ch/datenschutz/00683/00690/00694/index.html?lang=en&download=NHzLpZeg7t,lnp6I0NTU042l2Z6ln1ad1IZn4Z2qZpnO2Yuq2Z6gpJCDdnx6hGym162epYbg2c_JjKbNoKSn6A--（最終閲覧日：2016 年 2 月 12 日）

Hennigan, W.J.（2010）Google pays Pennsylvania couple $1 in Street View lawsuit. *Los Angeles Times, December 2nd*. http://latimesblogs. latimes.com/technology/2010/12/google-lawsuit-street.html（最終閲覧日：2015 年 11 月 28 日）

Hofmann-Wellenhof, B., Lichtenegger, H. and Wasle, E.（2008）*GNSS–global navigation satellite systems: GPS, GLONASS, Galileo, and more*. Wien, Springer-Verlag.

Ling, Y.（2008）Note: Google street view-Privacy issues down the street, across the border, and over the seas. *Boston University Journal of Science and Technology Law*, 2008. http://dx.doi.org/10.2139/ssrn.1608130

Moor, J.H.（1997）Towards a theory of privacy in the information age. *Computer & Society* 27（3）: 27-32.

Monmonier, M.（2002a）Aerial photography at the Agricultural Adjustment Administration: Acreage controls, conservation benefits, and overhead surveillance in the 1930s. *Photogrammetric Engineering & Remote Sensing* 68（12）: 1257-1261.

Monmonier, M.（2002b）*Spying with maps: Surveillance technologies and the future of privacy*. Chicago: University of Chicago Press.

Odolinski, R., Teunissen, P.J.G. and Odijk, D.（2015）Combined BDS, Galileo, QZSS and GPS single-frequency RTK. *GPS Solutions* 19（1）: 151-163.

Reichhardt, T.（2006）First photo from space. *Air & Space Magazine* Nov. 2006. http://www.airspacemag.com/space/the-first-photo-from-space-13721411/（最終閲覧日 2016 年 2 月 9 日）

Roisenberg, C.（2013）Improving photo search: A step across the semantic gap. http://googleresearch.blogspot.jp/2013/06/improving-photo-search-step-across.html（最終閲覧日：2016 年 2 月 12 日）

Taigman, T., Yang, M., Ranzato, M. and Wolf, L.（2014）DeepFace: Closing the gap to human-level performance in face verification. *The IEEE Conference on Computer Vision and Pattern Recognition*: 1701-1708.

United States Army Air Forces（1944）*Records of the U.S. strategic bombing survey, entry 48 No.90, security-classified air objective folders, 1942-1944*. Maryland, National Archives and Records Administration.

Warren, S.D. and Brandeis, L.D.（1890）The right to privacy. *Harvard Law Review* 4（5）: 193-220.

Westin, A.（1967）*Privacy and freedom*. NY: Athenum.

Zook, M.A., Dodge, M., Aoyama, Y. and Townsend, A.（2004）New digital geographies: Information, communication, and place. In S.D. Brunn, S.L. Cutter and J.W. Harrison Jr. eds. *Geography and technology*. NY, Springer Science+Business Media LLC: 155-176.

第Ⅱ部　PGISを支える技術と仕組み

第 8 章 PGIS とオープンガバメント・オープンデータ

PGISを支える 技術と仕組み

1. はじめに

PGIS においては，政府機関や地方自治体の有する公共の地理空間情報が重視されるようになった．しかし，自治体内部での活用だけでなく外部への公開や提供は，Web2.0 の潮流と合わせて行われるようになったウェブ地図サービスを中心とするジオウェブ（Jonson and Sieber, 2011）を除くと必ずしも容易ではなかった面もある．

他方で 2000 年代後半より，欧米諸国を中心に「オープンガバメント」（Goldstein and Dyson, 2013; 庄司 , 2014）という取り組みが注目され，政府機関の意思決定への市民の関与や ICT を介した市民参加といった参加型民主主義の新しい運動が広がることで，公共データの利活用が進みつつある．そこで，本章では主に国レベルや国際機関における PGIS をめぐる新たな局面として，地理空間情報に関するオープンガバメント・オープンデータに関する状況を紹介する．

2. オープンガバメントをめぐる背景

公共データのオープンデータ化に至る背景には，政府機関における意思決定や政策立案の透明性を求める情報公開制度や法律（例えば米国や英国の The Freedom of Information Act: FOIA）が，1990 年代以降の改正において電子媒体を含めるようになった点，データを加工し二次利用を原則として許諾するような方向性に機能し始めた点が挙げられる．アカデミックな立場においても，2000 年代以降の Web やクラウドソーシング，市民科学を背景とする（第 5 章参照）オープンソース・オープンサイエンス運動の高まりによって，データの開放性や二次利用可能なライセンスが重視されるようになった．

実際, 2010 年を境として OECD（経済協力開発機構）のオープンガバメント・データプロジェクト（http://www.oecd.org/gov/public-innovation/opengovernmentdata.htm）を始め，世界銀行のオープンデータ・イニシアチブにおける 8,000 以上の開発指標に関するデータの開放（http://data.worldbank.org/）など，国際機関が相次いでオープンデータを Web 上で提供している（Kitchin, 2014）．また，欧州連合の欧州委員会が文化遺産統合検索のための電子図書館プロジェクトとして 2008 年に Europeana（http://www.europeana.eu/portal/）を立ち上げ，4,000 レコード以上の絵画や歴史文書，地図などを基本的にはクリエイティブ・コモンズ（CC: crative commons）の CC0（いかなる権利も保有しない）ライセンスとして，原データや REST API によるデータ取得を可能とするサイトを開設した．さらにここでは，Linked Open Data（LOD）と称される方法で，構造化されたデジタルデータとしてコンピュータが読み取り(機械可読)性に優れたオープンデータとして提供されており，高度な整備例の 1 つである．

オープンガバメントに向けたデータ提供の基本原則に関しては，多くの団体や機関によって議論されてきたが，概ね次の 2 つが代表的である．1 つ目は，オープンデータの支援や啓蒙を行うために 2004 年に設立された非営利組織 Open Knowledge Foundation（OKFN，現 Open Knowledge に改称）によって 2005 年に示された「Open Definition（opendefinition.org)」であり，もう 1 つは O'Reilly らによって提唱された「8 Principles of Open Government Data（https://opengovdata.org/)」である．前者は公的機関で整備されるデータのオープン化以外も含む，あらゆるデータの「オープン」に関する定義であるが, 後者は, 様々なオープンデータの定義をもとに，オープンガバメントに関わる基本原則としてまとめられている（表 8-1）．

特に，近年の地理空間情報のオープンデータ化に関して注目すべき点は，2013 年 6 月に開催された G8 ロックアーンサミットにおける「オープンデータ憲章」締結である（Gurin, 2014; Sui, 2014）．ここでは 5 つの基本原則として，(1) 原

表 8-1 オープンガバメントデータの8原則

基本原則
1. データが完全であること
2. データが（加工前の）基本形式であること
3. データがタイムリーであること
4. データがアクセス可能であること
5. データが機械的に加工できること
6. アクセスに対して差別的でないこと
7. データ形式がプロプライエタリでないこと
8. ライセンス的に自由であること

O'Reilly（2014）にもとづいて作成.

表 8-2 オープンデータ憲章における高価値なデータセットの例

カテゴリ	データセットの例
企業	企業 / 事業者の登記
犯罪と司法	犯罪統計, 安全
地球観測	気象 / 天候, 農業, 林業, 水産業および狩猟
教育	学校のリスト, 学校の活動, デジタル技能
エネルギーと環境	汚染レベル, エネルギー消費
財政と契約	取引支出, 賃貸契約, 入札の需要, 将来の入札, 地方公共団体の予算, 国家予算（執行計画と決算）
地理空間	地勢, 郵便番号, 国の地図, 地方自治体の地図
国際開発支援	援助, 食料安全保障, 採取産業, 土地
政府の説明責任と民主主義	政府の交渉先, 選挙結果, 法律と規則, 給与（給与水準）, 福利厚生 / 贈与税
健康	処方せんデータ, 診断データ
科学と研究	ゲノムデータ, 研究や教育活動, 実験結果
統計	国の統計, センサス, インフラ, 財産, 技能
社会の動きと福祉	居住, 健康保険, 失業手当給付金
交通とインフラ	公共交通機関の時刻表, アクセスポイント, ブロードバンドの普及率

※ G8サミットにおけるオープンデータに関する合意事項（2013）をもとに作成.

則としてのオープンデータ（化）,（2）質と量（の拡充）,（3）全ての者が利用できること,（4）改善されたガバナンスのためのデータ公表,（5）技術革新のためのデータ公表, が規定されている. それとともに, 高価値なデータとして, 地球観測や地理空間, 交通およびインフラといった種々の地理空間情報が具体的に含まれている（表 8-2）.

3. 国レベルでのオープンデータ

政府機関・地方自治体におけるオープンデータ化の契機は, 米国で2009年に発足した第一次オバマ政権の大統領指令が関係する. オバマ氏は大統領就任直後より, このような取り組みにいち早く着目し,（1）政府の透明性,（2）市民参加,（3）官民連携の促進, を3原則に位置づけられるオープンガバメントの実現に向けた様々な取り組みを政府レベルで推進することを発表した. そして具体的な計画の1つとして, 先述したFOIAを背景とする公共データの二次利用を前提とする開放を積極的に行った.

表 8-3 Data.gov の主なデータ提供機関

機関名	主な部局名・提供機関	データセット数
Department of Commerce	National Oceanic and Atmospheric Administration (NOAA)	70,876
National Aeronautics and Space Administration (NASA)		30,758
Department of the Interior	US Fish and Wildlife Service	30,040
Department of Homeland Security	Federal Emergency Management Agency (FEMA)	8,109
Department of the Interior	U.S. Geological Survey (USGS)	6,179
Environmental Protection Agency		2,069
Department of Transportation	Research and Innovative Technology Administration	1,617
Department of the Interior	National Park Service	1,417

※ 2016年11月時点.

米国では, 政府レベルでの取り組みとしてオープンデータポータルのData.govを整備し, 各府省の公共データが整備され, 2016年12月時点で約19万データセット以上の公開に至っている. 特に米国では地理空間情報を保有する政府機関の参画が活発で, 全米地理情報協議会（NSGIC）や, アメリカ海洋大気庁（NOAA）, アメリカ地質調査所（USGS）が中心となってオープンデータ公開が進められている. 表 8-3はData.govにおいて1,000以上のデータセットを公開している組織・部局の一覧を示している（2016年12月時点）. この結果, NOAA（70,876データセット）やNASA（30,758データセット）では, 各機関のWebページでの独自のデータ公開や, 一部のデータに関してはESRI ArcGISサーバーのREST形式,

KML 形式などの地理データとしてもデータ提供を行っていることがわかる．

公共データのオープンデータ化については，米国のみならず，英国も同時期に，同じようなデータポータル（Data.gov.uk）を伴って Web 上に広く提供されるようになった．英国ではデータポータルによる提供の他にも，米国と同様に国土情報としての地理空間情報が重点的に整備され，英国陸地測量部（Ordnance Survey: OS）が中心となって，地理空間情報に特化したオープンデータ化に努めている．

4. オープンデータの流通環境

オープンデータの提供方法は，大きく 2 つの流れが確認できる．前者は，政府機関や自治体が独自の Web サイトで配信するもので日本でのオープンデータに多く，後者はコンテンツマネジメントシステム（CMS）を伴ったより多機能なプラットフォームである．後者については CKAN という Web プラットフォームが代表例とされ，米国の Data.gov を始め，英国・日本の政府機関のオープンデータポータルでも用いられているほか，最近では 2016 年 2 月 18 日に欧州 34 カ国・41 万データセットを整備し公開した「European Data Portal」も該当する（図 8-1）．

CKAN はオープンソースとして開発されており，原データの提供から API を伴う実データ・メタデータ・他のプラットフォームへのリンクなど，合計 200 を超えるエクステンション機能を有することも特徴の 1 つである．中でも地理空間情報の活用については，Leaflet.js が組み込まれ，サムネイル型の地図やオープンデータのプレビュー機能として地図表示できるようなプラグインが存在する．また，CSW（Catalog Service for Web）と呼ばれる OGC の地理カタログサービスを扱えるプラグインなども存在し，標準的に用いられている．

CKAN 以外にも多機能なプラットフォームとして，米国内の州や市を単位とする諸都市で採用されている Socrata が挙げられる（図 8-2）．これは，Google Maps API や統計データのグラフ化機能などがデータポータルに内包されているため，

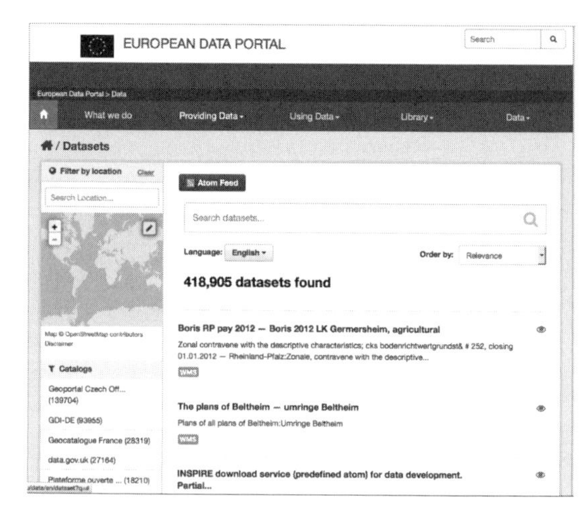

図 8-1 European Data Portal（CKAN）のデータセット表示一覧．
（http://www.europeandataportal.eu/）

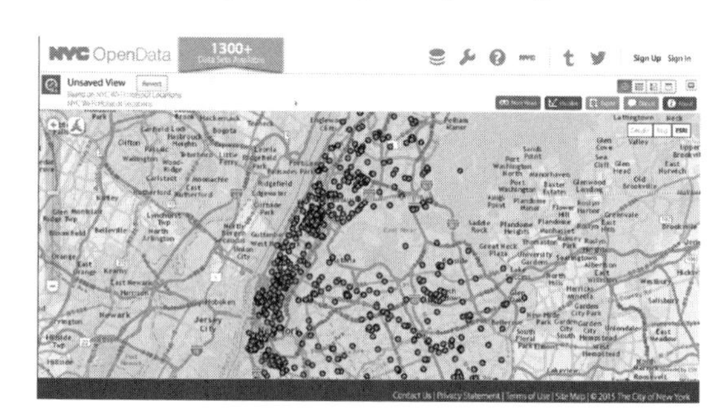

図 8-2 NewYork（Socrata）のデータセット地図表示．
（https://nycopendata.socrata.com/）

オープンデータをその場で地図化し可視化することが可能な CMS である．一方，日本でも 2013 年以降オープンデータを公開する地方自治体が増加しているが，データポータル化されている事例はオープンデータ先進国と比較すると少なく，自治体の Web サイト上にリンクが貼られる形式が一般的で，データやメタデータの定型的な一括取得に対応するケースは少ない．

5. オープンデータの流通状況と地理空間情報

5-1. 国家レベルでの動向

オープンデータの進捗度合いやその分類，さらには入手のしやすさや扱えるデータフォーマットについても現状は様々である．したがって，オープンデータを PGIS における地域課題解決の材料として捉えて評価する場合，これらを横断的・総合的に指標化することが求められる．こうした

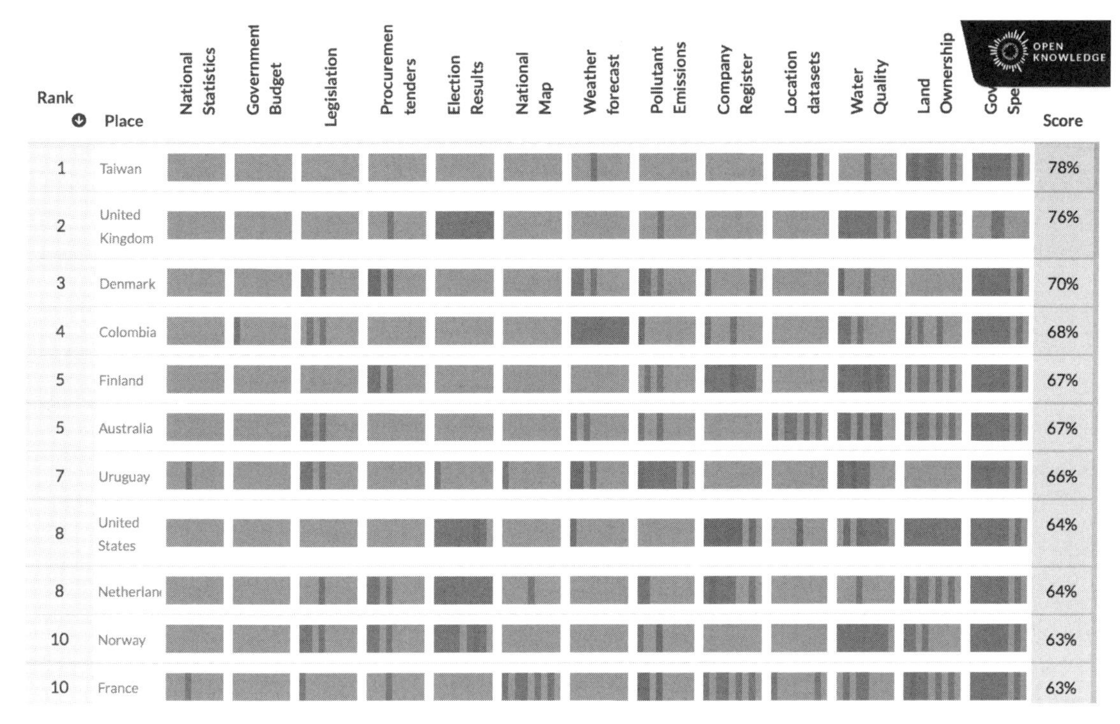

図 8-3　2015 年の Open Data Index 国別評価．
(http://index.okfn.org/place/)

動向を比較できるような指標は現状ではまちまちで，複数の国を比較可能なものとしては Open Knowledge によって整備・公開されている Global Open Data Index（図 8-3）が，その代表例として挙げられる．

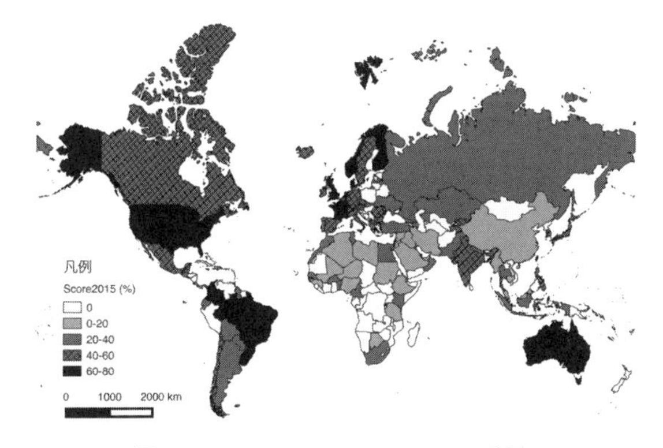

図 8-4　Open Data Index 2015 のスコア地図．

2015 年の Open Data Index によれば，スコア化指標の 13 分野のデータについて，入手しやすさと扱いやすさを調査したものである．その内訳は，オープンデータとしての整備状況等から勘案され，全国統計，政府予算，立法，入札記録，選挙結果，全国地図，天気予報，汚染物質の排出，企業登記，位置情報（郵便番号等），水質汚染，地籍情報，政府支出である．2015 年は 122 の国や地域（2014 年から 97 国・地域増加）が評価され，最も総合スコアが高かったのは台湾（78%）であった（図 8-4）．2 位以下は，英国，デンマーク，コロンビア，フィンランド，オーストラリアと続き，米国は 8 位（64%）であった．これら上位の国の多くが，全国地図や統計のオープンデータ化が特に進んでいる．なお，日本は 31 位（46%）でアイルランド，ラトビアと同率であり，日本で特に評価の低い（オープンデータ化されていない）分野は，選挙結果，企業登記，水質汚染，地籍情報，政府支出であった．これらの項目の評価が低い理由として，二次利用可能なライセンスが付与されておらず，原データとしてもダウンロード出来ない等の問題があると指摘されている．

5-2. 日本国内における動向

日本の政府レベルでの動向については，2012 年 7 月の「電子行政オープンデータ戦略」が 1 つの契機となり（庄司，2013; 瀬戸・関本，2014），重点分野のテーマの一部として「地理空間情報」や「人の移動に関する情報」が明記された．実際，

図 8-5 地理院地図の Web サイト．

日本政府のオープンデータポータル Data.go.jp が 2013 年 12 月に開設され，二次利用を促進するための「政府標準利用規約（第 2 版）」も制定され，Data.go.jp に掲載される政府機関のコンテンツがオープンデータとなっている．この Web サイトには，2016 年 2 月時点で約 15,500 データセット（実データ数は約 220,000）が登録され，約 3,500 データセットが国土交通省から公開されている．なお約 3,000 は PDF や HTML であり，火山の地図や土地分類基本調査の成果概要を示す資料が多い．

一方，オープンデータ以前からの地理空間情報に関連するデータ提供として，2007 年に策定された地理空間情報活用推進基本法を契機に国土地理院の「基盤地図情報」が，Web 上で無償公開されるようになった（関本・瀬戸，2013）．加えて 2003 年に WebAPI として公開された「電子国土 Web」も，2013 年に「地理院地図」として大きくバージョンアップされ利便性が高まった（図 8-5）．なお，二次利用も含むオープンデータ化については，基本測量成果以外のいくつかの地図や空中写真，防災関連情報など「地理院タイル」が，国土地理院コンテンツ利用規約にもとづき，政府標準利用規約と同様に二次利用可能になった．

6. オープンデータを介した市民参加の加速化

これまで述べたオープンデータの整備は次の段階として，官民が参加型でより広く議論する場として，「アイデアソン（Ideathon）」や「ハッカソン（Hackathon）」というイベント型でのアプリケーション開発が推進され（McArthur et al., 2012），市民参加の動機や意欲を高める新しい手法として着目されている．この手法は，政府や地方自治体が主催する場合もあれば Civic Hackathon（シビック・ハッカソン）と称される取り組みとして，民間側や中間支援組織が主体になる場合もあり，いずれもイベント型でのアプリケーション開発と，コンテスト形式を採用することで賞金が設定されることも多い（Sieber and Johnson, 2015; 瀬戸・関本 , 2016）．

例えばワシントン D.C. では，2009 年に「Apps4 democracy（https://isl.co/work/apps-for-democracy-contest/)」という地域課題を解決するためのアプリケーション開発コンテストを開催した．この結果，賞金 5 万ドルを用意する一方で，コンテストに応募された諸作品の市場価値が 230 万ドル以上であったと言われ，その後世界中の 50 以上の国および都市で同様の活動につながったとされている（Sieber and Johnson, 2015）．また，英国では 2010 年より GeoVation Challenges という，英国政府・自治体の有する地理空間情報を活用したベンチャー支援が英国陸地測量局によって行われている．現在までに累計で 28 のベンチャーに対して，65 万ユーロが供出され，さらに 2015 年 2 月より，ロンドン市内を拠点物理的なオフィスを伴うイノベーション創出の場として Geovation Hub が開設された．ここでは，英国政府機関保有のデータや地理空間情報に関する活用方法の模索や，市場開拓について IT コミュニティ等と対話する場をつくり，継続的なデータチャレンジが実施されている（Ordnance Survery, 2015）．

日本においても，地方自治体主催のオープンデータ活用コンテストをはじめ，Apps4democracy に取り組みとして近い「アーバンデータチャレンジ（UDC）」（瀬戸・関本, 2015, 2016）や, 広くオープンデータに着目した「Linked Open Data チャレンジ Japan」,「Mashup Awards」といった中間支援団体が主催するコンテストが活発化している点は国内の大きな動きとして注目される．

7. まとめ

2000 年代後半に，市民参加の政治・政策分野で大きく注目されることとなったオープンガバメント・オープンデータの潮流は，国家的な取り組みとして多くの地理空間情報（国土情報）が重視されることとなった．また，欧米諸国を中心にこれらの積極的な民間での活用を目指したハッカソンを始めとするコンテストを通じた取り組みが推進された．

このようにIT技術を有する市民に対して，地域の課題を解決する参加意欲を高める効果をあげ，行政側にとっても安価で効率的に行政サービスを提供するような，具体的には行政のIT業務に関する調達フローを変えることが期待されている（Johnson and Robinson, 2014）．主に地理空間情報に関わるオープンデータの海外や日本での具体的な取り組み事例は，第26･27章で取り上げる．

（瀬戸寿一）

【文献】

庄司昌彦（2013）国内における活用環境整備．情報処理 54（12）: 1244-1247.

庄司昌彦（2014）オープンデータの定義･目的･最新の課題．智場 119: 4-15.

関本義秀・瀬戸寿一（2013）地理空間情報におけるオープンデータの動向．情報処理 54（12）: 1221-1225.

瀬戸寿一・関本義秀（2014）オープンな地理空間情報の流通量とその国際比較．地理情報システム学会講演論文集 23: 1-4.

瀬戸寿一・関本義秀（2015）オープンな地理空間情報の流通と市民の技術貢献を支える仕組みの構築－アーバンデータチャレンジ東京2013の取り組みを通して－．GIS理論と応用 23（2）: 23-30.

瀬戸寿一・関本義秀（2016）地理空間情報のオープンデータ化と活用を通した地域課題解決の試み－「アーバンデータチャレンジ」を事例に．映像情報メディア学会誌 70（6）:10-16.

Goldstein, B. and Dyson, L. eds.（2013）*Beyond transparency: open data and the future of civic innovation*, Code for America Press, 316p.

Gurin, J.（2014）*Open data now: the secret hot stratups, smart investing, savvy marketing and fast innovation*. McGraw-Hill education, 330p.

Johnson, P.A. and Robinson, P.（2014）Civic hackathons: innovation, procurement, or civic engagement? *Review of Policy Research* 31（4）: 349-357.

Johnson, P.A. and Sieber, R.E.（2011）Motivations driving government adoption of the Geoweb, *GeoJournal* 77（5）: 667-680.

Kitchin, R.（2014）*The data revolution: big data, open data, data infrastructures & their consequences*. London: SAGE Publications, 222p.

McArthur, K., Lainchbury, H. and Horn, D.（2012）*Open data hackathon how to guide*, 17p.

Ordnance Survey（2015）Ordnance Survey to open hub dedicated to innovation. https://www.ordnancesurvey.co.uk/about/news/2015/geospatial-innovation-hub-announced.html（最終閲覧日：2016年2月19日）

Sieber, R.E. and Johnson, P. A.（2015）Civic open data at a crossroads: dominant models and current challenges. *Government Information Quarterly* 32（3）: 308-315.

Sui, D.（2014）Opportunities and impediments for open GIS, *Transactions in GIS* 18（1）: 1-24.

第 9 章 PGIS とオープンソース GIS・オープンな地理空間情報

1. オープンソース GIS と参加型 GIS

参加型 GIS において，近年その利用が飛躍的に進んできているのはオープンソースソフトウェアの分野である．2000 年代に入って以降，地理空間情報に関わるオープンソースソフトウェアの開発が進んできた．こうしたソフトウェアは FOSS4G（Free Open Source Software for Geospatial）と呼ばれている（OSGeo 財団日本支部 , 2011）.

FOSS4G は，他のオープンソースソフトウェアと同様にソースコードが公開されているため，自由に利用することが可能であり，またそのソースコードを誰もが自由に書き換えることができる．そのため，新たな機能の追加や改善，バグなどの修正・解決が FOSS4G コミュニティと呼ばれる開発者，ユーザなどを含む自発的参加にもとづく世界の人々によってなされている．また，利用方法やバグなどの情報, 開発や多言語化については, インターネット上のメーリングリストや最近では GitHub に代表されるクラウドベースのソフト開発のための Web サービスを通じて，広くその情報が共有されながら，進行している.

表 9-1 OSGeo 財団による FOSS4G 公式プロジェクト

コンテンツマネジメントシステム
GeoNode
デスクトップアプリケーション
GRASS GIS
gvSIG
Marble
QGIS
地理空間ライブラリ
FDO
GDAL/OGR
GEOS
GeoTools
OSSIM
PostGIS
メタデータカタログ
GeoNetwork
pycsw
ウェブマッピング
deegree
geomajas
GeoMOOSE
GeoServer
Mapbender
MapFish
MapGuide Open Source
MapServer
OpenLayers

http://www.osgeo.org の一部を翻訳.

2. FOSS4G のツール紹介

FOSS4G のソフトウェア群は広範囲かつ多数に及び，その全てを紹介することは困難であるが，OSGeo 財団が支援する公式のプロジェクトは下記のような 5 つの分野に分かれている（表 9-1）. ① CMS（コンテンツマネジメントシステム），② デスクトップアプリケーション，③ 地理空間ライブラリ，④ メタデータカタログ，⑤ ウェブマッピング，といった分野で複数のプロジェクトが行われている．末端ユーザが利用するようなデスクトップアプリケーションだけでなく，地理空間情報データベース，ブラウザで GIS データを表示し閲覧するためのソフトウェア，サーバにインストールし，ウェブサービスを構築するためのソフトウェアなど多岐にわたっており，参加型 GIS に関わるユーザは，直接的にも間接的にも様々な形でこういったソフトウェアの恩恵を受けている.

また，これらのソフトウェアを含む FOSS4G ソフトウェアをブータブル DVD などの媒体を通じて，インストールなどを行う必要がなく，サンプルデータなどとともに試用することが可能な OSGeo-Live（http://live.osgeo.org/ja/）というパッケージ化されたものも作成されている.

多種多様な FOSS4G ソフトウェア群において，特に近年精力的に開発とその利用が進展しているアプリケーションとして，デスクトップアプリケーションの QGIS（https://www.qgis.org/）を挙げることができる．QGIS は，使いやすい GUI を持ち, Windows, MacOS, Linux などのマルチプラットフォームで動作することが特徴となっている．また，シェープファイルや KML などのベクタ形式，Geotiff などのラスタ形式のファイルの読み書きが可能で，様々な測地座標系にも対応している（OSGeo 財団日本支部 , 2011）．多言語化の対応が進んでいること，また機能を拡張する様々なプラグインを利用するだけでなく，開発もユーザ自身によって積極的に行われている．また，ユーザコミュニティの成長も著しく，QGIS の利活用や開発に関わるイベントである QGIS hackfest が，日本でも 2014 年 7 月，2015 年 8 月，2016 年 9 月と毎年開催されている．

また，商用・非商用を問わず，様々なウェブ地図や地理的なデータを公開する際にも，これらのツールは広く用いられており，オープンな地理空間情報の作成・公開にも，こうした FOSS4G ツールは密接に結びついている．

例えば，国土地理院が構築した地理院地図では，オープンソースソフトウェアで簡単に利用可能な形式で地理院タイルが公開されており，また Openlayers や Leaflet といったオープンソースのウェブ地図表示ライブラリを自らも利用している（出口 , 2016）．地理院地図は GitHub を通じて，ソースコードが公開されることで災害対応や仕様提案などが行われ，また個人でこのソースコードを使用したウェブ地図を作成することも可能となっており，ソーシャルコーディングと呼ばれる参加型の開発が進められている（藤村 , 2014）．

近年では参加型 GIS を実践する際に，オープンに利用可能なウェブ地図を利用したサービス，Web GIS を利用することが一般的になってきている．例えば，後述する OpenStreetMap（OSM）のデータを利用して地図表現も含むカスタマイズ可能なマイマップを作成するサービスを提供している MapBox（https://www.mapbox.com）や umap（https://umap.openstreetmap.fr/），クラウド上での GIS データの分析やビジュアライズをも行うことが可能な CARTO（https://carto.com）などのウェブ地図サービス構築が，様々なオープンソースソフトウェアの連携によって行われ，地理院地図と同じく公開・参加型の開発が行われている．

また，こうした FOSS4G の開発や利用の促進のためのイベントが継続的に行われている．グローバルなイベントとして，年に 1 回 OSGeo 財団が主催する FOSS4G International Conference が開催されている．一方，日本国内においても，OSGeo 財団日本支部が 2006 年に設立され，2008 年以降，東京・大阪でローカルイベントとして FOSS4G イベントを毎年開催してきた．2012 年からは札幌でも始まり，2016 年には，大阪での開催が関西各地での持ち回り開催（2016 年は奈良）に変わるなど，FOSS4G の認知を高めるための普及活動を続けている．各種のハンズオン（PC を用いたアプリケーション実習・講習）もこれらの FOSS4G イベント中に開催されているほか，地理情報システム学会や日本生態学会などの学会イベント，国土交通大学校や農林水産研究情報総合センターなどの研究機関等でも講習会が開催されるなど，その利用促進が図られている．

3. オープンソース GIS で用いられるオープンな地理空間情報

様々な用途に対応したオープンソースで開発された GIS アプリケーションが整備される一方で，地理空間情報自体，すなわちデータについても，提供機関からの許諾を必要とせず自由に使えるようなオープン化への需要が高まった（第 8 章および第 26 章を参照）．そこで英国の Steve Coast 氏によって 2014 年 7 月に設立されたプロジェクトが，OSM である．OSM は，オープンソース OS の Linux の開発手法やインターネット百科事典である Wikipedia のコンテンツ制作活動を参考にしながら，GPS ロガーで収集された現地データや OSM に許可されたオンラインの衛星画像などを基礎に，Web 上でデータの閲覧はもちろん，入力や編集が可能なプラットフォームとして構築されている（図 9-1）．OSM は，Wiki 型手法を採用することで，いつでも誰でも地物を自由に編集できること，さらには商用を含めた再利用が可能なグローバルな地図データベースを作ることを目的としており，ボランタリー地理情報（VGI）の代表事例の 1 つとなっている．

本プロジェクトの運営やデータ管理はほぼ有志によって行われているが，OSM データや地図画

図 9-1 OSM の標準画面．
上：東京駅周辺の閲覧画面，下：同一箇所の編集画面．(https://www.openstreetmap.org/ (c) OpenStreetMap Contributors)

像を配信するためのサーバ維持管理や，データのエラーチェックや質の向上，さらにはコミュニティイベントを通した OSM の普及啓発，編集に関するユーザ同士の調停など多岐にわたる活動を支援する組織として OSM 財団が 2006 年 8 月に組織化された．この財団は，現在約 500 人の会員と会員企業の会費と寄付により運営されている．

OSM は財団に所属する会員以外でも，Wiki 方式でアカウントを作成することで誰でも編集等を行うことが可能である．2016 年 11 月時点で全世界の約 320 万ユーザが登録されており（図 9-2）,GPS ファイルの活動ログを OSM のサーバにアップロードすることや，OSM で提供されているいくつかのエディタを使って地図データベースを更新することが可能になる．

OSM のユーザが現在も純増している要因は複数考えられるが，第 1 に OSM ユーザの有志が，OSM のデータ整備のためのまち歩きイベントである「マッピングパーティ」を世界各地で頻繁に開催することで，既存ユーザと新規ユーザとの交

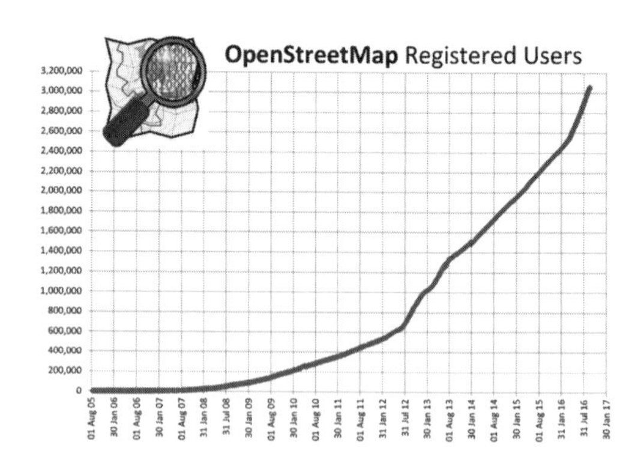

図 9-2 OSM の登録ユーザと GPS データ登録量の推移．
（出典：http://wiki.openstreetmap.org/wiki/Stats）

流の場として機能している点が挙げられる．また，2005 年以降に世界的なウェブ地図サービスとして広く浸透していた Google Maps が API の商用利用や大規模アクセスを有償化したことで，ウェブ地図を利用する企業を中心に，OSM の認知度が高まり転換する動きがみられたことなどが挙げられる．特に近年では, foursqueare や facebook といった SNS 関連企業，さらには米国でトヨタ車と提携するカーナビメーカーの Telenav 社などが積極的に採用している．

日本では，2008 年から主にオープンソース開発に携わるエンジニアが中心となって，OSM コミュニティが形成され，マッピングパーティやオープンソースカンファレンス（OSC）へのブース出展などにより徐々にその認知が進んでいる．また，2011 年 3 月に発生した東日本大震災に対応したクライシスマッピング（第 14 ～ 16 章参照）や，2012 年に日本（アジア）で初めて開催された OSM の年次国際会議「State of the Map 2012 Tokyo」も活動認知の大きな契機となったと考えられる．

OSM では，Wikipedia のように日々の編集履歴がジオビッグデータとして蓄積されているが，全球分のスナップショットが圧縮前容量 721GB（XML 形式）で毎週提供されることも特徴の 1 つである（http://wiki.openstreetmap.org/wiki/JA:Planet.osm）．この他, OSM がオープンな地図データベースであることを活かして，第三者によって国や地域ごとに分割された地図データベースが配布されている．OSM の核となる地図データベース部分は，2012 年 10 月までがクリエイティブ・コモンズの出典–継承ライセンス（CC-BY-SA）であっ

図 9-3 OSMのタグに関するまとめサイト「taginfo」.
（出典：https://taginfo.openstreetmap.org/）

たが，データベースであることを鑑み，ユーザ投票等の結果からオープンデータベースライセンス（ODbL）1.0を採用し，現在に至っている．

ところでOSMの中身となるデータベースの特徴は，点（node）・線（way）・面（area）ならびにリレーションからなる地物のジオメトリデータと共に，タグと呼ばれる地物の用途（Key）とその属性（Value）が入力されており，タグの組み合わせは約8,413万以上に達する（図9-3）．OSM上で地物数が多いタグは，建物（building）やデータを作成した際に利用したジオデータの出典（source），そして道路属性（highway）の順に多く，最近ではアドレスマッチングにも使われるようなミクロスケールでの住所データである住居番号（addr:housenumber）などにも拡大している．タグは，OSMユーザが任意に拡張可能であるが，複数地域での出現や一定数以上に達する場合は，データワーキンググループの公開メーリングリストで議論されるほか，OSMユーザからの投票にもとづく合議で意思決定されており，オープンソース文化を基礎とする参加を尊重している．

OSMの入力や地図画像としてのインターフェースとして使用されるツールはほとんどの場合オープンソースで構成されていることも大きな特徴で，地図描画のツールキットであるMapnikやJavaScriptベースのウェブ地図表示ライブラリである「Leaflet」がオンラインによるOSM地図の提供に際して用いられている．また，データが自由に使える性質を活かして，背景地図としてウェブ地図に用いられる以外にも，サイクリング等のルート探索アプリやアート作品・地図をデザインに用いて商品に至るまで多岐に渡っている．派生物の多くもまたFOSS4Gに位置づけられるアプリケーションやAndroidなどのモバイル用オープンソースソフトウェアでの開発が基礎となっている．

4. 参加型GISとFOSS4G・オープンな地理空間情報

参加型GISの技術的基盤として，今後もFOSS4Gやオープンな地理空間情報の利用は進展していくものと考えられる．特に市民が主体となりITによる地域課題解決に取り組むコミュニティの成長がみられるようになり（第25・26章参照），地域課題の把握，可視化，分析を行うために，オープンソースソフトウェアやオープンデータの利用は不可欠であると考えられるからである．

しかし，こうしたソフトウェアやデータの利用は単に地理的な情報の表示や分析が「無料」で行えるといったメリットにとどまるものではない．ソフトウェアの開発・改善やデータそのものの生成や改善に対して，直接市民が関わることが可能であるという，「オープンで自由」という考え方や仕組みこそが，地域によって異なる課題に対して，有効に作用すると考えられるからである．

実際にオープンソースGIS・OSMのコミュニティでは，アプリケーション開発以外にも多言語化対応や，多様な利用者層に合わせたマニュアルや教材等の整備が進んでいる．また，例えば英国陸地測量局が中心となって取り組んでいるGeoVationプロジェクト（https://geovation.uk）のように，地理空間情報に関わる新たなイノベーションやビジネスの創出を支援する枠組みができつつあり，これまで直接関わりのなかった業種や広く市民の参加を促す新たなビジネスの形態としても注目される．

（西村雄一郎・瀬戸寿一）

【文献】

OSGeo財団日本支部（2011）『FOSS4G Handbook』開発社．

出口智恵（2016）FOSS4Gと地理院地図．FOSS4G. Nara.KANSAI. http://www.slideshare.net/osgeojapan/foss4g-68562317

藤村英範（2014）GSI for All. FOSS4G Tokyo 2014. http://www.slideshare.net/hfu/foss4g-tokyo-2014

第 10 章 PGIS のハードウェア

1. はじめに

2000 年を境にネオジオグラファー(Neogeographer)と呼ばれる人々が増えてきた．従来のジオグラファーは，専門教育を受け高品質な地図を作成し分析する知識を持ち合わせた，いわゆる地図利活用のプロフェッショナルな立場であった．しかし，この年を境にして GPS による衛星測位の精度を意図的に下げていた SA と呼ばれる信号劣化処理を米国政府が解除し，水平方向で誤差数mの現在地特定ができるようになった．この技術的革新によって，GPS 端末を持つすべての人が誰でも簡易に測量行為を行うことができ，それまで考えられなかったような様々な地図サービスを高度に発展させる時代へと突入した．つまり専門教育を受けずとも，誰でも伊能忠敬のように地図を作れるようになったと言える．そうした人たちのことをネオジオグラファーと呼ぶ（Turner, 2006）．

ネオジオグラファーは，自分の位置をもとに気軽に地理空間情報を作り，多くの友人や不特定多数の人々とシェア（共有）する文化を生み出した．同様に，GPS やその他多くの GNSS による測位技術が普及することによって，多くのデバイスに地理空間情報を取得し利活用するための仕組みが備わることとなった．本章では，主にハードウェアの進化に伴い PGIS をより促進するデバイスの登場と，それらの技術がどのように地理空間情報と密接に関係しているのかについて，現時点での日本の状況を紹介する．

2. GPS / GNSS 受信機

GPS を代表とする GNSS 受信端末全般で共通しているのは，信号が受信さえできていればスタンドアロンで動作可能なことである．一般的に誤解されている面もあるが，レシーバとして単独測位する場合には，インターネットに接続している必要もなく，オフライン環境下で利用できる．オンラインである必要があるのは Assisted-GPS 機能によるアルマナックデータ，エフェメリスデータのデータ先読みや，他人に自分の現在地を伝えるトラッキング機能を用いる場合などに限定されている．

PGIS での現地調査において，このオフライン環境下で利用できるという GNSS の特徴は，フィールドワーク時に大きな有用性を産む．加えて，GPS 以外の GNSS 衛星の普及も，2000 年代以降，徐々に広がってきている．ロシアが運用する GLONASS や欧州連合体が運営する Galileo，中国が運用する北斗，そして日本が運用する準天頂衛星みちびきといった形で，従来は空の開けていない環境下では GPS のみの単独測位が難しかった条件が複数の GNSS 衛星に対応したハイブリッドタイプの GNSS ロガーと改良された高感度アンテナ及びノイズフィルター搭載の GPS チップセットによって，GNSS 受信端末の利用可能なエリアや条件が拡大した．以上のことより，GPS 信号の SA 解除がなされた 2000 年以降もチップセットの改良，マルチ GNSS 対応の実用化などで，その利用シーンは大きく広がっている．さらに，次に述べるスマートフォンの技術進歩における GNSS 測位機能の標準装備化が PGIS において重要な役割を担い始めている．

3. スマートフォン

スマートフォンは，携帯電話機の一形態を指す用語であるが，明確な定義はなく，一般的に，電話機能・メール機能以外に加えて様々な機能を利用できる携帯電話端末の総称を指すことが多い．ここではフルブラウザタイプのウェブブラウザが標準装備され，専用のアプリストアからユーザが自由に有償／無償ソフトウェアをインストール可能な携帯電話端末をスマートフォンと呼ぶこととする．

この携帯電話にウェブブラウザ標準装備とウェブブラウザに依存しない専用アプリの両方を自在に組み合わせることのできるスマートフォン時代がやってきたことによって，PGIS におけるフィールドワークのアプローチも大きく変わってきた．さらに2007年に発表されマルチタッチインターフェースを一般化したApple社のiPhoneの登場をきっかけにGoogle社が開発したAndroid OS（オペレーティングシステム）など，最新のスマートフォン端末のほとんどがスタイラスペンからマルチタッチインターフェースに切り替わり，いつでもどこでも指先1つで簡単に情報を操作・入力することができるようになった．

スマートフォンがインターネットに接続できる環境も整備が進んでいる．日本では，SIMカード経由でインターネット環境を提供する通信キャリアは2010年以降3G通信からLTEへ主力の通信手段を切り替え始め，第4世代移動通信システム（4G）通信が一般化した．同じ時期に実用化され普及したWiMAXも含め4G通信は50Mbps～1Gbps程度の超高速大容量通信を実現するだけでなく，IPv6対応，無線LANやBluetoothなどとも連携して固定通信網と移動通信網をシームレスに利用できるようになるなど，いつでもどこでも高速にインターネットに接続できる通信インフラが普及した．特にこの4Gの通信速度は高速デジタル有線通信技術であるADSLよりも速く，FTTHに匹敵するレベルであることから（ITU, 2010），従来の家庭用光ファイバーレベルの高速通信が2016年現在スマートフォン端末で利用できる．

GPSなどの位置測位機能もスマートフォンには標準的な装備に含まれている．先述のGPS/GNSS受信ができるチップセットもマルチGNSS対応が進み測位精度は向上しているが，さらにWi-Fiアクセスポイントによる位置推定や，地磁気センサーを用いた屋内残留磁気による位置推定など，測位技術のハイブリッド化が進むとともに，ジャイロや加速度センサーも複合的に組み合わせながら，スマートフォンが利用されている位置と状況をモニタリングし，記録することが容易となってきている．この恩恵を最も受けているPGISでの収集データが写真である．

スマートフォン以前にも，携帯電話にはカメラが搭載され，GPSの測位情報がメタデータとして記録されるためPGISのフォトマッピングには有効なツールであったが，スマートフォンの登場によって，カメラデバイスの高解像度化，高感度化，メタデータとしての写真撮影位置，撮影方位，その他の属性情報が各種センサーから読み出されるだけではなく，緯度経度から撮影場所の住所への自動変換，顔やナンバープレートの自動認識，交通標識の自動判別など専用アプリによる自動アタッチ技術と連携して一眼レフにも匹敵する高機能ジオタギングカメラとしてスマートフォンはPGISの活動において重要なハードウェアと位置づけられている．

具体的な利用シーンとして，街なかの交通標識の情報共有が挙げられる．スマートフォンにインストールされた専用アプリを用いて街なかの風景写真を撮影することで，1000万画素以上の高分解能な写真が位置情報と撮影方位属性付きでExifメタデータとして記録される．その写真に写り込まれた交通標識が自動認識されるとともに迅速に数MBのファイルサイズを持つJPGファイルがオンラインサービスで共有され，世界中の人々がその写真にアクセス可能となり，その街のマッピング活動の重要な基礎情報となる．そのようなプロセスがスマートフォン1つで実現できるようになった．

今後，スマートフォン用の通信インフラや技術は，さらに多くの技術革新を取り入れて進化していくことになると思われる．例えば，NTTドコモは東京オリンピックが開催される2020年に10Gbps以上の通信速度とLTEの約1,000倍の容量を実現する第5世代移動通信システム（5G）のサービス開始を目標としている（NTTドコモ，2014）．このようなインターネット環境を手に入れたスマートフォンユーザがPGISの活動にどのように取り入れていくのかが注目される．すぐに影響が出てくるのは，それまで大容量データとなりがちでデータの受け渡しが難しかった動画撮影と情報共有がスマートフォンでもより加速していくことになると考えられる．

4. 360°パノラマ写真

スマートフォンの技術革新の1つとしてカメラデバイスの進化を述べたが，カメラの視点で

PGISに関わるハードウェア技術として近年注目されているのがパノラマ撮影である．

一般的なカメラによる写真撮影は，風景の一部分を切り取った，トリミングによるその場の特徴的な画像となるが，その抽出される場所は撮影者の主観的な判断に委ねられていることが多い．しかし，地理空間情報を客観的に記録する意味で，その場の風景を写真に納める場合は，360°すべての景色をカメラで捉えるパノラマ撮影の方が理にかなっていることは想像に難くない．今までもこのような考え方の元でカメラを様々な方向に機械的に向けて360°パノラマ写真を取得する技術がプロカメラマンの間では試みられてきたが，複数枚にわたる全方位の写真をつなぎ合わせるスティッチング作業を正確に行うためのノーダルポイント調整や正確な角度を計測するための専用の雲台などで，PGISに参加する専門知識のあまりない市民が利用するには敷居の高いハードウェア技術であった．近年，このパノラマ撮影技術が大きく改善され，PGISにおいても存在感を増してきた．

先鞭をつけたのは，Googleである．Google社は2007年にGoogle Street Viewと呼ばれる専用の360°カメラを自動車の屋根に固定し，街中を一定間隔で撮影して，誰でもパノラマ写真としてGoogle Maps上で閲覧可能にした．当初はGoogle独自に設計されたMMSによってパノラマ写真とレーザー測位による三次元データの可視化が行われていたが，その後は“おみせフォト”と呼ばれる飲食店内のパノラマ写真共有サービスや，PhotoSphereと呼ばれる参加型の360°パノラマ写真共有サービスと融合するなど，PGISの中でも重要な現地の風景を共有するツールとなってきている．Google Street Viewコンテンツのライセンスはクローズドライセンスのため，API経由以外での利用は制限されているが，一部例外的に車椅子ユーザ向けのバリアフリー・マッピングプロジェクトであるWheelmapに段差情報などを入力するソースとしてコンテンツの二次利用には限定的に許可される場合もある．

このような360°パノラマ写真が2007年以降急激に普及してきた背景に，一般の市民が利用可能な安価で手軽なパノラマ撮影ハードウェアが登場したことも指摘できる．パノラマ写真撮影には大きく2つのアプローチ方法があり，前者は魚眼レンズや複数のレンズを組み合わせ，ワンショットで360°を撮影する方法，後者は通常の1台のカメラを制御し，仰角と方位角を順次変えながら全方位に向けた複数ショットを後処理でつなぎ合わせる手法である．

ワンショットで撮影可能なカメラは，従来Ladybugを代表とする高価な専用カメラデバイスが主流であったが，2013年に発売開始されたリコー社のThetaシリーズを代表とする魚眼レンズを2枚組み合わせた，数万円台という非常に安価でコンパクトなワンショットタイプのパノラマカメラが登場することで，市民が360°パノラマ写真を気軽に撮影する時代へと突入した．

同様に通常のカメラの向きを制御する仕組みはGigaPanを代表とするロボティクス技術と雲台が組み合わさったロボット雲台がその撮影の自動化を支援し，こちらも数万円の費用で普段使いのカメラをパノラマ撮影に拡張することが可能になった．特にロボット雲台による仰角・方位角の制御を中心とした撮影手法は，従来のカメラが十分に高解像度であることから，撮影方位の数だけ解像度も比例して増え，つなぎ合わせ処理を行うと生成されるパノラマ写真の総画素数は10億画素（ギガピクセル）を超え，ギガピクセルパノラマと表現されるほどの超高解像度パノラマ写真が実現できる．

筆者はこのギガピクセルパノラマの技術を2011年に発生した東日本大震災の被災地に持ち込み，その景色をアーカイブする活動も実施したが，ワンショット型パノラマデバイスでは十分な解像度が確保できない，現場の詳細な様子や空気感をギガピクセルパノラマ技術では記録することができた．合わせてギガピクセルパノラマのコンテンツ共有サービスもGigaPanや360 Cities等，PGISと連携可能なプラットフォームとしてPhotoSphereと同様に運用されており，そのうちのいくつかはGoogle Earthの標準レイヤコンテンツにも採用されている．

このような360°パノラマ写真技術の中でオー

プンなパノラマ写真コンテンツの共有も2014年を境に広がり始めている．例えば，Mapillary（https://www.mapillary.com/）は，スウェーデンMapillary AB社が開発した位置情報を付加した写真共有サービスである．クラウドソーシング方式で道に限らず世界中の場所を投稿できる．初期バージョンはスマートフォンのカメラのみを対象としたサービスであったが，ワンショットパノラマデバイスの普及に伴って，360°パノラマ写真にも対応するように改良され，2016年現在はThetaシリーズなど，多くのパノラマ写真も取り込めるようになった．しかもコンテンツのライセンスとしてクリエイティブ・コモンズCC-BY-SAライセンスが付与されるため，集約された写真の再利用が容易となり，SfM技術を組み合わせた都市のPointCloudデータの自動生成や，交通標識などの自動判別機能，画像分類など様々な二次データが生成できる．こうして，OpenStreetMapにおけるマッピング活動のための基礎情報の1つとして利用の幅が広がっている．

同様のプラットフォームは2016年に本格的に運用開始となったOpenStreetCam（http://openstreetview.org/map/）も存在し，Mapillaryと同様に360°パノラマ写真対応作業が進められている．OpenStreetCamに投稿されたコンテンツライセンスもクリエイティブ・コモンズのCC-BY-SAが選ばれていることから，今までライセンス上利用が限定されていたGoogle Street View等のクローズドなパノラマ写真サービスからオープンなサービスへと広がっている．その結果，様々な付加価値が加えられてPGISとしての街のアーカイブツールの代表的な技術として今後存在感を増していくと考えられる．

5. ドローン

2015年12月に改正された日本の航空法に，無人航空機（ドローン・ラジコン機等）の飛行ルールが明記され，いよいよドローン技術が社会に根付く環境ができつつある．ここでいうドローンとは，広義には自立して移動可能な無人デバイスであるが，ここでは狭義の，自律飛行可能な小型の無人航空機UAV（Unmanned aerial vehicle）とする．

UAVとしてのドローンには，大きく2種類のタイプがあり，1枚から複数枚のローター及びプロペラによって構成される回転翼機と，翼を持つ飛行機タイプの固定翼機，場合によってはそれらが組み合わさったハイブリッドタイプも稀に存在する．

ドローンとラジコン機の大きな違いは，IMU（Inertial measurement unit）と呼ばれるフライトコントローラーユニットが搭載されている点で，このIMUがリアルタイムに機体の状況をマルチGNSS，ジャイロ，加速度センサー，気圧センサー，超音波距離計など様々なセンサーで把握し，瞬時に姿勢制御のためのバランス調整を行うことで，操縦者がプロポから手を離した条件でも，安定した飛行を続けることができる．

しかし，IMUは非常に高価であり，2000年代に高度な技術を持ったドローンが市場に登場してきたとはいえ全般的に高価なため，PGISに参画する市民が気軽に使えるものではなかった．しかし2010年にフランスのParrot社がAR.Droneと呼ばれるホビーユースのクワッドコプターを発売開始し，安価で手軽なドローンが社会に広がった．同様に，2013年には中国DJI社がPhantomシリーズをローンチし，いずれも数万円で手に入ることから，多くの市民が自分のドローンを入手することができる時代へと突入した．

これらのドローンには，ほぼ標準的にカメラが装備されており，ドローンを所有することは自らの手で自分の街を空撮することのできるハードウェアを手に入れたことになる．事実，ParrotやDJI社が発売したホビー向けドローンによって撮影された動画や写真がインターネット上では多く共有され，PGISとしても航空写真をユーザ生成コンテンツ（UGC）の1つとして集約することが現実化してきている．2015年にベータ版がローンチされ，2016年に本格運用を始めたOpenAerialMap（https://openaerialmap.org/）は，その中心的なプラットフォームとして動き始め，世界中で撮影された航空写真や衛星画像の中で自由に利用可能なオープンライセンスの空撮コンテンツを集約し始めている．

同時に，ドローンによって撮影された空撮画像は元データのままでは空中からの斜め写真になってしまうため，地理空間情報として地図に展開及びオーバーレイする場合はオルソ処理を実施しなければならない．これらの技術も，比較的高価なプロプライエタリ・ソフトウェアとしての SfM（Structure from Motion）ツールがオルソ画像を生成可能としており，近年は OpenSfM や OpenDroneMap といった SfM のオープンソースソフトウェアから，VirtualSfM のような個人利用・非営利目的限定のフリーソフトウェアなど市民にも利用可能な技術（ドミニク , 2012）として普及しはじめている．

また，ドローンの制御そのものも，現在主流の操縦者によるマニュアルコントロールから，あらかじめフライトプランとして飛行経路を作成し，自動フライトを実現するオートパイロット機能が装備されたドローンの運用へと幅が広がっている．このフライトプランに従って自動飛行し空撮を行うことが，ドローン運用の安全性を向上させるきっかけになると考えられている．PGIS に関連した動きとしては, NPO 法人クライシス･マッパーズジャパン「DRONE BIRD」プロジェクトのように，災害時の被災地を空撮し写真を共有するプロジェクトも始まっており，フライトプランそのものの作成時に二次利用も可能で，オフラインで使用できる PGIS の代表的なプラットフォームである OSM の地図コンテンツがドローンの制御そのものにも活用され始めている．このように，今後の PGIS には市民が自分たちの手で航空写真を撮影することは当たり前になりつつあるといえる．

6. デジタルファブリケーション

ファブラボ（Fab Lab）は，「ほぼあらゆるもの（"almost anything"）」を作ることを目標とした，3D プリンタやカッティングマシンなど多様な工作機械を備えたワークショップであり（田中 , 2012），マサチューセッツ工科大学（MIT）メディアラボで行われていた研究のアウトリーチ活動として始まった参加型の代表的なデジタルファブリケーションコミュニティである．ファブラボは 2016 年 11 月時点で 78 カ国，1,000 カ所以上に存在し，原則的に市民が自由に利用できることが特徴である．

「ほぼあらゆるもの」の中には，大量生産・規模の経済といった市場原理に制約され，いままで作り出されなかったものが含まれる．ファブラボは，個人が自らの必要性や欲求に応じて，そうした「もの」を自分自身で作り出せるようになるような社会をビジョンとして掲げており，地域に合ったものづくりが三次元プリンタやレーザー加工機，ミリングマシン，編み機などのものづくり機器によって具現化されている．こうした地域に根づいたものづくりには，地理空間情報に紐付けられたコンテンツも多く，地域の防災マップを触地図として視覚障害者の方でも理解できるよう立体的に加工するなど，PGIS で得られたデータを多くの人に届ける最終的な位置づけでデジタルファブリケーション技術が活用されるケースが多い．一方で,「ほぼあらゆるもの」を作るという活動の中では, ドローンや, PGIS の活動に必要なハードウェアそのものを生み出すことも視野に入っており，今後の活動の場として，ファボラボを代表とするデジタルファブリケーション機材の利用可能な場が選択されるのではないかと考える．

こういった活動で使用される三次元データの流通についても，今まで課題であった様々なデータ形式の乱立から，STL データ・フォーマットを中心にデファクト化がすすみ，足りない要素などは新たな形式として提案はされているものの, GitHub のように直接はデジタルファブリケーションと関連しないプラットフォームにおいても，自動的に STL ファイルを三次元表示するような形で，一般化され始めている．

7. まとめ

2000 年に高精度の位置情報を取得可能にした GPS の登場によって，ネオジオグラファーと呼ばれる，専門知識を持たずに市民の立場で地理空間情報を収集し，PGIS として共有，再配布，二次利用，そして新たなコンテンツを生み出す活動がハードウェア技術の進歩に合わせて広がってきている．GPS は同様の衛星測位システムと組み合わせて利用されるマルチ GNSS 型に進化し，スマートフォンはその端末としての技術だけでなく通信インフラの整備と相まってより高度な地理空間情報取得ツールとして価値が高まっている．特にカメラの進化が特徴的で，単なる撮影位置の属性保存だけでなく，360° パノラマ写真のような，その場の風景をすべて記録できる仕組みとの連携によって PGIS の活動を支える基礎情報が集まり始めている．

ドローンは市民による空撮を実現し，主に災害を意識した写真共有やオルソ処理を行う SfM など，オープンな技術を選択することで，発生する費用だけでなく，処理の迅速性や普及拡大が容易となる．PGIS によって集められた地理空間情報は，地域の方々が理解し，利活用を進めていくうえでデジタルデータのままでは扱いにくい場合がある．そのため，ファボラボのようなデジタルファブリケーション技術と組み合わせることで，より多様なコミュニティにその成果を共有することができ，今後のコミュニティ連携が期待される．

（古橋大地）

【文献】

ドミニク・チェン（2012）『フリーカルチャーをつくるためのガイドブック』フィルムアート社.

田中浩也（2012）『FabLife －デジタルファブリケーションから生まれる「つくりかたの未来」』オライリー・ジャパン.

NTT ドコモ（2014）世界主要ベンダーと 5G 実験で協力（NTT ドコモ：記者発表資料 2014 年 5 月 8 日）https://www.nttdocomo.co.jp/info/news_release/2014/05/08_00.html

ITU（2010）ITU paves way for next-generation 4G mobile technologies ITU. http://www.itu.int/net/pressoffice/press_releases/2010/40.aspx#.WDtG1qKLRB0（最終閲覧日：2016 年 11 月 20 日）

Turner, A.（2006）*Introduction to neogeography*. Sebastopol, CA: O'Reilly.

第 11 章 PPGIS 教育ツール

1. PGIS 向けトレーニングキット

主に国外の研究動向の展望を中心として参加型 GIS（PGIS）研究が近年蓄積されつつある（山下, 2007; 若林・西村, 2010; 瀬戸, 2010）．一方，PGIS の実践面に着目し，日本での PGIS の活用例に関する研究（GIS 利用定着化事業事務局編, 2007）も深化されつつあり，参加型 GIS がすでに国内外で実用段階にあるといえる．しかし PGIS の実用と密接に関連するファシリテーションや合意形成等を含む PGIS のツールの開発に関する議論は十分になされているとはいいがたい．このような現状に鑑み，本章では，海外で開発され，主に発展途上国での地域開発を対象とした PGIS のトレーニングキット（TK）の概要を紹介するとともに，当該キットの日本への適用可能性について検討する．

上述したように実用段階にある PGIS であるが，実践の場で，明確な基準にもとづいて，最適なマッピング手法が選択されているとは限らない．Forrester and Cinderby（2012）は手法選択の際の基準を示した数少ない研究といえる．図 11-1 で示したように，彼らは，「社内に GIS を持っているか．もしくは外部の請負業者に支払う資金を有しているか」と「空間と関連する事項に人々が関与したいと彼らの考えを変えるために，空間的な要素を活用したいと思うか」という 2 つの基準を用いて，PGIS かコミュニティ・マッピングかそれ以外の方法に振り分けている．彼らは，コミュニティ・マッピングを，コミュニティのメンバーで実践される参加型のマッピング手法であり，コミュニティの一部もしくは全てのメンバーの見解を示すのに使用することができるマッピング手法とした．一方で PGIS を，伝統的な紙地図を使用してデータを収集する方法であり，このことで，参加者が空間情報を詳細に記録することが可能となる．その後，この情報はコンピュータと GIS ソフトウェアでデジタル化され，分析や調査に使用される，とした．しかし上述した 2 つの基準だけが，最適なマッピングの方法を選択する際の基準であるとは言い難く，PGIS の実用と密接に関連する最適なマッピング手法の選択に関する議論は十分になされているとはいいがたい．したがって本章では，海外で開発され，先述した TK での取り扱いを中心として，最適なマッピング手法の選択についても検討する．

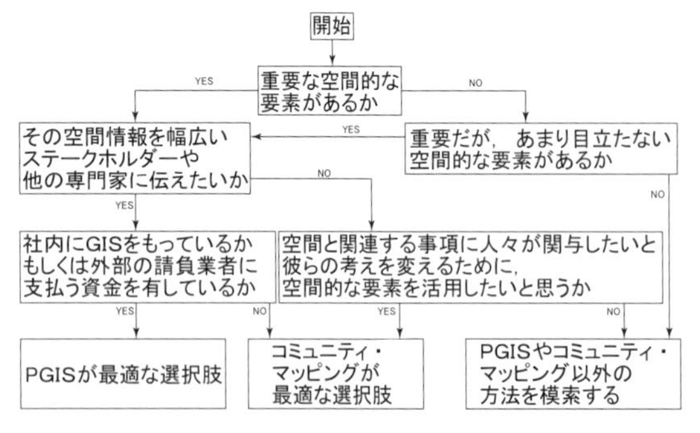

図 11-1 コミュニティ・マッピング・参加型 GIS の選択．
Forrester and Cinderby（2012）による．

第 1 の検討事項である TK に関して，2 節でその概要を示す一方で，続く 3 節で TK の各モジュールとユニットを紹介する．ついで 4 節で TK の日本への適用可能性の検討する．

一方，第 2 の検討事項である手法選択に関して，5 節で，対象とした TK のうち，手法の選択を扱ったモジュール 6 について概観した後，続く 6 節で，TK の手法選択の際の要因について述べる．最後に 7 節で，第 1 と第 2 の検討事項に関する結果を総括し，今後の課題も示す．

2. オランダの TK の概要

本章で取り上げた PGIS の TK は，オランダの CTA が開発したものである[1]．本 TK は，政策策定・実施過程における対話や政策提言（advocacy）へ市民が効率的に参加するために必要な空間データに関する理解・活用能力を向上させることを目的として開発された．本 TK は基本的にクリエイティブ・コモンズ（CC: creative commons）であるため，一部の例外を除いて，コピーライトは設定されていない．この点は，日本への適用可能性を考える上で重要である．

3節で詳しく述べるが，本TKは15のモジュールと56のユニットからなる(表11-1)．各モジュールはハンドアウト，パワーポイント，広範なツール・事例等で構成されている．広範なツールには3DPGISやリモートセンシング等も含まれる．実践の場では，これらから必要なモジュール・ユニットを選択し，活用することになる．4節で，本TKと「GISと社会」研究グループにより作成された日本国内での事例を比較し，本TKの日本への適用可能性を検討する[2)]．

3. TKの各モジュールとユニット

以下で，TKの各モジュールの概要を示す．モジュール1では，このTKが対面式のワークショップで使用されるため，TKのモジュールがどのように構造化されているかが説明されるとともに，各モジュールが選択・採用されることで，オーダーメイドのカリキュラムを組み立てることができるかについても述べられている．また当TKのコンテンツに対してクリエイティブ・コモンズのスキームが導入されていることにも触れられている．

モジュール2では，実践の際の倫理の問題を取り上げ，無計画で配慮に欠けるPGISの実施にともなうリスクについての受講者の理解を深めることを意図している．本モジュールは，PGISのファシリテーターのためのコミュニケーション・スキル，ファシリテーターや地域社会との関係，インフォームド・コンセントといった内容を含む．

モジュール3の目的は，本TKのユーザが将来的にPGIS実習の講師となれるよう育成することにある．このモジュールは実習の概念や原理と，実習を準備する際にとるべき手順を紹介している．

表11-1 トレーニングキットのモジュールとユニット

モジュール	タイトル	ユニット	タイトル	所要時間
1	トレーニングキットの紹介	1	PGIS実習入門	1
		2	トレーニングキットの概要	1
		3	トレーニングキットの採用と改善	1
2	態度，行動，倫理	1	ファシリテーターのためのコミュニケーションスキル	2
		2	ファシリテーターとコミュニティの関係	2
		3	自由形式で，事前に書面で示されるインフォームドコンセント	4
3	実習とファシリテーションの基礎	1	実習の基礎	2
		2	実習ニーズ評価（TNA）	2
		3	実習会の準備と構造化	6
		4	実習会の実施	1
		5	実習の評価	3
4	コミュニティでの準備作業と作業過程	1	コミュニティと参加に関する神話	3
		2	コミュニティでの準備作業	4
		3	参加への前提条件としての権力と権力関係	5
5	環境の有効化と無効化	1	参加型マッピングのための有効・無効な要因	2
		2	法的・政治的枠組み	1
		3	ローカル・コミュニティレベルでの社会的・経済的・文化的・制度的要因	4
		4	有効・無効な要因に応じた行動計画	2
6	目的，環境，リソースにもとづく参加型マッピングの方法の選択	1	マッピング方法の選択に影響を及ぼす要因	1
		2	特定の目的に適したマッピング・ツールの選択	6
7	事業の構造化と予備調査	1	コアチームの組織	2
		2	事業の設計と資金調達	3
		3	コミュニティ訪問	3
		4	政府機関	6
		5	事業のロジスティックスの手配	2
8	グランド／スケッチ・マッピング	1	グランド／スケッチ・マッピングの紹介	4
9	参加型スケールマッピングと測量	1	地図学	3
		2	縮尺を有する地図作成のためのデータ収集	2
		3	既存のベース・マップを用いた縮尺を有する地図の作成	2
		4	トラバース測量	2
		5	GPSを用いた地図作成	3
		6	縮尺を有する地図の描画と作成	3
10	参加型3Dモデリング	1	参加型3Dモデリング入門	1
		2	地図の凡例の作成	3
		3	参加型3Dモデリングハンズオン	8
		4	3Dモデルやジオレファレンスされたモデルからのデータ取得	2
11	リモートセンシング画像を用いた参加型マッピング	1	リモートセンシング画像の紹介	1
		2	リモートセンシング画像の取得	2
		3	空中写真と衛星画像の解釈	4
		4	リモートセンシング画像の利用	1
12	PGIS実習を目的としたGIS入門	1	GIS入門	6
		2	空間情報と空間的関係の視覚化	3
		3	地理情報システムの基本的な機能	3
		4	オンスクリーンデジタイジング	1
13	インターネットベースの参加型マッピング	1	Webベース・マッピングの基礎	3
		2	オンライン地図の作成	4
		3	インターネットベース・マッピングのリスクと限界	1
14	資料管理	1	資料整理入門	4
		2	インタビューテクニック	4
		3	口述筆記の基礎	4
		4	参加型ビデオの基礎	8
		5	写真（フォトボイス）の基礎	4
		6	録音の基礎	4
15	マップ作成作業：計画，コミュニケーション，アドボカシー	1	プロセスの評価と反映	2
		2	伝達のための情報の処理とパッケージ化	4
		3	コラボレーションとアドボカシーの技術	2
		合計		167

また，実習ニーズ評価のためや，トレーニングを計画・構造化するためのツールも提供され，実習の実施や評価にも焦点をあてている．

モジュール4は，ファシリテーターが活動する社会的・政治的文脈について触れ，対象とするコミュニティでの準備作業と準備過程での基礎事項を提示している．これらには，任意のコミュニティで信頼関係がいかに構築されるか，いかにコミュニケーション・チャンネルが開発されるか，参加型マッピングに参加するために，コミュニティやコミュニティグループをいかに動員し，いかに組織するかといった内容が含まれる．PGISを実践する上で基本的な仮説は，社会が均質ではないことであり，このように理解することで，どのようにしてコミュニティと最善の状態で交流・関係できるかや，公平な参加と最良の情報伝達にもとづいた意思決定を担保できるかをファシリテーターは学ぶことができる．

モジュール5では，参加型マッピングに正負の影響を与える要因の特定と分析が取り上げられている．ここでは負の影響を要因の無効化，正の影響を要因の有効化と称している．またこのモジュールは，有効化・無効化された要因がコミュニティの内部または外部にあるかどうかも検討する．最後に，このモジュールでは，有効な要因に立脚した戦略や行動計画を作成するためのプロセスに関する内容も提供されている．さらに，組織やプロジェクトの実施者が参加型マッピング事業で直面する強み（Strengths），弱み（Weaknesses），機会（Opportunities），脅威（Threats）を特定・評価するためのツールとして，SWOT分析も紹介されている．

モジュール6では，受講者のニーズに合わせて最も適切なマッピング方法の選択に焦点をあてている．方法を選択する際に影響を与える多くの要因があり，これらの要因には，PGIS事業の背後にある目的や，利用可能な人的・財政等の資源や，制度等と関係している．本モジュールを通じて，受講者は，特定の文脈に合うマッピング方法の選択の際に考慮すべき要因を特定できるようになる．なおモジュール6に関しては，本章の後半部分で詳細に論じる．

事業の構造化と予備調査は，PGIS事業の成功にとって重要であるため，モジュール7では，これらに必須なタスクを扱っている．これらのタスクには，コアチームの組織化，PGIS事業のデザインと資金調達計画，コミュニティならびに政府機関・非政府組織（NGO）の訪問等が含まれる．

モジュール8では，「グランド／スケッチマッピング」と称されるマッピング方法を紹介している．グランド／スケッチマッピングは，コミュニティレベルでの空間的な課題を表すために広く使用されており，コミュニティ・メンバーの空間的な情報を地面（グランドマッピング）や大きな画用紙（スケッチマッピング）に描いて地図化される．グランド／スケッチマッピングは，技術的により高度なマッピングの第一歩とみなせる．

グランド／スケッチマッピングは，低コストで，高度な技術に依存しないことから，専門家でないユーザが従事する際に有用である．しかしこの方法は，正確な測量や，一貫性のある空間スケールや地理参照に依存しないため，正確な位置・距離等の精度が必要な際には，限定的にしか利用できない．

モジュール9は，縮尺を有する地図と測量の方法を網羅している．ここでは受講者に，縮尺を有する地図を作成するための関連技術やプロセスが紹介される．これらの技術やプロセスには，既存のベースマップ上にコミュニティのデータを記載することや，磁石やGPSを用いたグランド・トルース測量結果を活用して，スケッチから地図を作成することを含む．特定の土地に関する交渉や詳細な土地利用計画では，面積，距離，土地の境界，土地や地点と他の土地や地点の空間関係を知ることは重要であり，これらの定量的な問題を解決するのに，縮尺を有する地図は不可欠である．

モジュール10では，参加型3Dモデリング（P3DM）を取り扱っている．このモジュールは，地図作成（すなわちモジュール8，9，11，12，13，14）とも関連する凡例作成に関する1ユニットを含む．また，デジタル写真を用いたデータ取得と，その過程で得られる画像のジオリファレンス・データに関するユニットも含む．さらにこのモジュールでは，実習の前に小規模な3Dモデルを作成するとともに，実習を行う地域の 2・3 人の住民の参加が必要とされる．

モジュール 11 では受講者に，航空写真と衛星画像を参加型マッピングで使用する方法を紹介する．このモジュールはリモートセンシング（RS）の基礎から始まり，航空写真や衛星画像の特徴が説明される．その後，受講者には，オンラインの画像データベースを通じた画像の取得方法が紹介される．これらの画像を体系的に解釈するための方法が示され，最後に，RS 画像を用いた実習を行う．

モジュール 12 では，PGIS 実習を目的とした GIS の活用を取り上げる．PGIS の実践において GIS の長所を引き出すためには，ファシリテーターとコミュニティのメンバーが，GIS の機能を理解する必要がある．このモジュールでは，オープンソースの Quantum GIS を使用し，ソフトウェアの主な機能，データの可視化，様々な GIS 上の操作, これらの技術の応用, という 4 つのユニットで本モジュールは構成されている．各ユニットは，使用する GIS ソフトを受講者が習熟するための実践的な演習を含む．

インターネットベースの参加型マッピングをモジュール 13 で取り上げる．Google Maps や Google Earth のような Web ベースのアプリケーションを利用したインターネットベースのマッピングは, 参加型マッピングの最新の領域といえる．インターネットベースのマッピングは近年世界の多くの地域で広く受け入れられるようになっている. 多くの場合無料で利用できるという理由から，インターネットベースのツールの開発・実用は低コストで可能である．この低コスト性は，参加型マッピングで，インターネットベースのマッピングを活用する魅力を高めている．

このモジュールでは，ローカルな空間的知識を記載・表示するオンライン・マッピングの理論と実践を取り上げる．またこのモジュールでは，Web ベース・マッピングの基本の紹介，データの収集・統合・評価ツールの説明 , オンライン地図を通じたローカルな知識の表示・伝達方法に関して実習 ,Web ベースのマッピングに伴うリスクと限界についても論じる．

モジュール 14 では資料管理（Documentation）を取り上げる．PGIS 事業の成功の鍵は，地図化の過程と地図を具体化するための情報の統合にある．したがって，参加型マップの作成の手順を明文化することと，ローカルな空間的知識をどのように収集するかを実践者が確認していることが重要である．

このモジュールでは，資料管理の手法とツールならびに，どのようにこれらのツールを適切に活用することで，参加型マッピング事業の質を向上できるかに焦点をあてている. このモジュールは，資料整理の紹介，インタビューの技術と口述筆記のとり方に関するレビュー，参加型ビデオ・写真撮影（写真音声）の基礎に関する実用的な実習，音声録音，マッピングプログラムと収集したデータの評価，の 6 ユニットで構成されている．

モジュール 15 は，政策変化をもたらすために，PGIS の枠組みの中で，コミュニティが使用できる計画・コミュニケーションツールを取り上げている．このモジュールでは，PGIS を実践する際に活用される社会的・政策プロセスやネットワークについて述べられ，参加型マッピング事業を通じて，特定の目的を果たすために使用されるネットワーキングやグループの活動に関するツール・技術が受講者に提供される．各ユニットで，参加型マッピングの中での政策提言に関する計画・監視・評価方法が受講者に紹介される．

さらに，このモジュールでは，参加型マッピングの際のコミュニティ・エンパワーメントの評価にも力点をおく．すなわち政策提言と能力開発（capacity building）の評価である．これらの評価方法は，PGIS の作成過程で，政策提言や能力強化がどのように統合されるかを検討するのに役立つ．またこのモジュールは，参加型マッピングにもとづく政治的な行動と関係するコミュニティ，地方自治体，国家，国際的な状況といった，異なる政策レベルでのコミュニティ・プロセス，ネットワーキング，協力関係の構築と政策提言に関する能力強化にも着目する．

4. TK の日本への適用可能性

「GIS と社会」研究グループにより作成された日本国内での事例によれば，PGIS の主要な適用

表 11-2 日本での PGIS の活用例

分野	件数	(%)
防犯	6	4.3
防災	20	14.5
環境	14	10.1
地域	70	50.7
教育	24	17.4
医療福祉	4	2.9
合計	138	100.0

http://www.pgisj.com/p/blog-page_14.html による．

領域は地域分野といえる（表 11-2）．この分野に，教育，防災，環境の三分野が続く．CTA が開発した TK は主に地域開発や環境保全を目的としていることから，日本での利用分野と重複する部分も多く，TK の適用可能性は高いと考えられる．

一方 TK の全 15 モジュールが網羅している PGIS の内容は，主に発展途上国での活用を念頭において作成されたため，日本に適用する場合，各モジュールの採用にあたり，今後検討すべき余地が十分残されている．この点はモジュール 8 と 9 で典型的にみられる．モジュール 8 で取り上げられたグランド／スケッチマッピングは，例えば日本の小学生のような地図に関して高度な知識を有していないユーザを対象として，参加型マッピングを実施する際に極めて有効であると考えられる．しかし，モジュール 9 で述べられているように，グランド／スケッチマッピングは精度を欠くため，トラバース測量や GPS を用いた正確な地図の作成の箇所が本 TK に含まれている．しかし，すでにデジタル地図が容易に入手できる日本では，モジュール 9 をあえて取り上げる必要はないと考えられる．一方，モジュール 10・11 で扱われた 3DPGIS や RS の内容は高い知識と理解力を有するので，コミュニティのメンバー向けというよりは，その中で活動するファシリテーターや GIS 技術者が習得すべき内容といえ，これらのモジュールの採用には検討が必要である．

最後に本 TK は PGIS が活用される状況に応じて，全 15 モジュールの中から必要なモジュールを選択できるとされているが，全 15 モジュールを習得する場合，所要時間は最低でも 167 時間（約 20 日）を要する．日本では通常通常 1・2 日程度の PGIS ワークショップを実施することを考えると，約 20 日という習得時間はきわめて長い．したがって日本に適用する場合，複数のモジュールを組み合わせたモデルケースをいくつか示す必要があると考えられる．

5. TK モジュール 6 の概要

ここからはマッピング手法の選択に関して論じる．手法選択と係る TK のモジュールはモジュール 6 であり，上述したようにモジュール 6 では，最適なマッピング方法の選択が扱われている．方法を選択する際には，PGIS 事業の背後にある目的や，利用可能な人的・財政等の資源や，PGIS の実施の前提となる制度等といった要因を考慮する必要がある．モジュール 6 を学習することで，マッピング方法の選択の際に考慮すべき要因を PGIS を活用する文脈に即して特定できるようになる．

6. コミュニティ・マッピング・参加型 GIS 導入時の要因手法選択に関連する要因

マッピング手法として選択の対象となるのは，グランドマッピング，スケッチマッピング，スケールマッピング，参加型 3D モデリング，GPS モデリング，PGIS を実践するための GIS，インターネットマッピングの 7 手法である．グランドマッピングから参加型 3D モデリングまでの 4 手法が，Forrester and Cinderby (2012) のコミュニティ・マッピングにあたり，それ以外の 3 手法が PGIS に大まかに分類できる．なお TK では参加型 3D モデリングと GPS マッピングが 1 つの分類として扱われている．以下で，各手法の概要と特徴を示す．

グランドマッピング：植物，岩，家庭にある道具といった，身近にある利用可能なものを用いて，コミュニティメンバーの記憶に頼って，地面に地図を描く直接的なマッピング方法である．グランドマッピングはコミュニティメンバーの参加を促しやすく，コミュニティメンバーを地図に習熟させるのに有効であり，低コストでもあるという長所がある一方で，最終成果物は一時的なものであり，正確でもないという短所もある．

スケッチマッピング：フリーハンドの図面であり，大きな紙に，記憶にもとづいて描かれる．スケッチマッピングは，コミュニティの課題や出来事を広範に理解するのに有用な方法であり，主に集落レベルで用いられる．グランドマッピングと同様の長短所を有する．すなわち，スケッチマッピングはコミュニティメンバーの参加を促しやすく，低コストであるが，最終成果物は正確でない．

スケールマッピング：正確な地理参照されたデータで表される．スケールマップは，多くの場合，ベースマップと称される．ローカルな知識は，知識所有者とスケールマップの対話を通じて収集され，地図に直接描画される．1 万分の 1 以上の大縮尺の地図を利用することが重要である．スケールマッピングは一般的に低コストであるのに加えて，簡単にコミュニティメンバーの参加を促しやすく，さらに比較的正確であるという利点がある．

参加型 3D モデリング（P3DM）：スケールマップから地形情報（すなわち等高線）を抽出した後，特定の空間的な知識を位置づけるために使用される物理モデルを構築するためのマッピング方法である．等高線は，所定の厚さの段ボール紙または合成樹脂やポリエチレンのシートを切り出す際のテンプレートとして用いられる．土地利用，土地被覆やその他の地物は，（ポイントデータとして）押しピン，（ラインデータとして）糸，（ポリゴンデータとして）彩色を利用して 3D モデルに位置づけられる．

GPS モデリング：GPS データは，デジタル形式で保存され，後に地図上に表示することができる．GPS デバイスは，コミュニティ内の特定の地点を正確に表示するのに便利である．しかし，初期段階で GPS に関するトレーニングを必要とするだけでなく，電池を必要とし，データポイントを格納・表示するためにコンピュータが必要とされるため，GPS モデリングを活用するには，継続的な運営費が必要である．

PGIS を実践するための GIS：1990 年代以降，PGIS の活動では，コミュニティで使用するためのローカルな知識や定性的なデータを GIS へ統合することに力点をおいている．GIS を使用して作成された地図は，正確に地理参照された情報を容易に伝達できるため，コミュニティ内の意識を伝えるのに非常に役立つ．しかしたとえコンピュータの経験を持つ人でも，GIS に関する多大な学習と技術の習得，ならびに運用後の長期にわたる GIS への従事が要求される．

インターネットマッピング：参加型インターネットマッピングは，ローカルな空間的知識を記録・表示するために，（例えば Google Maps, Google Earth，OpenStreetMap といった）Web ベースのアプリケーションを使用する．これらのインターアクティブな地図では，地図上の地物をユーザがクリックすることで，動画や写真や文書といった他のマルチメディア情報へのアクセスも可能とする．地図データは，ローカルな知識にもとづいており，このような知識は，デジタルビデオ，デジタル写真，文字テキストを用いて，コミュニティメンバーによって記録される．インターネットベースのマップを作成するために必要なオンラインツールは，無料で利用でき，一般的な GIS に比べ習得が比較的容易である．しかし，多くの場合，このトレーニングプロセスは長時間となる可能性があるため，多くの関心が参加プロセスを犠牲にして技術習得に注がれる危険性もある．

これらの手法の選択に影響を与える，目的，資源，成果，環境という 4 つの要因が検討された（Corbett et al., 2010a）．各要因は複数の項目から成り立つ．以下に，各要因と項目の主要な概要と特徴を示す．

目的に関しては，空間的な知識の明確化と伝達，コミュニティのローカルな知識の記録・保存，自己決定，土地の請求，土地再配分の支援，共同研究の実施，土地利用計画や資源管理でのコミュニティの支援，変化に対するコミュニティの擁護，土地に係る対立の調整と改善，グッドガバナンスの支援，教育や社会的学習の啓発や支援という 9 つの項目が挙げられている（表 11-3）．紙面の関係から最初の 4 項目についてのみ以下で触れる．

空間的な知識の明確化と伝達：参加型地図を作成する目的は，どのようにコミュニティが伝統的な土地や身近な空間を価値付け，理解し，相互に影響しあっているかを外部機関に示す際に使用できることにある．

コミュニティのローカルな知識の記録・保存：地図作成の目的は，ローカルコミュニティや先住

表 11-3　目的とマッピング手法の関係

手法	目的								
	空間的な知識の明確化と伝達	コミュニティのローカルな知識の記録・保存	自己決定，土地の請求，土地再配分の支援	共同研究の実施	土地利用計画や資源管理でのコミュニティの支援	変化に対するコミュニティの擁護	土地に係る対立の調整と改善	良いガバナンスの支援	教育や社会的学習の啓発や支援
グラウンドマッピング	1	5	5	4	4	5	4	5	5
スケッチマッピング	1	4	5	4	3	5	4	5	5
スケールマッピング	2	2	1	2	2	2	3	3	1
参加型 3D モデリングと GPS マッピング	1	1	2	2	2	2	2	2	2
PGIS を実践するのための GIS	2	1	1	2	1	2	2	1	1
インターネット・マッピング	1	1	2	3	3	1	3	1	1

CTA の TK による．注）1: 影響最小 , 5: 影響最大．

表 11-4　資源とマッピング手法の関係

手法	資源				
	機器	熟練者	技術	時間	資金
グラウンドマッピング	1	1	1	1	2
スケッチマッピング	2	2	1	1	2
スケールマッピング	2	4	5	5	4
参加型 3D モデリングと GPS マッピング	3	4	3	3	3
PGIS を実践するのための GIS	5	5	5	4	5
インターネット・マッピング	4	4	3	2	3

CTA の TK による．注）1: 影響最小 , 5: 影響最大．

民が，重要なローカルな知識や文化に関する情報を記録し，保存するためにある．

自己決定，土地の請求，土地再配分の支援：伝統的な土地基盤の開発や急速な土地の喪失が進行している場合，先住民グループや彼らと協力している組織に，彼らの文化的な歴史を保存し，自分たちの土地に関するコミュニティメンバーの知識を記録することが，地図作成の目的である．ローカルな空間的知識に関する明確な記録を持つことは，祖先の場と土地所有を支援するのに役立つ．

共同研究の実施：参加型マップ策定の目的は，協力的で建設的な，また地域密着型の研究課題への地域の情報を供給することにある．

第 2 の要因である資源については，機器，熟練者，技術，時間，資金の 5 項目が検討されている（表 11-4）．すなわち，①機器：GIS・GPS 等の機器が存在するか．②熟練者：コミュニティ内に，GIS・GPS 等に関する技能の習熟者がいるか．③技術：コミュニティ内に技術的な専門知識がどの程度存在するか，もしくは既存のマッピング技術が必要とされた場合，技術に関する仲介者を要請できるのか．④時間：プロジェクトを完了するために与えられている時間はどれくらいか．またそれぞれの手法に，どのくらいの時間が必要か，訓練のための時間も織り込む必要があるか，⑤資金：プロジェクト遂行のためにどのくらいの予算が必要か，などである．

第 3 の要因の成果に関しては，即時的な対話の促進，（ジオレファレンス済みの）高精度地図製品，複製のしやすさ，広範なコミュニケーションの 4 項目が示され，これらが手法選択の際の基準となる．

最後に，第 4 の要因である環境については，大縮尺の範囲をマッピングするのに適しているか，法的および規制の枠組，インフラの整備状況，（地図・空間データ等への）近接性による制約の 4 項目が検討されている．このうち法的および規制の枠組の影響は大きいと考えられる．すなわち，いくつかの国では，土地関連の意思決定過程に影響を与える参加型マッピングの実践の余地が法律上で制定されているが，参加型マッピングを無効化するような法律や規制の存在は，広範なマップの普及・応用・影響力の深刻な障害となる．したがって，効果的な参加型のマッピングを可能にする環

表 11-5 成果とマッピング手法の関係

手法	成果			
	即時的な対話の促進	（ジオレファレンス済みの）高精度地図製品	複製のしやすさ	広範なコミュニケーション
グラウンドマッピング	1	5	1	5
スケッチマッピング	2	5	1	5
スケールマッピング	3	1	3	3
参加型 3D モデリングと GPS マッピング	2	3	3	2
PGIS を実践するための GIS	5	1	4	2
インターネット・マッピング	4	2	3	1

CTA の TK による．注）1: 影響最小 , 5: 影響最大.

境の形成を促進するためには，最初に，公的な制度と伝統的なコミュニティの制度・慣習の間の乖離を解決しなければならない．

各要因による手法選択への影響を検討した後，Corbett et al.（2010b）は，4 つの要因ごとの影響度も整理している（表 11-3 ～表 11-6）．これらの表から，状況によって各要因の影響度が異なることがわかる．

7. おわりに

本章の前半部では，CTA が開発した PGIS のトレーニングキットの日本への適用可能性について検討した．結果として，本 TK の日本での適用可能性は高いが，日本での PGIS の利用現状に合わせて，その一部を修正する必要があることを示した．また後半部で，CTA が開発した PGIS の TK のうち，主にモジュール 6 を用いて，最適な手法選択の際の要因について検討とした. 結果として，Forrester and Cinderby（2012）で示された基準以外の要因も検討し，これらの要因の影響度を考慮して，最適なマッピング手法を選択すべきであると結論づけられた．上記の点を踏まえて，今後は日本での適用にむけて，本 TK のカスタマイズを検討する必要があるといえる．

（山下 潤）

表 11-6 環境とマッピング手法の関係

手法	環境			
	大縮尺の範囲をマッピングするのに適しているか	法的および規制の枠組	インフラの整備状況	（地図・空間データ等への）近接性による制約
グラウンドマッピング	1	1	1	1
スケッチマッピング	1	1	1	1
スケールマッピング	1	4	3	5
参加型 3D モデリングと GPS マッピング	1	3	3	4
PGIS を実践するのための GIS	1	4	5	5
インターネット・マッピング	1	1	5	1

CTA の TK による．注）1: 影響最小 , 5: 影響最大.

【注】

1）CTA が作成した TK の 2 枚組みの DVD を使用した．

2）以下の URL を参照（2013 年 8 月 24 日参照）．
http://www.pgisj.com/p/blog-page_14.html

【文献】

GIS 利用定着化事業事務局編（2007）「GIS と市民参加」古今書院.

瀬戸寿一（2010）情報化社会における市民参加型 GIS の新展開 . GIS －理論と応用 18: 31-40.

山下 潤（2007）PPGIS 研究の系譜と今日的課題に関する研究 : 人文地理学の視座 . 比較社会文化 13: 33-43.

若林芳樹・西村雄一郎（2010）「GIS と社会」をめぐる諸問題－もう一つの地理情報科学としてのクリティカル GIS. 地理学評論 83（1）: 60-79.

Corbett, J., White, K. and Rambaldi, G.（2010a）Handout for Trainee, Unit M06U01- Factors Influencing the Choice of Mapping Method, in *Training Kit on Participatory Spatial Information Management and Communication*, CTA, The Netherlands and IFAD, Italy.

Corbett, J., White, K. and Rambaldi, G.（2010b）Handout for Trainee, Unit M06U02: Selecting a Mapping Method to Suit a Given Purpose, in *Training Kit on Participatory Spatial Information Management and Communication*, CTA, The Netherlands and IFAD, Italy.

Forrester, J. and Cinderby, S.（2012）*A Guide to using Community Mapping and Participatory-GIS*, York, Stockholm Environment Institute.

第12章 PGISのための人材育成

1. 参加型活動の参加者モデル

新しい技術が利用されるためには，その習熟のための人材育成が必須である．PGISの人材育成は，市民参加型活動は誰が担い，どのように行っていくのか，という点と密接に関連する．これまでわが国では，行政が主体となったまちづくり，地域づくりや政策形成が行われてきたことが多く，市民の中に地域の課題解決をどうしても行政に頼る雰囲気が残っている．従って，地域の課題に対して住民が問題意識を持ち，参加活動として活動してゆくことができるようにするには，合意形成の手続きや法制度に関する社会全体の仕組みづくりが前提になる．しかし，阪神淡路大震災を契機として，2000年以降，特定非営利活動推進法（NPO法）が施行され，都市計画法における地区計画制度を始めとして住民参加が前提になるなど法制度に関する環境が大きく整うこととなった．

Leitner et al.（2002）は，GISの使い方を整理し，①積極的利用 Proactive use（GISがどのようなものを知り，GISで何ができるかを考えた使い方），②能動的利用 Active use（与えられたデータを用いて加工・分析する使い方），③受動的利用 Passive use（GISパッケージの標準的な使い方），④直接的利用なし No direct use at all（無関心）に分類した．市民参加活動に求められる人材は，全員に対して①のようなスキルを要求するのではなく，活動の役割に応じた人材が必要であり，その人材の育成が求められる．今井（2007）は，富士山周辺のごみ収集活動を行う団体のNPO富士山クラブの活動を通して，参加活動人材を図12-1のように整理した．NPO富士山クラブは，活動の一環として富士山周辺で得られたごみの分布，内容をもとに「富士山環境ごみマップ」を作成し，インターネット公開により一般への啓発を行っている．このような地図作成は，全員で作成しているわけではなく，NPO活動の中心メンバーでもなく，地図作成担当が，現地で活動しているメンバーから送られてくるごみの情報を加工し地図としてWebにアップしている．

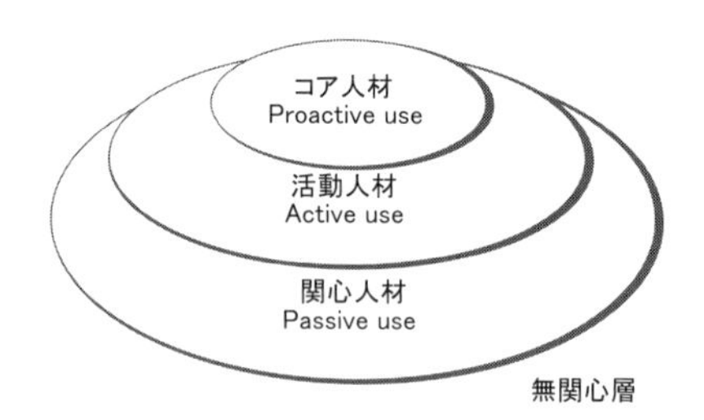

図12-1 参加型活動の人材モデル．
出典：今井（2007）

コア人材に必要なのは，活動の中心として地域課題解決の手段を考えることであり，そのためには地域課題に関連する情報を収集し，GISとしてどのように活用できるかを考えることである．利用ノウハウを得るために，同じようなテーマで活動している組織とのネットワーク作りも重要になる．活動人材は，具体的な情報入手，情報分析が求められ，集められた情報の品質（信頼性），その情報をどのように加工すれば，活動している仲間，一般の人が理解できるかを考え，加工・分析をすることが求められる．活動人材には，GISに関する処理，データそのものに対する知識，分析手法に対する知識が求められる．関心人材は，示された情報の意味を理解し，活動に対する関心を深め，協力して具体的な活動を行う．さらに，もっとこのような情報が欲しいというニーズを示すことも重要である．

2. 参加活動に対する人材育成の整理

このように参加活動における人材を整理することで，それぞれに必要とされる内容が整理され，その研修内容を考えることができる（図12-2）．

コア人材は，研究者などの専門家による講習会を通じて，自らの活動に照らしあわせ，GISの役割を知り，また情報入手や情報交換のための連携方法を知ることが必要である．GIS利用の中心となる活動人材では，専門家によるGISに関する知識だけでなく，ベンダーによる具体的な処理手

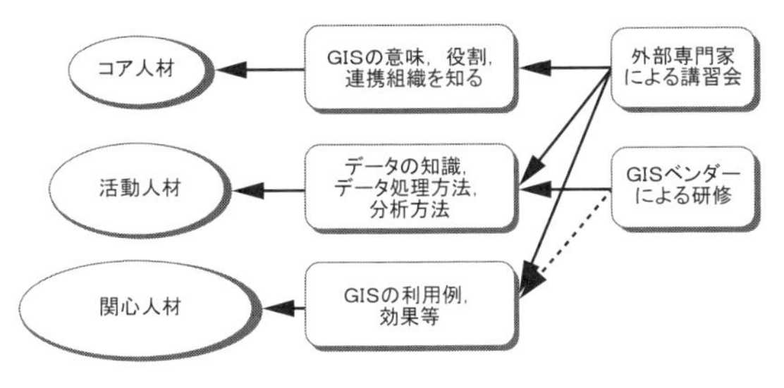

図12-2 各人材に対する必要な内容．

順の実習，データ化に関する理解が求められる．関心人材は，活動人材の人たちが作成したGISの出力図に対して，正確に理解すると同時に，現場のニーズを活動人材に伝え，活動人材の作成する出力図を，より効果的にする役割を持つ．

さらに今井（2009）は，このような人材に対して必要となる，参加型活動の発展段階に対応した人材教育について提案している．すなわち，参加型活動の初期は，言い出しっぺの本人がコア人材として呼びかける段階（第1段階）があり，活動が拡がって行動を伴う行動段階（第2段階）になり，具体的な成果が見え始める．このような成果よって，さらに活動が拡がり当初のメンバーでは不足し，目的に賛同する者を募り人材教育が行われる人材育成段階（第3段階）となり，初めてGISによる人材育成の重要性が認識される．その後，育った人材は，他地域へと拡がり，活動のノウハウを共有し，蓄積するためのネットワークを構成するネットワーク段階（第4段階）になるという捉え方である．さらに，各段階に共通してGISが必要だと認識してもらうためには，外部専門家によるGISの意味の学習が，単なる情報の可視化を理解することだけではなく，可視化されたものの意味を「考える」という行動に結び付いた時に重要となることを指摘している．

参加活動の内部にGISに対する基礎的知識，処理能力を持つ人材が確保されるためには，外部に育てるための研修機関や大学などのGIS研究者，GISベンダーなどの仕組みの存在が必須である．参加活動に対する研修を行っている施設は少ないが，自治体職員向け研修活動として，「岐阜県ふるさと地理情報センター」（2001～），「島根県中山間地域研究センター」（2002～）が知られている．

図12-3 県域統合型GISぎふのトップページ．
（https://gis-gifu.jp/gifu/portal/index.html）

3. 岐阜県ふるさと地理情報センターの人材育成

岐阜県は，2000～2002年に総務省，経済産業省，国土交通省の3省連携GISモデル事業の対象地域に選ばれ，県内の地理空間データの整備を進めると同時に，そのデータ活用の実証実験を行った．2002年よりふるさと地理情報センターのもとで県民公開・協働型GISの運用を開始した（図12-3）．県域統合型GISのための普及活動は，

①県職員向けGIS操作研修（基礎）5回/年
②市町村職員向けGIS操作研修（基礎）4回/年
③個別業務向けGIS研修（県担当者，市町村担当者）有害鳥獣管理，遺跡管理，森林管理，林道管理，他

であり，各市町村に出張して，各市町村でのGIS業務利用支援（要援護者支援マップ等），データ整備仕様書作成支援などが行われている．基本操作としては，地図の作成方法，地図の活用法，グループによる地図作成が行われている．現時点では，地域住民に対する組織的な研修は，行われていない模様である．

4. 島根県中山間地域研究センターの人材育成

2002年より活動を開始した島根県中山間地域研究センターは，Web GISを利用して地域の人の参加する「参加型マップ」づくりを呼びかけてきた．2006年の参加型マップ通信では，「自治体，コミュニティ，学校，NPO，住民団体などで，マップづくりをしませんか？スタッフ派遣や作業補助など

マップづくりを応援します」としてモデル団体を募集している．そして，以下のような出前研修，講習を知らせている．（島根県中山間地域研究センター 地域サポート人材スキルアップ講習会．http://www.pref.shimane.lg.jp/admin/region/kikan/chusankan/kensyu/2011_sukilup/2014_jiseki.html）．

①基本研修：マップの表示の仕方，地図の拡大，情報の見方など，Web GIS を楽しむための基本的な操作方法を学ぶ．データの検索方法も（約1時間）

②入力研修（基本研修の内容を含む）：基本操作と情報を登録する方法を習得．入力後の変換や削除の方法までを学ぶ．オプションで研修した内容のミニ発表会も（約2時間，ミニ発表会を入れて約3時間）

③ケータイ研修：GPS 付携帯電話を使ったデータ入力方法を実践する（約30分）

④おいしさ満載ネット研修（現在のマップ on しまねに統合）：生産者・加工場・産直店・ふるさと料理店などを対象に満載ネットの説明，PC・FAX・携帯電話で情報を更新する方法を学ぶ．

このプログラムを見ると，かなり実践的であり，ベンダーによる活動人材向けの研修のように見える．そして，これらの GIS モデル事業団体の作成したマップが第4章で紹介した様々なマップである．

さらに，「わくわく GIS2015」を見ると，「GIS 活用連続講座」の開催されていることがわかる．その1つは地域サポート人材のスキルアップ研修である（図 12-4）．地域サポート人材は，参加活動をサポートするために，県や市町村から派遣される人たちであり，県で研修を受けた後，地域で活動している人たちと一緒に課題解決に向けた活動を行う人材である．

図 12-4 スキルアップ研修の様子．

そこでは，次のような地域課題別に取り上げて研修を実施している．

①第1回「地図を活かした地域づくり」：事例紹介，フィールドワーク，GIS とは，地域づくりにおける GIS の活用（質疑・意見交換）

②第2回「農地1筆マップの作り方」：農地1筆マップとは，面レイヤーの作り方，フィールドワーク，農地1筆マップの活用（質疑・意見交換）

③第3回「空き家マップの作り方」：地域における空き家の現状・課題，フィールドワーク，レイヤー作成・分析作業，レイヤー作成・分析作業，地域で空き家をどう把握し，どう活かすか（意見交換）

④第4回「ハザードマップのつくり方」：地域における自主防災活動等の現状・課題，フィールドワーク，レイヤー作成・分析作業，自主防災組織に GIS をどう活かすか（意見交換）

⑤第5回「地図を活用したワークショップの手法」：情報収集の大切さ，ワークショップとは，住民参加で実施する際のポイント．この研修の最大の特徴は，各回の終わりに時間を取って設けられている質疑・意見交換であろう．講習の最後に意見を出し「考える」という点が設けられているのは，単なるトレーニングではなく，「考える」という行為が参加者の理解を促すのである．

5. GIS 人材育成プログラム(国土交通省)

5-1. 概要

2007年地理空間情報活用推進基本法が成立し，その推進計画が2008年に作成され，その中で人材育成として，「人材育成に当たっては，地理空間情報を整備・活用する技術を持つ人材だけでなく，空間的思考を行える人材，地理空間情報の活用を企画できる人材などの多様な人材が必要になる」と記され，国土交通省国土計画局（当時）は2008年に2カ年の「地理空間情報活用専門家育成プログラム事業」を開始した．現在は，当時の資料が整理され，国土交通省「GIS 活用人材育成プログラム」がアップされている．（国土交通省 GIS 活用人材育成プログラム．http://www.mlit.go.jp/kokudoseisaku/kokudoseisaku_tk1_000040.html）

【地方公共団体向け】
①介護・福祉業務に関する地方公共団体向け教材
②防災業務に関する地方公共団体向け教材
③行政全般に関する地方公共団体向け教材
④「GISを使おう！」地方公共団体職員向けGIS活用研修の手引き
【GISに関わる事業者向け】
⑤地域でのGIS導入に関わる事業者向け教材として掲載されている．それぞれの教材は，1日あるいは2日コースとして設定されており，以下の利用者が想定されている
①研修機関，大学等において地方公共団体職員向けのGISに関する研修の実施を検討している方
②地方公共団体内でGISに関する勉強会等を検討している方
③今後GISに関する知識を高めたいと考えており，GISに関する教材に興味をお持ちの方
その特徴としては，
①組織の壁（部署間の壁,あるいは市町村間の壁）を越えた地理空間情報の共有と流通をテーマとして取り上げている
②本プログラムは，GISの操作スキルの習得に留まらず，政策・対策立案に資する空間的思考を身につけ，職員の業務改善意識を高めること（職員の意識改革につなげること）を意図している．
③本プログラムは，座学だけでなく，受講者同士のグループディスカッションや実データを用いたグループワーク，ケーススタディ，演習など多彩な教育手法を導入し，受講者同士の学び合いや考え抜く機会の提供を重視している
と記されており，ここにも単なるトレーニングではなく「空間的思考」と呼ぶ考え方の習得とグループワークによる考える機会の提供が示されている．

5-2. 行政全般に関する科目ラインナップ

各科目は，講義とカッコ内に記したグループディスカッション，ケーススタディ，演習を行う．
①オリエンテーション
②地理空間情報の提供・流通の促進と国の取り組み
③GIS活用による業務改革とプロジェクトマネージメント（グループディスカッション）
④地理空間情報の調達と利用（演習）
⑤地理空間情報の共有・流通のためのデータ設計（ケーススタディ，グループディカッション）
⑥地理空間情報の提供・流通を図るための個人情報や二次利用に伴う著作権等の扱い
⑦GPSを用いた地理空間情報の収集（演習）
⑧GISを用いたマッピングと分析（演習）
⑨GISを活用した評価マップの作成，（グループディスカッション，演習）
⑩ラップアップ（グループディスカッション）

5-3. 防災業務における科目ラインナップ

防災業務の高度化は，組織横断で迅速な情報の共有が求められる分野で，GISの効果が把握できる分野でのカリキュラムが作成された．
①オリエンテーション
②防災業務におけるGIS活用に関する法制度上の課題
③防災分野におけるGIS活用方策
④GISを活用した災害情報の共有・可視化による災害対応業務の高度化に向けた演習
⑤グループディスカッション

5-4. 介護・福祉業務における科目ラインナップ

これまで，GISと係りの少ない分野での学習モデルを検討するためのカリキュラムが作成された．
①オリエンテーション
②介護・福祉分野におけるGIS活用の方向
③地理空間情報関連の個人情報保護等
④戸別訪問業務の高度化・効率化
⑤高齢福祉関係の計画策定/政策立案のための基礎分析（地域カルテの作成と活用）
⑥高齢者向け災害対策の検討
⑦GISチーム演習
⑧介護・福祉分野におけるGIS活用推進に向けて
⑨ラップアップ

この事業では，直接参加活動に対する人材育成プログラムではなく，地方公共団体職員向けプログラムではあるが，地域で活動する参加活動団体に対して地方公共団体職員が接する可能性は高く，職員によるGISの理解は，自らの業務の高度化・効率化だけでなく，参加活動団体に対する相談に乗ることが考えられる．その際，上記のカリキュラムでは，地理空間情報活用推進基本法で示された「空間的思考を行える人材」，「地理空間

情報の活用を企画できる人材」となって参加型活動団体の相談になることが期待される.

6. これからの人材育成プログラム

6-1. 地方公共団体の役割

第8章，第26章で解説される我が国のオープンガバメント，オープンデータの流れにより，地理空間情報のオープンデータ化が進展されており，当初は統計情報のオープンデータ化から，地番図や森林基本図のような高精度の自治体業務で利用している地理空間情報のオープンデータ化が始まった.

これまで，地域に関する行政の保有する情報は，個人情報に係らない範囲で提供されていたが，その情報の位置づけ，背景を知らなければ活用できないという意味で，情報公開された情報の活用には限度があり，地域住民と行政との間にある情報の非対称性を考えることが必要である．従って，地域の情報の提供に際しては，個人情報が外されてはいるものの，その情報の活用を地域の活動団体ともに考えることで，その情報の効果を上げることが可能になり，行政業務との整合性が図られ，よりスムーズに行政業務を推進することが可能になるであろう．また，そのような事が実感された時に，行政から情報がオープンデータとして積極的に提供されるであろう.

6-2. 外部専門家の役割

地域活動団体に対する外部専門家の役割は，地方公共団体に対する支援と基本的には同じであるが，GIS に対する経験を積んだ地方公共団体職員も地域活動団体の外部専門家の役割を果たすことができる．島根県の取り組みは，その体制をとれる可能性を示している．島根県の取り組みを見ると，テーマ別（防災や環境，農地1筆マップなど）に研修を行っていること等の蓄積されたノウハウには多くの知見が含まれる.

6-3. フリーソフト・ベンダーの役割

多くの参加活動団体は，財政的余裕はなく，無償の GIS が望まれていた．最近，QGIS（Quantum GIS）という高価な商用 GIS に匹敵するフリーソフトが登場し，大学をはじめとする研究機関から地方公共団体，個人へと利用者が拡がっている．先の国土交通省で行われた講習会でも利用され，かつその時のテキスト等も公開されている．また，安価な講習会も各地で行われており，今木・岡安（2015）による QGIS の入門書も出版され，学ぶ環境が整ってきている.

助成金等で購入した有償ソフトについては，ベンダーの提供する操作講習会が開催されており，参加活動団体もこの場を利用して学ぶことができる.

6-4. 参加活動向け PGIS 人材育成プログラム

今井（2009）は，参加団体の活動において「考える（推論）」研修の重要性を指摘しているが，そのモデルとして以下のようなプロセスで進めていく事で PGIS の人材育成を提案する.

①地域を考えるきっかけをつかむ：

地域住民にとって通常，地域のことを理解する必要を感じないため，地域の課題があらわれた時に，地域をどのように把握したらよいかを思いつかない．その時，考え方を整理するために，医療行為と対比して考えることで手がかりを得ることができる．医療行為では，患者は体調が悪い時に，病院へ行き医師の問診を受ける．その後検査を行いデータを得，そのデータにもとづき医師による診断が行われる．その後診断結果に合わせた処置が行われ，経過観察が行われる．さらに問診の段階に戻り，回復するまでサイクルが回る．サイクルが回るごとに内容は変化していくが，このように整理してみる.

患者を地域に置き換えると，問診に対してフィールドワークを，検査に対して地域データ取得が相当し，診断に対して地域分析が相当する．その結果にもとづく処置は現地の具体的対応策が対応する．ここで注意しなければならないのは，地域には医師のような専門家が行うのではなく，地域活動団体が行うという点である．さらに，地

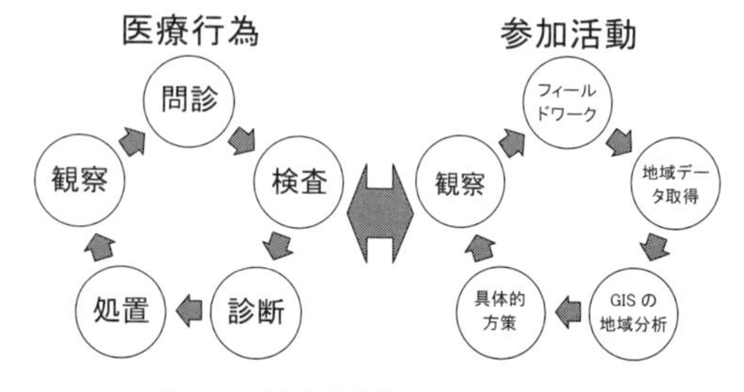

図 12-5　医療行為と参加活動の対応.

域活動は，置かれた状況が異なれば状況に応じて活動内容を変化させなければならない．正しいと思った活動が誤った結果を招くこともありうる活動となる．それを少しでも防ぐためには，ここで示すような，フィールドワークと地域データにもとづくGISによる地域分析で地域の置かれた状況を把握するという過程が重要なのである．

このように整理することで，参加活動を通じて地域を考える手がかりを理解していくことができる．さらに，このサイクルを回すことで，具体的活動の結果を観察することにより地域をより深く把握し，フィールドワークに向けた仮説を設けることができ，これが地域の理解に結び付く．

②フィールドワーク：

フィールドを歩くだけでは何も気づくことができないため，初回は地域を知る専門家によるフィールドワークが有効である．2回目以降は，1回目で得られた知見による仮説を立て歩くことで地域に関する定性的な情報を得る．

③地域データ取得：

国勢調査や住民基本台帳による人口に関する統計データが地域の姿の第1歩になる．さらに，行政や民間の提供する地域データ，文献による地域データをテーマに合わせて取得する．

④ GISの地域分析：

高度な分析をすることではなく，地域に関する気づきを促す分析が重要であり，情報の重ね合わせだけでも効果的な気づきを促すことができる．例えば，住民が持っている意識と実際のデータを重ねることで，その位置や時間のずれが地域の気づきを促す．

⑤具体的方策：

課題に対して直接の方策だけではなく，地域分析によって得られた多様な視点にもとづき話し合いによる具体的方策を意思決定すべきである．利害が対立する場合も多く，考えるという活動をしっかり行うことで，地域に対する理解が深まる．

⑥観察：

具体的方策を検討した中で，このようになるはずという点を中心に観察をすることにより，地域に対する理解が深まり，次の行動に対する考えが生まれる．

6-5. ウーダ（OODA）ループ

以前から米軍の中ではウーダ（OODA）と呼ばれる取り組みが行われており，その内容が一般のビジネス分野にも知られるようになった．ウーダとは観察（Observe）→方針（Orient）→決定（Decide）→行動（Act）の一連の流れをあらわす言葉であり，その狙いは迅速な意思決定にあるとされている．

これまで多くの分野でPDCAと呼ぶ意思決定の方法が採用されているが，設計図や計画（Plan）がある工業製品と異なり，地域では計画（Plan）が先にあることよりも，医療行為との類似で示したように，ウーダの観察（Observe）からスタートし，方針（Orient）を検討する考え方のほうが近い．地元学で示された方法も，フィールドワークによる観察からスタートし，新たな価値を見出し，地域づくりを行うという流れもウーダの考え方と親和性が高い．

（今井 修）

【文献】

今井 修（2007）市民参加活動におけるGIS利用人材育成に関する研究．地理情報システム学会講演論文集 16: 65-68.

今井 修（2009）市民活動団体向けGIS教育の研究．地理情報システム学会講演論文集 18: 453-456.

今木洋大，岡安利治（2015）『QGIS入門（第2版）』古今書院．

Leitner, H., McMaster, R., Elwood, S., McMaster, S. and Sheppard, E., (2002) Models for making GIS available to community organizations: Dimensions of difference and appropriateness, In *Community Participation and Geographic Information Systems*, Craig, W., Harris, T., and Weiner, D., eds., 37-52, New York: Taylor and Francis.

第 13 章 先住民マッピング

1. 参加型開発と地図

本章では，先住民の土地への権利主張や，先住民による資源管理，文化保護などを目的とする先住民マッピング（Indigenous mapping）[1]と PGIS における，技術と制度の課題を検討する．先住民マッピングは 1960 年代からカナダやアラスカではじまり，1990 年代以降に第三世界に広まった．1990 年代以降とりわけ第三世界では，参加型開発手法と融合し，参加型先住民マッピングや，GPS，GIS を用いた先住民の PGIS として普及するようになった．以下では，まず参加型開発手法のうち，第三世界の村落開発において一般的な参加型農村調査法の系譜を概観し，1990 年代以降この手法と結びついた先住民マッピングの手法について述べる．次に，参加型開発と，それを取り入れた先住民 PGIS の課題を北米・ラテンアメリカの事例を中心に検討し，最後に先住民によるオルタナティブな PGIS と専門家の役割について論じる．

第三世界の村落開発における PGIS の実践や研究の多くは，チェンバースら参加型開発を重視する開発論の影響を受けてなされてきた．その代表的なアプローチは参加型農村調査法（PRA：Participatory Rural Appraisal）と呼ばれ，参加型マッピングはこの中で重視される 1 つの方法となっている（チェンバース , 2011）．

PRA が重視するのは，農村の生活や状況を農民自身が分析し，計画・行動を起こすことである．その一部としての PGIS は，科学的な分析結果を提供するというよりも，地図作成の体験や，地図を見ながら行なうワークショップによって，農民，とりわけ教育を受ける機会が少なく社会経済的に不利な立場にある人々が自らの置かれた社会や環境を集合的に学ぶための機能が期待されている．以下に PRA の系譜を概観し，その位置づけを確認してみたい．

PRA のルーツとして，チェンバースは 5 つの研究分野を挙げている（Chambers, 1994）．第 1 に，社会運動としての参加型研究である．これは人々の意識や自信を育成し行動を力づける目的で，対話や参加型調査を用いる一連のアプローチであり，パウロ・フレイレの教育思想やラテンアメリカにおけるその実践に多くを負っている．フレイレのテーマは，貧しい人，搾取される人は自らの置かれた状況を分析できる潜在的な力を持っており，対話と学習を通じてそれを発揮することができるというものである（フレイレ , 2011）．具体的な活動には，成人識字教育や演劇，文書や口述，視覚的な形態による新たな知識の生産などが含まれる．

第 2 に，農業生態系分析である．これは 1978 年にタイのチェンマイ大学で開始された方法で，生産性，安定性，持続性などの農業システムの特性や空間，時間，行動の意思決定などの分析からなる．具体的に，PRA に影響を与えた主な方法として，農村の観察法，農事暦などの図表作成のほか，農地や生活空間の手描き地図が挙げられている．

第 3 に，応用人類学である．人類学者は在来の知識をよりよく評価する傾向があり，外部者と内部者の知識を相対化することができた．この分野から PRA に取り込まれた主な方法や調査の態度として，厳格な科学というよりは自省的なアートとしての野外調査という概念や，現地に住み，ゆっくり参与観察し，会話することの重要性，調査者の態度や行動，インフォーマントとのラポールの重要性，外部者と居住者の知識の相対化，在来技術知識の重要性の認識が挙げられる．

第 4 に，農業システムの野外調査がある．人類学，地理学，農学，生物学で行なわれてきた野外調査は農業システムの複雑さ，多様さ，農業技術の合理性を明らかにしてきた．農民自身による農業分析もこの分野で行なわれ，農業技術開発者として，また調査者としての農民の能力が各地で示されるようになった．

第5に，PRAに先駆けて開発調査として行なわれてきた速成農村調査法（Rapid Rural Appraisal: RRA）である．その具体的な手法には，在来知識の習得，土壌や植生など農学的な基礎情報，キーインフォーマントへの聞き取りやグループインタビューなどがあり，従来の村落研究が行なってきた世帯アンケート調査と対比される．RRAの手法の妥当性は正確さや厳密さよりもむしろプロジェクトの費用対効果から評価される．

以上の源流を持つPRAにおいて地図は，農民が生活を通じて形成してきた知識を効率的に収集し，農民が自らそれを意識し，行動を起こすような集合的学習を促すものとして重視されている．具体的な地図の例として，家畜疾病，土壌肥沃度，自然資源や牧草地など，自然環境のマッピング，地下水汚染など衛生状態のマッピング，虐待や暴行など犯罪のマッピングが挙げられている．上記5つの研究分野が持つ関心や態度は必ずしも互いに調和的ではなく，例えばキーインフォーマントによる効率のよい地図作成を優先すれば，周辺化された人々のエンパワーメントが実現できないといった課題も出てくる.こうした問題については，本章後半で再度取り上げることにしたい．

2. 先住民権利とPGIS

上述した参加型地図の多くは，コンピュータやGPSなどの空間技術を用いず，紙や地面に描かれた手描き地図である．これは，費用をかけずに農民自らがワークショップを組織しながら，多様な人々の参加と学習，議論を促すという点でより目的に適う方法である．一方，1990年代からGPSやGISを導入してPGISが盛んになっている活動がある．それが先住民知識（Indigenous knowledge）のマッピングである．その先駆けは，カナダと米国アラスカ州におけるイヌイットの生業マッピングである．そもそも北米では米国人類学者による先住民研究が古くから行なわれ，手描き地図を用いた集落立地や生業パターンの記述がなされてきた（Boas, 1964; Kroeber, 1939; Steward, 1955）．これらの研究において地図は，民族誌を作成する手段の1つであったが，この地域における生業地図の方法論的なルーツといえる．

1967年にニスガ先住民協会（Nisga'a Nation Tribal Council）が，先住民の土地権利は法的に消滅したことはない，としてブリティッシュコロンビア州を提訴した．1973年にカナダ最高裁は先住民の土地への権利を認め，これを受けてカナダ政府は先住民との交渉のためのマッピング調査事業に補助金を出した．この調査は1976年に3巻からなるイヌイットの土地利用と居住に関する事業報告書（Inuit land use and occupancy project report）を発行し，同様の手法で他のイヌイットグループについても土地利用のマッピングが行なわれた（Wood, 2010, pp129-142）．

そこでとられた手法の1つが,生活史地図（Map biography）である（Freeman, 2011）．これは狩猟・採集・漁業などの生業活動を，個人を対象に時間を遡って空間的に表現しようとするものであり，例えば野苺の採集やカリブーの狩猟活動が行なわれた場所，その地名や用いられた生業技術や野営地を各自について記録し,地図を作成する．狩猟・採集・漁場のマッピングは，19世紀の白人入植者が農業を営まないイヌイットを「土地を持たない人々」としてきたことへの反発に動機づけられた空間表象であった（Chapin et al, 2005: 623）．

これらの活動では，先住民が居住し生業を営む土地や資源の権利を主張することが主な目的となっている．権利主張の相手は連邦政府や行政で，交渉の場には法廷も含まれ，準拠する国際法や国内法，その判例は西欧の法的基準であることから，緯度・経度を持った地理情報が正当な根拠として用いられる．GPSによる位置情報の作成や官製地図との照合は，こうした目的に動機付けられ活用されてきた．カナダの先住民マッピングは，土地権利の主張という政治的目的を持った自発的な「運動」の一環であり，地理情報管理が長期に渡って先住民のNGOによって維持されている稀なケースである．その背景には，インターネットやコンピュータの普及，天然資源に由来する先住民集団の資金の豊富さがある（Chapinetal , 2005: 629）．ラテンアメリカにおける先住民権利のためのマッピングは1990年代から数多く行なわれるようになった．その背景の1つは国際法環境の変化である（Stocks, 2005）．ILOが協定107,

勧告104を1957年に採択し，先住民の人権保護を促進した．1989年にこれが協定169に更新され，ボリビア，コロンビア，コスタリカ，グアテマラ，ホンジュラス，メキシコ，パラグアイ，ペルーで批准された．国際アメリカ人権裁判所（Inter American Court of Human Rights）のような国際機関や，世界銀行などの開発ドナー，WWFなどの国際NGOが先住民権利のための参加型マッピングを支援するようになったことも増加の背景にある．

これまでニカラグアやホンジュラス（Bryan, 2011），ベリーズ（Toledo Maya Cultural Council and Toledo Alcaldes Association, 1997），パナマ（Herlihy and Knapp, 2003; Herlihy, 2003），ベネズエラ（Sletto, 2014, 2015），ボリビア（Cronkleton et al., 2010），チリ（Hirt, 2011）などで実践報告や，技術と制度の批判的な検討がなされている．ここでは，2つの先住民自治州を持ち，90年代初期から先住民マッピングが行われてきたニカラグアにおける実践例について述べる．

ニカラグアはアフリカ系を含む多様なエスニック集団に土地への権利を認めている点でラテンアメリカにおけるモデルとされる（Van Cott, 2000）．コントラ戦争が終結した後，1987年にニカラグア政府は東海岸における先住民およびアフリカ系住民（クレオール）の自治を，大西洋岸地域自治法（Estatuto de autonomia de las dos regiones de la Costa Atlántica de Nicaragua）で法的に保証した．しかし，戦争終結によって軍・警察が東海岸から撤退した直後の沿岸地域には，数多くの企業や植民者が進出し，杜撰な手続きによって森林や鉱産資源，漁業資源の開発がなされるようになった．先住民マヤンナ（Mayangna）の村落であるアワスティンニ（Awas Tingni）のマッピングは，法律家と人類学者が加わった土地権利擁護のための参加型マッピングである（Anaya and MacDonald, 1995; Wainwright and Bryan, 2009）．この運動は，ニカラグア環境自然資源省（MARENA: Ministero del Ambiente y los Recursos Naturales de Nicaragua）がニカラグアとドミニカ共和国が共同出資する企業に43,000haの森林伐採権を認めたことに始まる．これに対抗して，WWFとアイオワ大学により，プロジェクト組織が形成された．自治法では，先住民の領土権を，土地利用の慣習的パターンに従って認めることになっている．居住の権利に加えて，最低でも，その領域から自然資源を利用し利益を得ることが認められ，それらの資源の商業的開発計画に参加する権利がある．法律家は政府にこの権利保護義務を怠ることが法に反することを認めさせた．人類学者は，法的根拠となる慣習的利用の地点と範囲を，GPS操作を学んだ村落住民とともに記録した．具体的には過去と現在の畑のサイズや位置，世帯と村の位置，「文化的に変容した景観」（例えば見分けられる木，植物，狩猟道など，村人が作ったもの），信仰に重要な土地，神聖な場所，自然資源など信仰システムを構成する重要な要素などである．これらの結果，森林伐採権の認可は中止され，43,000haは特定の環境保全策，年間計画のもとで，村落住民も利用者として進められることになった．

同時期に，ニカラグア北大西洋自治州（RAAN: Region de Autonoma Atlántico Norte）沿岸海域で行なわれた先住民マッピングは，海域を対象とした先進的な事例である（Nietschmann, 1995, 1997）．先に述べた自治法には，海域への権利は記載されず，沿岸ではホンジュラス企業によるロブスター漁が活発におこなわれていた．これに反抗した先住民ミスキート（Miskito）は，1990年に自民族のコミュニティによる海洋保護区の設置を提案した．チャモロ政権による認可，および調査準備期間の提示を受けて，米国地理学者ニーチマンがマッピング事業を提案する．この提案に対して13の村落が参加し，ミスキート・サンゴ礁マッピング事業が1994年に始まった．これは5,000 km^{2}に渡る広大な海域について，サンゴ礁や海草場などの海底環境，それらに対するミスキートの地名を地図上に示すものである．各村落から潜水漁業者や船長が数名選出され，地理学者がGPS，および水中カメラによって海底地形を記録してベースマップを作成したのち，住民のワークショップで挙げられた地名が付けられ，ウミガメなど主要な資源生物の漁場も記載された．ここで付けられた地名には，その漁場を利用していた利用者の名前が付されたものが多く含まれる．さらに海洋生態系モニタリングのために方形枠が設定され，その交点で生物種が記録された．

1997 年にはニカラグアの 2 つの自治州の陸域全体をカバーする大規模な参加型マッピング事業が開始された（Dana, 1998; Gordon and Hale, 2003; Offen, 2003）．これは農業近代化を進めるニカラグア農業改革機構（INRA：Instituto Nicaragüense de Reforma Agraria）とテキサス大学の中央アメリカ・カリブ海研究協会（CACRC：Central American and Caribbean Research Council）が世界銀行の助成を受けて始めたものである．CACRC は大西洋自治州研究所 CIDCA（Centro de Investigación y Documentación de la Costa Atlántica）と共同研究体制を作り，プロジェクトは自治州の 127 の村落を対象におこなわれ，各村落が主張する領域のマッピングを当初の目的としていた．

CACRC は地域住民から 15 人の野外調査員を雇用し，GPS の概要と使用方法の研修を 2 週間おこない，その間にワークショップを開いて境界線の作り方や意味について話し合いを持った．研修の後，地理学者と GPS を持った野外調査者が村落を訪ね，村落の代表者とともに村落境界にいってランドマークとなる木や景観など，自然・人工物のポイントや，現在と過去の土地利用の状況などを調査した．土地利用の分類には鉱産資源，農地，漁場，狩猟場，家畜飼育，信仰，交通などが使われた．同じ地点について，民族により異なる地名がある場合もあり，こうしたケースでは協議して合意した地名が付けられた．調査の結果得られたポイントの間を線でつないで村落境界とする場合には，村落間の対立を避けるため，実線を使わずに 100 m 幅の点線を用いた．こうして作成された地図は，再度コミュニティに公開し，意見をもらった後，GPS 点，境界，土地利用シンボルを入れたレイヤーを 1980 年代の 5 万分の 1 縮尺の地形図に重ね合わせて最終版が作成された．

こうして作成された地図情報は誰がどのように管理し，利用されているのだろうか．筆者は 2014 年 10 月，および 2015 年 7 月にそれぞれ北部自治州，南部自治州において，ミスキートの海洋マッピング事業，および CACRC ／ CIDCA のマッピング事業について，参加者やニカラグア漁業養殖機構（INPESCA: Instituto Nicaragüense de Pesca y Acuicultura），MARENA 等の関連団体に，作成された地図情報の管理・利用状況について聞き取り調査をおこなった．北部自治州のミスキートの海洋地図は，参加したミスキート村落住民や，地域の大学研究者が紙やデジタル媒体で保有していた．しかし当初ニーチマンらが意図した地図にもとづく海洋保護区の生態モニタリングは実現しておらず，海洋・漁業関連行政もこの地図を保有していなかった．参加した漁業者の 1 人によれば，重要な生物資源の生息地情報の地図は，参加者以外の村人や，外国人も欲しがっていたが，地図を見せると資源を捕られる可能性があるので公開できなかった，とのことであった．また CACRC のカウンターパートである CIDCA では，2007 年の政権交代後に多くの資料が首都マナグアに移動し，当時の地図や資料は残されていないという（CIDCA 所長 Byres 氏の私信による）．

ニカラグアの事例に限らず，開発援助事業によるマッピングは持続性がないケースが多い（Dunn, 2007; Crampton, 2009）．そもそも事業対象となる地域は多くの場合農村であり，コンピュータや安定的な電気供給もないことが一般的である．事業は専門家が計画し，契約期間が終わって専門家が去れば地理情報も消えてしまう，というのが現状である．

3. PGIS の「参加」の問題

北米の先住民権利運動から始まり各地で実践されてきた先住民マッピングや先住民 PGIS に対しては，これまで様々な批判がなされ，課題が示されてきた．ここではまず，「参加」をめぐる制度の課題について述べる．

Thompson（1995）は，行政主導から参加型開発への政策変化の背景として，次の 4 つの点を挙げている．第 1 に，多くの国々の行政部門が抱える財政問題であり，NGO との協働によって財政負担を軽減することが推奨されている．第 2 に，世界銀行や IMF などの国際機関による開発プロジェクトが各地で行なわれるようになり，そこでは自然環境の管理に参加型政策を導入するよう要請がなされている．保護区設定などゾーニングによる管理は1つの標準的な手法である．この手法は一方で，土地利用ルールの明確化や境界画定によって土地市場を成長させようとする構造調整プログラムの一環としておこなわれることもある．第3に，行政主導の政策が失敗しやすいという認識である．この失敗とは例えば，行政組織と地域住民との間の紛争などが挙げられる．そして第4に，地域住民主体の自然資源管理の成功例が報告されるようになったことである．このうち第1，第2に挙げた動向は，とりわけ西欧諸国における新自由主義的な「小さな政府」への批判とともに認識されるようになり，参加型開発の問題が指摘されるようになった．

その1つは，参加型政策が「参加」という名目を持つことによって，実際にはトップダウンな意志決定プロセスを正当化してしまう問題である．例えば，Mosse（2001）はインドのアグロフォレストリーにおける樹種の選択を事例として取り上げ，実際には多様な樹木が利用されているにも関らず，実際に「地域のニーズ」としてほぼ単一の樹種（ユーカリ）が選択されたことを挙げている．ここでは地域住民の「ローカルな知識」を生かすとしながらも，参加型政策に利用されうる「知識」はあらかじめ設定されている．村人の側でも，行政側の意図に応じて自らの知識の正当性を主張することがあり，結果として行政と住民が共同で，ある特定のニーズを権威化する（McKinnon, 2006）．冒頭で述べたように，PRAはそもそも「効率的にすばやく」調査を行ない目に見える成果を出す，という目的で取られる手法であり，事業の実施期間は通常限られている．その中で，こうした行政と特定の住民の「協働」は「効率的」である．地域住民のニーズを丹念に探ろうとするプロジェクトスタッフは，村人からも行政からも「要領が悪い」と思われてしまう．

第2に，「地域住民」あるいは「地域住民が持つ知識」の捉え方に関する問題である．参加型開発では，政策担当者が参加すべき「地域住民」を均質な集団とみなす傾向があり，そのために意思決定に用いられた知識が地域を代表しているかのようにみなされる．実際には，地域には異なるアイデンティティを持つ人々が生活し，地域の様々な生物資源を異なる方法で利用している．これらの関わりを単一な利用や知識に代表させることで，集団内部の力関係が無視されたり，力を持たない人々がより不利な立場になったりすることがある．例えば，地域住民が組織する委員会が森林伐採地区を設定する．その委員会のメンバーには女性が限られており，なおかつ薪炭を使えないことで困窮するような家族は入っていない（Hildyard et al., 2001）．自然資源管理を目的とした参加型開発では，行政側があらかじめ設定した自然の状態を達成することが優先され，周辺化された人々の参加のプロセスが問われないことが多い（Agrawal and Gupta, 2005; Twyman, 2000）．そもそもチェンバースは，「住民参加」の重要な意義として，それまで発言権がなかった声なき人々を，自らの生活の場の将来を決定する主体とすることによって状況を変える力をもたせることを掲げていた．参加は，このエンパワーメントの手段であったはずだが，現在の参加型開発では，参加それ自体が目的化したり，「参加」という名目で知識や労働の「提供」者として住民が利用されたりすることもある（Hildyard et al., 2001）．こうした傾向を生み出す1つの大きな要因が，コミュニティ内部の差異と，それが持つ力関係の理解の不足である．

これらは，地図利用の有無に関わらず，参加型手法に一般的に指摘される問題である．ではPGISはこの課題にいかに関わるのだろうか．先住民知識のマッピングの具体例をもとに以下に論じる．

4. 先住民の知識とPGISの課題

従来の先住民知識の研究が明らかにしているように，環境や空間の知識は地域や集団によって多様である．北米先住民の環境認識を研究するルンドストロム（Rundstrom, 1995）は，自然の事物を関係論的に捉える認識が集団間に一般的にみられることを指摘する．例えばラコタ（Lakota）は，バイソンの群れを植物や鳥，昆虫との関係とともに認識している．バイソンはヒマワリのパッチを見つけて群れる．鳥はバイソンの背中で，花から出てくる虫を待っている．フンコロガシはそのバイソンの群れに向かって触覚を出している．これらは独立した点で表された「オブジェクト」概念と対照的である．人間は歌や語り，夢や祈り，造形など様々な儀礼を通じて自然の事物の網の目を個人的な経験の中に受け入れ，自然に対して働きかける．エネルギーに満ちた自然と人間を結びつける場所はしばしば神聖で，地名を語ることや，場所を説明することは，特定の個人にのみ認められることも多い．カナダ先住民の狩猟者は獲物のいる場所や，天国に続く獣道を夢にみる．これを紙面に表現した地図は，その狩猟者の亡骸と共に葬られる（Brody, 1981）．オーストラリアやチリの先住民でも，夢とその語りや歌を通じて狩猟・採集地の知識が世代間で引き継がれる（Turnbull, 2003; Hirt, 2012）．個人的で感情的な夢にあらわれる世界観は，共有の目的のもと標準化された地理情報と対照的である．

先住民マッピングにおける PGIS の課題の 1 つは，これら多様で，先住民の生業やアイデンティティにとって根源的な世界観を，PGIS が文化的に「同化」する傾向をいかにして回避するか，ということである（Abbotetal, 1998; McCall, 2003; Rundstrom, 1993; Dunn, 2007）．これまで GIS に内在する技術的に同化主義的な側面と，GIS・PGIS の倫理的な側面が議論されており，両者は密接に関わっている．前者に関して，例えば 1980 年代の北米アリゾナで北米地名情報システム（GNIS : U.S. Geographic Names Information Systems）に先住民ホピ（Hopi）の集落の地名を登録した事例では，ホピの地名は GIS に登録しやすい形に変更され，米国地図に「同化」された．ホピの言語をアルファベット表記するには数多くの分音符号が必要となる．また，ホピの地名は英語地名に比べてかなり長い地名が多い．分音記号は地図上のほかのポイントなどのオブジェクトと混同しやすいこと，標準的英語地名に合わせた入力スペースで登録ができないことや，地図表記されると文字が多すぎるようにみえる，などの理由から短縮され登録されたという（Rundstrom, 1993: 22）．こうした事例では GIS 操作者は，自らを「同化」主義的姿勢の持ち主とは考えていない．それは GIS を正しく利用するうえで不可避的で適切な操作として遂行される，という意味で，技術主義的な側面を持っている．

PGIS で GIS のプログラム開発能力を持った人が参加するなら，この技術主義的な傾向は回避できるかもしれない．その人が暮らす社会では，様々な空間技術が用いられ，GIS も部分的で不完全な知識 - 技術の 1 つであることが認識されているだろう．しかし先住民 PGIS では，参加者は多くの場合，地図を見たことはあっても，コンピュータによるグラフィックな表現に慣れていない．参加によってこの技術主義的な傾向がさらに強まることも考えられる．

第 2 に，「コミュニティ」を単位とした参加とマッピングが，コミュニティ間あるいはコミュニティ内部の集団間の対立を顕在化させたり，参加型開発によって支援されるべき人々を逆に周辺化したりする問題がある．もともと北米における先住民マッピングでは，狩猟採集活動を対象としたために対象とする範囲は広域で，複数のエスニック集団の入会地と，活動の軌跡が記録の対象となっていた．一方，農耕社会をモデルに開発された PRA では村落が対象とされている．開発ドナーによる PRA 手法の促進は，村落コミュニティを単位とした PGIS の促進でもある．しかし例えばニカラグアやホンジュラスの先住民では焼畑農耕・狩猟・漁業が行われる場所は複数村落民の入会地である．血縁関係が重視される社会では，村落ごとに所有地の境界を引くことは困難であるばかりか対立の火種となる（Bryan, 2011）．参加型手法によるマッピングが，コミュニティ内部の集団対立を招く事例は，前節の参加型開発批判と同様の批判的視点から報告されている．例えばトリニダード島東海岸では，生物多様性保護を目的として「自然と共生する」先住民知識の参加型マッピングが行なわれた．ここには古くから居住するヒンドゥ系漁業者が参加し，新たに移住した若年層からなるキリスト教系漁業者は参加しなかった．前者は投網と一本釣り，後者は筌漁を行なっており，筌漁者は「伝統的・持続的な漁業」ではない，とされたからである．後者は漁業への生業依存度が高く，社会的に不利な地位にある集団であった．しかし前者がヒンドゥ教を環境保全的な態度の精神的根拠として自らの知識を正当化したために，対立はさらに深まった（Sletto, 2009）．

1990年代，先住民マッピングにおけるPGISを後押ししたのは法廷での権利主張であり，国際法環境は先住民権利の保護に大きな役割を果たしたが，一方で，コミュニティ間・内部の対立を促した側面もある．というのは，国際法の基準では，先住民の土地所有権の根拠を住民の継続的な居住と利用に求めているからである（Wainwright and Bryan, 2009）．この枠組みは，自らの歴史的なルーツや知識の豊富さを持って所有者としての正統性を主張しあう対立構造を生む，という危険をはらんでいる．トリニダードの事例は，在来知識のマッピングと民主的な参加は，地図に法や科学による正統性が与えられるほど両立しにくいという側面を示している．

先住民PGISの3つ目の課題として挙げられるのは，作成された地図が参加した先住民の意図に反する目的に用いられるケースが起こることで，特に国家による先住民の監視，国有・私有地の確立やこれによる自然資源の開発などへの利用が指摘されている（Dunn et al., 1997; Abbot et al., 1998）．北米先住民の例では，米国の先住民局（Bureau of Indian Affairs）が先住民のGISを構築し，野生動物保護局（Fishand Wildlife Service）等の省庁が持つ情報と共通の形式で管理している．この省庁主導のGISへのBIAの関与が，自己決定権を損ねることを危惧した先住民は1994年6月に最初の部族間GIS協議会大会（Annual Intertribal GIS Council Conference）を開催したが，その大会テーマは「GISによる管理の可能性（Opportunity for control through GIS）」であった．筆者が調査したコロンビア・サンアンドレス諸島の海洋保護区設定の事例では，先住民ライサル（Raizal）[2]の漁業者が提供した魚類の産卵場所の情報が，禁漁区設定の根拠として合意なく利用され，反発が起こっている．当該地域における小規模漁業者は麻薬密輸業者との関係が疑われ政府や国連による監視の対象となっており，行動や知識の地理情報の提供は自らを拘束する危険を伴う．こうしたケースではPRAによって力づけられるべき人々ほど，その参加は妨げられる．

先住民の所有地の境界画定は，その外側には国有地，私有地を確立し，その内側には資源利用に関わる契約主体を法的に明示する事業でもある．世界銀行の援助を受けた先住民マッピングは，土地の市場化による経済発展を目指す構造調整事業の一環として行なわれるケースもある（Bryan , 2011）．またPGIS事業が始まると同時に，境界画定後の資源保護を予測した企業が森林伐採を加速させ，地図ができ上がったころには資源がなくなっていた，といった事例も報告されている（Stocks, 2005）．ゴードンらはニカラグアの世界銀行支援によるマッピング事業について，コミュニティの境界を島のように孤立化させて画定し，島の間にある空間を国有地化しようとする中央政府の意図を，自治政府が警戒して地図の公開に反対したことを明らかにしている（Gordon and Hale, 2003）．

5. 先住民の空間実践と専門家の役割

PGISによる先住民マッピングは，先住民権利の保護を支援する可能性を持つ強力な方法論である．一方で，前節に述べたように，先住民知識の正当化や境界画定によって，新たな対立や開発を招く危険性もはらんでいる．そもそも先住民の文化的アイデンティティを肯定し保護するためには，その知識や環境との関わりについてある種の本質的な特性や価値を認める必要がある．しかし様々な出自の人々が暮らす地域において先住性を問うことは難しくまた危険を伴う．一方で，先住民アイデンティティが言説によって構築されたもの，とする主張は，先住民の力を失わせ，国家に対してより不利な立場に追いやってしまう．ニカラグア東海岸の事例は，この2つの危険を乗り越え，インディヘナとクレオールが共に国家に対抗し自治すべき空間を，PGISを用いて提示した点でユニークである．本節ではその空間実践と，それを支援する専門家が果たした役割を述べてまとめとしたい．

先に述べたように，1997年半ばにニカラグアで開始された先住民の土地権利に関するPGISプロジェクトでは，127の沿岸村落コミュニティそれぞれでGPSを持った調査者と，村の代表者がともに境界画定に必要なランドマークを記録していった．その結果描かれる境界は，村落間で重複していたり，隙間を作ったりする可能性があった．

従来の手法はこれをラインのバッファ化や重複表現によって表現していたが，これも対立を促したり，交渉の根拠としての効力を欠いたりする，などの問題を抱えていた．何よりも自治政府は，コミュニティの間にできる「隙間」を避ける必要があった．というのも，境界画定の結果できた隙間は，国有地とされることが明らかだったからである．村落コミュニティの代表で構成される長老協議会（Consejo de anciano）がとった解決策は，複数の村落で連合を組み，より広い範囲に「ブロック」を構成してそれぞれの空間を主張することで自治州全体として隙間のない土地権利を主張することである（Dana, 1998; Gordon and Hale, 2003: 371-372）．これらブロックの多くは異なる民族アイデンティティを持つ村落コミュニティ同士が，生業における入会や，かつての物々交換，婚姻・交友を通じて結びついた生活圏にもとづいて構成されていた．これは村落の境界画定よりも，中央政府に対する自治州全域の土地への権利主張を優先する目的でとられた戦略である．それを実現させたのは，資源利用を通じた具体的な生活経験であると同時に，英国との接触といった沿岸固有の歴史や，コントラ戦争など闘争の社会的な記憶であった（Gordon and Hale, 2003）．

村落の境界画定を目的としたこの事業で，オルタナティブな空間表象が実現したのは，プロジェクトを組織運営した地域研究者と，ローカルな研究組織の采配に負うところが大きい．ゴードンらが所属するテキサス大学の研究所は，1970年代から米軍の介入に反対しつつ地域研究を継続しており，中央政府と自治政府の関係に地図が果たしてきた役割を理解していた．有力な援助ドナーや政権の提案に対してオルタナティブな地図を提示することは，現代の地図作成の文脈を相対化する批判的な視点なくしては困難であろう．周辺化された人々を支援するPGISを，落とし穴にはまることなく実践するには，これら地域研究と社会科学の視点がますます必要とされるはずである．

（池口明子）

【注】

1）本章では英語のIndigenous peopleに対して「先住民」，Indigenous knowledgeに対して「先住民知識」または「在来知識」を日本語訳に当てている．後者は特に南北アメリカのインディヘナの権利擁護事例に関連した場合に「先住民」を用いる．

2）ライサルはいわゆるインディヘナとは異なり，アングロサクソンとアフリカ系移民の混血が多くを占め，英語系クレオールを生活言語としている．このグループは1991年のコロンビア憲法によりエスニックマイノリティに認定され法的保護が与えられている．

【文献】

チェンバース, R. 著, 野田直人ほか訳（2011）『開発調査手法の革命と再生－貧しい人々のリアリティを求め続けて－』明石書店. Chambers, R.（2008）*Revolution in development inquiry*, New York: Routledge.

フレイレ, P. 著, 三砂ちづる訳（2011）『被抑圧者の教育学：新訳』亜紀書房. Freire, P.（1970）*Pedagogia do oprimido*. New York: Herder & Herder.

Abbot, J., R. Chambers, R., Dunn, C., Harris, T., Merode, E.d, Porter, G., Townsend, J., and Weiner, D.（1998）Participatory GIS: opportunity or oxymoron. *PLA notes* 33: 27-33.

Agrawal, A. and Gupta, K.（2005）Decentralization and Participation: The Governance of Common Pool Resources in Nepal's Terai. *World Development* 33: 1101-1114.

Anaya, S. J. and Macdonald, T.（1995）Demarcating indigenous territories in Nicaragua: The case of Awas Tingni. *Cultural survival quarterly* 19: 69-73.

Boas, F.（1964）*The Central Eskimo*. Lincoln: University of Nebraska Press.

Brody, H.（1981）*Maps and dreams: Indians and the British Columbia frontier*. Long Grove: Waveland Press.

Bryan, J.（2011）Walking the line: participatory mapping, indigenous rights, and neoliberalism. *Geoforum* 42: 40-50.

Chambers, R.（1994）The origins and practice of participatory rural appraisal. *World development* 22: 953-969.

Chapin, M., Lamb, Z. and Threlkeld, B.（2005）Mapping indigenous lands. Annual. *Review of Anthropology* 34: 619-638.

Crampton, J. W.（2009）Cartography: performative, participatory, political. *Progress in Human Geography* 33: 840-848.

Cronkleton, P., Albornoz, M. A., Barnes, G., Evans, K. and de Jong, W.（2010）Social geomatics: participatory forest mapping to mediate resource conflict in the Bolivian Amazon. *Human Ecology* 38: 65-76.

Dana, P. H.（1998）Nicaragua's GPSistas: Mapping their lands on the Caribbean coast. *GPS World* 9: 32-43.

Dunn, C. E., Atkins, P.J., and Townsend, J.G.（1997）GIS for development: a contradiction in terms? *Area* 29: 151-159.

Dunn, C. E.（2007）Participatory GIS - a people's GIS? *Progress in Human Geography* 31: 616-637.

Freeman, M.（2011）Looking back–and looking ahead–35 years after the Inuit land use and occupancy project. *Canadian Geographer* 55: 20-31.

Gordon, E. T. and Hale, C.R.（2003）Rights, Resources, and the Social Memory of Struggle: Reflections and Black Community Land Rights on Nicaragua's Atlantic Coast.

Human Organization 62: 369-381.

Herlihy, P. H. and Knapp, G. (2003) Maps of, by, and for the peoples of Latin America. Human Organization 62: 303-314.

Herlihy, P. H. (2003) Participatory research mapping of indigenous lands in Darien, Panama. *Human Organization* 62: 315-331.

Hirt, I. (2012) Mapping Dreams/Dreaming Maps: Bridging Indigenous and Western Geographical Knowledge. *Cartographica* 47:105-120.

Hildyard, N., Hegde, P., Wolvekamp, P. and Reddy, S. (2001) Pluralism, participation and power: joint forest management in India. In Participation: *the New Tyranny*? eds. B. Cooke, and U. Kothari, 56-71. London: Zed Books.

Kroeber, A. L. (1939) *Cultural and natural areas of native North America*. Berkeley: University of California Press.

McCall, M. (2003) Seeking good governance in participatory-GIS: a review of processes and governance dimensions in applying GIS to participatory spatial planning. *Habitat International* 27: 549-573.

McKinnon, K. (2006) An orthodoxy of the local: post-colonialism, participation and professionalism in northern Thailand. *Geographical Journal* 172: 22-34.

Mosse, D. (2001) 'People's knowledge', Participation and Patronage: Operations and Representations in Rural Development. In *Participation: the New Tyranny*? eds. B. Cooke, and U. Kothari 16-35. London:Zed Books.

Nietschmann, B. (1995) Defending the Miskito Reefs with maps and GPS. *Cultural Survival Quarterly* 18: 34-37.

Nietschmann, B. (1997) Protecting Indigenous Coral Reefs and Sea Territories. In *Conservation Through Cultural Survival: Indigenous Peoples and Protected Areas*, ed. S. Stevens, 193-224. Washington, D.C.: Island Press.

Offen, K. H. (2003) Narrating place and identity, or mapping Miskitu land claims in northeastern Nicaragua. *Human Organization* 62: 382-392.

Rundstrom, R. A. (1993) The role of ethics, mapping, and the meaning of place in relations between Indians and Whites in the United States. *Cartographica* 30: 21-28.

Rundstrom, R. A. (1995) GIS, indigenous peoples, and epistemological diversity. *Cartography and Geographic Information Systems* 22: 45-57.

Sletto, B. I. (2009) We drew what we imagined. *Current Anthropology* 50: 443-476.

Sletto, B. I. (2014) Cartographies of remembrance and becoming in the Sierra de Perija, Venezuela. *Transactions of the Institute of British Geographers* 39: 360-372.

Sletto, B. (2015) Inclusions, erasures and emergences in an indigenous landscape: Participatory cartographies and the makings of affective place in the Sierra de Perija, Venezuela. *Environment and Planning D-Society & Space* 33: 925-944.

Steward, J. H. (1955) *Theory of Culture Change*. Chicago: University of Illinois Press Urbana.

Stocks, A. (2005) Too much for too few: problems of indigenous land rights in Latin America. *Annual Review of Anthropology* 34: 85-104.

Toledo Maya Cultural Council and The Toledo Alcaldes Association (1997) *Maya atlas: the struggle to preserve Maya land in southern Belize. Berkeley*: North Atlantic Books.

Thompson, J. (1995) Participatory approaches in government bureaucracies: facilitating the process of institutional change. *World Development* 3: 1521-1554.

Turnbull, D. (2003) *Masons, tricksters and cartographers: Comparative studies in the sociology of scientific and indigenous knowledge*. New York: Routledge.

Twyman, C. (2000) Participatory conservation? Community-based natural resource management in Botswana. *Geographical Journal* 166: 323-335.

Van Cott, D. L. (2000) *The friendly liquidation of the past: the politics of diversity in Latin America*. Pittsburgh: University of Pittsburgh Press.

Wainwright, J. and Bryan, J. (2009) Cartography, territory, property: postcolonial reflections on indigenous counter-mapping in Nicaragua and Belize. *Cultural Geographies* 16: 153-178.

Wood, D. (2010) *Rethinking the Power of Maps*. New York: Guilford Press.

第Ⅲ部　PGIS の応用

第14章 クライシスマッピング

PGISの応用

災害対応・危機管理への応用

1. はじめに

映画のワンシーンを想像する．SFでもサスペンスでもアクション映画でも，いわゆる作戦会議のような場面では，ほぼ必ず中央に地図が広げられている．大規模災害時においても災害対策本部が立ち上がり，まず準備されるのが対象エリアの大判の地図である．集団組織として様々な活動の方向性をメンバーと共有する際に，地図は情報を整理し可視化するための重要なツールであると受け取られている．

では，その地図はいつ作られたものだろうか．その地図は本当に最新の情報であろうか．残念なことに，誰もが当たり前に使うその地図は，作られた瞬間に古くなるという宿命を持っている．ましてや，大きな災害で，建物が全壊することや，道路が通行止めになること，津波で市街地全域が破壊されてしまうことを，我々は経験している．地図に描画された情報が過去のものになってしまうことは珍しいことではない．“イマ”という現実を，可能な限り迅速に地図に反映させ，その地図を救援や復旧，復興支援にあたる多くの関係者に提供する．この考え方がクライシスマッピングの目指す重要な要素となる．

2. リアルタイム更新というゴール

“イマ”の状況を地図にリアルタイムに反映させるには，インターネット技術の登場以前まで技術的な課題があった．2000年代前後に実用化されたウェブ地図が登場するまでの地図とは平面に展開された紙地図もしくは，少縮尺で地球儀やジオラマとしての立体模型地図を意味する．これらの地物情報を更新し，紙地図として印刷し，その地図を受け取るというプロセスを経るには，リアルタイムな情報共有をすることはほぼ不可能であると考えられた．それを変えたのがインターネット技術である．基礎技術は1990年代より蓄積されていたが，2005年のGoogle Mapsの登場以降，ウェブブラウザやスマートフォンのアプリを使うことで，誰でも簡単に地図を入手し持ち運ぶことができるようになった．そして，その情報を差し替えることで，インターネット経由で最新の地図がダウンロードできる状況が実現した．しかし，残念ながら，コンテンツを動的に表現することは可能になったが，地図はデジタルになってもやはり作られた瞬間に古くなるという根本的な問題をクリアできていない．地物情報の，いわば地図データベースのリアルタイム更新とリアルタイムな地図画像レンダリング反映は，地図情報を効率よく配信する技術に加え，リアルタイムに情報を収集する技術も併せ持たせる必要がある．大手地図会社が作成した地図データをもとに，より使いやすくウェブで展開したGoogle Mapsも，国土地理院が提供する地理院地図も，表示される地図は，最新のものでも1年程度，条件によっては数年前の状況が反映された地図がそのまま使われていることが一般的である．繰り返しになるが，デジタル地図においても，地図を更新し，地図を描画し，その地図を配信するプロセスは2016年を迎えても，未だに簡単には実現が難しい．しかし，その実現を目指して試行錯誤しているのが現在の地図調整技術の現状である．

そこで，その解決策として，最終的に人的リソースに依存した新しい地図づくりの取り組みが始まっている．1人でできる作業量は限定されているが，多くの人々が集団で一斉に取り組むことで，リアルタイム更新に近いことが実現できるのではないか．非常に泥臭い手法といえるが，地図を作るという行為は，高度な判読と分析を経由したうえで，例えば航空写真から道路や建物を読み取り，地図に落としこむ，現時点ではコンピュータによる自動判読が苦手とする作業である．その作業を数百人，数千人で一斉に行った時に何が起こるのか．実際に2010年のハイチ地震において象徴的なクライシスマッピング活動が実施されているので次に紹介する．

3. ハイチ地震をきっかけに本格始動

Maron（2015）は，世界規模でクライシスマッピング活動が本格化したタイミングを2010年1月と指摘している．中米カリブ海のハイチ共和国首都ポルトープランスの直下で発生したマグニチュード7.0の地震によって，30万人を超える死者，300万人が被災する史上最悪規模の大災害となった．この際，オンライン上で参加したクライシスマッピングのマッパーボランティア数は1,000名以上であった（図14-1）．その後の東日本大震災（2011年），ケニアとエチオピアの難民キャンプマッピング（2012年），伊豆大島土砂災害（2013年），フィリピン台風ハイヤン（2013年），アフリカエボラ出血熱アウトブレイク（2014年），ネパール地震（2015年），熊本地震（2016年）と，世界各地で大きな自然災害や疾病，政治的混乱など危機的状況が多々発生する中で，年々その活動の輪が広がっていった．

2016年11月現在，潜在的には300万人以上の地図ボランティアが世界中に分布している．(OSMstats, 2016）この300万人があくまでもポテンシャルとしてのマッパーリソースであり，今までの最大規模のクライシスマッピングであったネパール地震の場合で，約1万人弱の地図ボランティアが活動した．

クライシスマッピング活動に参加するボランティアのインセンティブはシンプルである．メディアで報道される甚大な被害の情報に触れながら，現地に駆けつけることのできない自分たちに何ができるのかを考える人道支援にコミットしたいと考える人々が一定数存在する．もちろん寄付や募金活動を通して金銭的に支援するという間接的な被災地支援を行うことはできるが，金銭面ではなく，より直接的に現地で活動している人々を応援するために，クライシスマッピングという手法を知り，参加する．Phase 1と位置づけられるハイチ地震の際も，発災当時の被災エリアにおけるGoogle MapsやYahoo Mapsの地図データを比較しても，現地で活動するために必要であるはずの地図がないという事実に多くの地図ボランティアが驚き，地図を描き始めた．有志のメンバーがそれまで半ば趣味として活動して

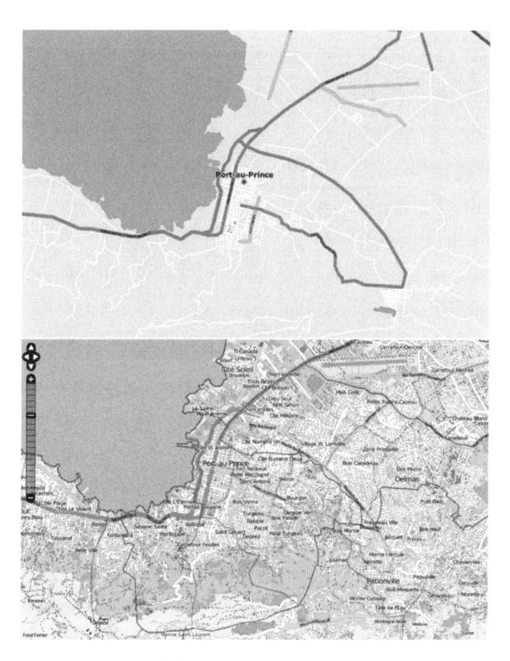

図14-1 ハイチ地震前（上）と後（下）のOSM比較．

きた“OpenStreetMap”というプラットフォームが，誰が音頭を取るわけでもなく自発的にハイチの地図をウェブ上で作り始め，OSMwikiに情報の整理を行い，国連人道支援ファシリティであるOCHAや国際赤十字，国境なき医師団などの現地救援隊にデジタルデータとして使いやすい地図データを提供しはじめた．このクライシスマッピングPhase 1以降，先述したとおり，毎年世界のいずれかの場所で起こる危機的な状況でクライシスマッピング活動は継続的に実施された．

4. 地図の作成方法

地図を作るには，まず伊能忠敬が行ったように正確な測量をする必要がある．市民参加型のクライシスマッピング活動においても，測量精度は可能な限り高める努力をする．計測するためのデバイスに大きな進化はあったものの，基本的な測量の原理は，地球の大きさや形を厳密に定義し，移動距離と目印との確度を測る，いわゆる三角測量という手法がベースとなっている．現代ではこの技術が人工衛星によって応用され，GPS測位システムも含むGNSS測位衛星技術によって世界中どこでもGNSSが内蔵されたスマートフォン1つで，簡単に自分の居場所を数m程度の精度で測量（測位）することができる．

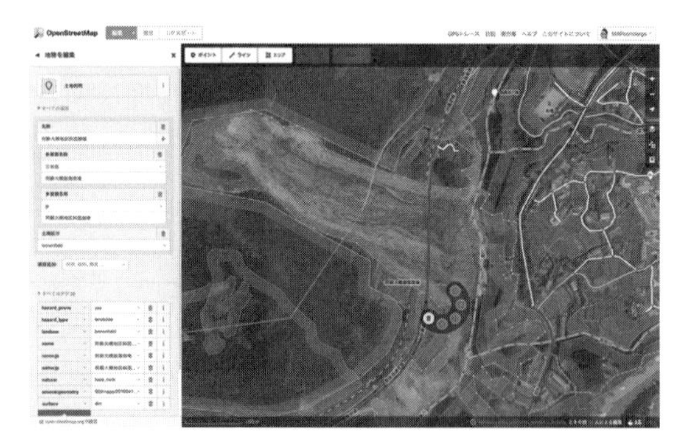

図 14-2 衛星画像・航空写真にもとづく地図作成の例．

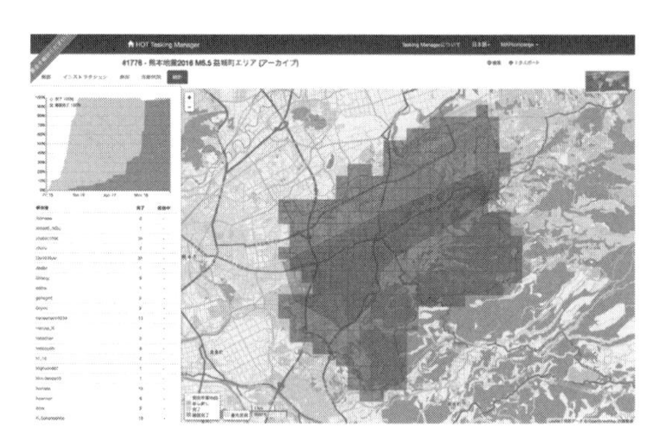

図 14-3 2016 年熊本地震でのクライシスマッピング風景．

ただし，この方法は誰かがGPSを持って現地に駆け付けなければならないという制限がある．多くの場合，それができるのは現地へ駆けつける救援部隊だけ．そこで，クライシスマッピングの活動には逆転の発想として，別の方法を用いている．それは，すでに測量されている情報を入手して，それをもとに地図を作ろうというものである（図 14-2）．

つまり，GPSによって位置情報が付与された衛星画像や航空写真を片っ端からかき集めた．NASAやJAXAといった宇宙機関はもちろん，DigitalGlobe社やSPOT社といった民間の衛星画像ベンダーからも画像を提供してもらった．Google社もこのときは，自社で入手した衛星画像の使用を許可してくれた．米軍の軍事用ドローンが撮影した航空写真やCIAが昔作成した古い紙地図も提供された．紙地図の情報は古くても英語名での道路表記など他国から派遣された救援部隊にとって重要な地図表記が可能になる．このように，使える情報を出来る限り集めて1つの地図へと集約する，しかもその作業をすべてインターネット上で作業が完結できるようにする．これが，我々が導き出した最先端のクライシスマッピングにおける地図作成方法である．

5. 何を描くか

では，発災後の被災地を撮影した衛星画像や航空写真からどんな地図が描かれるのだろうか．そしてなにより現地に派遣される各国の赤十字のチームや国境なき医師団などはどんな地図を必要しているだろうか．まず作成したのは，「一般図」と呼ばれる標準的な地図要素の組み合わせである．例えば，道路や建物，海岸線や公園，港や空港など，そういう本当に街の基礎となる要素が地図に描かれていなかったハイチでは，ほぼゼロベースでこの一般図を描き始めた．

一方で，例えば2014年に西アフリカで大流行したエボラ出血熱でのクライシスマッピング活動では，どこに人々が住んでいるのかを知るために，建物に注力して多くの都市の住宅地図を作成した．避難所がどこにできているか把握するためにも，災害が起きた後の航空写真などをもとに，避難所の場所をプロットしたりもした．東日本大震災や伊豆大島，熊本での災害では，どの道路が通行できなくなったのか，どのエリアが津波や土砂崩れで流されてしまったのか，そんな情報を一つ一つ地図に描いていった（図 14-3）．このようなテーマを持たせた地図を「主題図」と呼ぶが，クライシスマッピングはこの「一般図」と「主題図」の両方を迅速に書き上げていくことになる．

6. 迅速な更新がもたらすメリット

クライシスマッピング活動によって集められた情報は，OpenStreetMapに入力することで，ほぼリアルタイムに地図に反映される．実際にはOpenStreetMapの地図データベースが更新されたのであって，地図画像としてレンダリングされた人間が見える形での画への変換はレンダリングサーバーのデータ更新頻度に依存する．いずれにしてもOpenStreetMap.orgでデフォルト表示される標準レイヤは2016年時点でおよそ数分，OpenStreetMapのデータを採用している数多くの外部地図サービスも早いもので数分後には続々と入力された情報が地図に反映されていく．2015年秋からはSNS最大手のFacebookのPCブラウザ向け標準地図がOpenStreetMapデータを使い始めた．エリアは日本，韓国，台湾，中国の東アジアが中心ではあるが，リアルタイムレンダリングの実装はリリース時には対応していないものの，2016年の熊本地震直後に活動したクライシスマッピングの成果については，相互に情報交換を行うことによってFacebook側は迅速に地図画像の再レンダリングを実施し，発災後の情報が反映された地図更新を行うことができている．このすばやさこそが，現地に救援に向かう，各国の赤十字のチームや国境なき医師団といった救援組織に期待されているクライシスマッピングの重要性でもある．いずれにしてもリアルタイムに更新可能な次世代の地図システムは，いつか来るであろう首都圏直下型地震，東南海地震の際に減災の要として機能させることが重要と考えられる．

7. オフライン地図の重要性

ウェブ地図といえば誰もが思いつくのがGoogle Maps．確かに使い勝手が良く，2005年のサービス開始以降，非常に人気のある地図サービスである．では，大きな災害が起きたときに，果たしてGoogle Mapsは本当に機能するだろうか．さらに,その地図は本当に自由に使えるだろうか．

例えば，激甚災害によって都市のインフラが破壊され,インターネットが繋がらなくなったとき，少なくとも日本や多くの国ではGoogle Mapsは機能しない．インターネットに接続されていない環境下では，地図の情報を受け取ることができない仕組みであるからである．けれども大規模な災害が起きたとき，誰もがインターネットに繋がる環境を確保できるだろうか．つまりウェブから隔絶された環境下で，我々はデジタルな地図を持って適切な行動を取ることができるのかと問うと，残念ながらそれは非常に難しいと答えざるを得ない．いつでも誰でも簡単に持ち歩ことのできるデジタル地図．しかもネットに繋がらなくても利用することのできるオフライン対応の地図．この選択肢となりうるウェブ地図は2016年現在，まだ十分には行き渡っていない．

しかし，その問題も徐々に解消されつつある．利用条件がオープンデータライセンスであるOpenStreetMapは，オフライン用にデータを複製しても利用規約上問題がない．そのため非常に使い勝手が良い．2016年現在，世界中で300万人を越えるボランティアマッパーによって作られたこの世界地図は，ウィキペディアのように誰もが書き込みができ，先述の通り，オープンなライセンスによって誰でも自由に複製，二次利用，再配布することができる．Google Mapsを始めとした商用の地図サービスではオフライン環境で地図を持ち運ぶための複製や再配布が許可されていない．実際にスマートフォンアプリでOpenStreetMapを検索すると沢山の便利なマップアプリがリストにあらわれるが，例えばMy.com社が提供しているmaps.me（マップス・ドット・ミー）というオフライン地図アプリ（http://maps.me）を紹介する．このアプリはいわゆる一般的な地図アプリと同様にウェブ地図を表示し，GPS内臓の端末を使えばナビとして無料で利用することができる．特徴的なのは，地図データが完全にオフラインで実装されていること．例えば，自分の住んでいる街やこれから旅行する予定の地域をズームインすると，自動的にそのエリアの地図をダウンロードするかアプリ側が聞いてくる．この事前ダウンロードを行っておくことで，その地図は消えることなく，インターネットがつながらない環境でも問題なく利用できる．事実，ネット環境が不安定な海外渡航時には，まず渡航先の地図データをmaps.meアプリに事前ダウンロードしておき，現地のナビとして普段使いすることができる．

8. 地方自治体での取り組み

このようなオフライン地図を持ち歩ける防災情報マップとして活用しようという動きがある．ここでは神奈川県大和市・青山学院大学の包括連携の一環として進めている救命・防災機材の位置情報のマッピングプロジェクトを取り上げる．大和市内には，大規模災害時に市民が利用可能な簡易消火用具「スタンドパイプ」が配備されるなど，積極的な防災機材が街のあちこちにある．これらの正確な位置をウェブ地図として公開するだけでなく，オフライン地図としてmaps.meなどの普段使いのアプリで簡単に検索，ナビできるように学生たちとデータ整備を行っている．すでに，AED，消火栓，防火水槽，そしてスタンドパイプの位置情報が，多言語で検索できるようになっており，日頃からの普段使いの地図利用があってこそ，災害時に迅速にやるべきタスクをみつけ，迅速に行動に移すことができる強みも強化された．

9. 自由な地図の重要性

何度も登場してきた“自由な地図”とは一体なんだろうか．英語では“Free”や“Open”という言葉が使われるが，これは単に無料である，インターネット上で公開されているというわけではない．無料の地図という意味ではGoogle Mapsも自由な地図になるが，実際にはそうではない．Google Mapsのどこが不自由なのかと問うと，例えば印刷して配布することができない．個人用途で印刷はできるが，それはあくまで個人利用の範疇になる．また，地図をトレースして新しい地図を作ったり，手持ちの位置情報を重ねて主題図の背景として使うと，原則Google Maps APIと呼ばれる決められたルールの中での利用に限定される（2016年10月には，APIキーを必須条件とし，1日あたりの地図データアクセス数の上限がさらに厳しく制限されるようになった）．OpenStreetMapはこれらの課題をすべてクリアすることができる．許諾不要で誰もが自由に印刷できる．自由にトレースして新しい地図を作成できるAPIだけでなく，画像やデータベースなど様々なコンテンツを商用利用も含めて自由に使える．そのため，Google Mapsが有料化を始めた2011年以降，多くの企業がGoogle MapsからOpenStreetMapに地図サービスを移行したケースも目立ってきた．被災地においてこの自由は，災害ボランティアセンターのような民間ボランティアの活動時に大きく影響してくると考えられる．地方自治体の所内であれば災害協定の枠組みで民間の商用地図も自由に内部利用可能となるが，市民サイドはこの枠組には含まれない．自由な地図はPGISによって，非常に重要な要素となる．

10. まとめ

災害時には，多くの目的で地図が活用される．しかし多くの場合，その地図は発災前の古い地図を用いている可能性が高い．技術の進歩に伴い，発災後の被災地の状況を迅速に地図に反映させることができるようになりつつある．このリアルタイム更新がクライシスマッピング活動の本質である．2010年のハイチ地震において，大規模なクライシスマッピング活動が行われ，以降世界的に，人道支援を目的としたクライシスマッピング活動が年々規模を拡大してきている．2015年のネパール地震では，1万人弱のクライシスマッピングボランティアが参画し，建物を中心とした住宅地図や避難所，通行止めの箇所や土砂災害エリアといったかたちで，「一般図」と「主題図」の両方を迅速に書き上げていった．また現地での地図の利活用にはオフライン地図が非常に重要であり，そのためにも複製・二次利用も含めて許諾不要で自由に利用可能なオープンデータライセンスでの情報提供が必要不可欠となる．近年は地方自治体も積極的にこのような活動に参画しており，クライシスマッピングによって集約された地理空間情報をどのように利活用するのか，今後はそのユースケースの拡大と，情報集約の迅速さの向上，またドローンなどを用いた新しい情報取得ツールを用いた次世代のクライシスマッピングを検討していかなければならない時代に入ってきている．

（古橋大地）

【参考文献】

朝日新聞（2016）救命・防災機材の位置をスマホに 大和市提供へ．http://www.asahi.com/articles/ASJ5W67GBJ5WULOB01C.html（最終閲覧日：2016年11月30日）

古橋大地・渡邉英徳・小山文彦（2014）Google Earthアプリケーション開発ガイド KML, Earth&API徹底活用．KADOKAWA/アスキー・メディアワークス．

Google Cloud Japan公式ブログ（2016）Google Maps APIの標準プランを改定しました．https://cloud-ja.googleblog.com/2016/07/google-maps-api.html（最終閲覧日：2016年11月30日）

Humanitarian OpenStreetMap Team（2016）2015 Annual Report - MAPPING OUR WORLD TOGETHER. https://hotosm.org/annual_report（最終閲覧日：2016年11月30日）

Maron, M.（2015）HOT Summit 2015: An incomplete history of HOT. https://www.youtube.com/watch?v=jZyLZpz5XBA（最終閲覧日：2016年11月30日）

OSMstats（2016）http://osmstats.neis-one.org（最終閲覧日：2016年11月30日）

OSMwiki（2016）2015 Nepal earthquake. https://wiki.openstreetmap.org/wiki/2015_Nepal_earthquake（最終閲覧日：2016年11月30日）

第15章 ハザードマップと参加型GIS

PGIS の応用

災害対応・危機管理
への応用

1. ハザードマップと住民の関係

ハザードマップという言葉は，日本でいつごろから使われるようになったのか．新聞記事データベースで検索してみると，おそらく次の記事が最初のものではないかと思われる．

「火山国」日本，ハザードマップ（災害予測図）なぜ作らない

コロンビアのネバドデルルイス火山では，大被害発生の1カ月前にハザードマップ（災害予測図）が作られていた．死者2万人以上が出た町アルメロを泥流が襲うことをぴったり当てていた．あとでそれを知った人々は驚き，避難に役立たせなかったことを怒った．火山国日本では，列島67火山のうち，きちんとした災害予測図があるのは北海道駒ケ岳1つだけだ．ほかの火山は「危険地域を線引きで決めると，社会的混乱を招く」などの理由で，作られていない．噴火を人間が制御することはできない．「予測し，逃げる」ことを，もっと本気で考える必要があるのではないか（後略）(1985年12月21日，朝日新聞夕刊)．

数日後の別の新聞にも同様の記事があった．

火山防災に学者ら，災害予測図わが国でも

ことし11月，死者2万5千人の大災害となったコロンビアのネバドデルルイス火山の噴火をきっかけに，火山防災対策の基本となる「噴火災害予測図」をわが国でも早急に作成，整備すべきだ，との声が火山学者の間で強まっている．予測図は日本と同じように火山国であるインドネシアやアメリカなどではほとんどの火山について作成されており，ネバドデルルイス山についても作られていた．しかし日本では主な火山が観光資源になっていることや，地価が高いことから，予測図で危険区域を線引きすることに地元の反発が強く，ほとんど作成されていない（後略）(1985年12月25日，日本経済新聞朝刊)．

これらの記事で着目すべきは次の3点である．

まず第1に，ハザードマップを「災害予測図」と和訳し「予測」という語を入れていることだ．実際に災害が起こった災害実績あるいは災害履歴を示す図ではなく，これから災害が起こる可能性が高い場所とその災害の程度を予測した図である．実際に災害が起こった場所を，今後も災害に見舞われる可能性が高いとみなして，災害実績図＝災害予測図とすることもできるが，本来の災害予測図では，たとえ過去に災害が起こった記録が全くない場所であっても，今後災害が起こる可能性が高いと予測されれば，その情報も盛り込まれることになる．そしてその予測は科学的な方法によってなされる．

第2に，日本は，世界の先進国の中で最も自然災害の危険度が高い国である（World Bank and Columbia University, 2005）にもかかわらず，ハザードマップの作成・整備が遅れ，その原因が住民の反発にあったということである．自分の住む土地が，災害危険度が高いと図示されることによって地価が下がったり，イメージが悪化したりすることを恐れた住民がハザードマップの作成に反発し，そうしたクレームが住民から来ることを恐れた行政がハザードマップの作成をためらった，ということである．日本に比べて，例えばアメリカ合衆国では，かなり早い時期からハザードマップの作成が進んでいただけでなく，学校教育などでの活用が唱えられていた（Burton, 1961）．

そして第3に，ハザードマップは，たとえそれが作成されたとしても，その内容が住民にきちんと伝わり，対策に活かされなければ防災上の効果は全くない，ということである．新聞記事が話題にしているコロンビアのネバドデルルイス火山の噴火では，噴火の約1カ月前にハザードマップが完成し行政機関などに配布されていた．このハザードマップには，もし噴火が起これば，火砕流によって山頂付近の雪氷が融解し，大量の泥流が山頂から45 km離れた麓の町アルメロを襲うこと

が明確に示されていた．しかし，噴火の兆候があったにもかかわらず，何らの対策もなされなかった．そして現実に噴火が起こった後も住民は避難せず，最初の噴火から数時間後に町全体が泥流に飲み込まれ，約21,000人の住民が死亡した．ここでも，不動産価格の下落や社会の混乱を引き起こすという理由でハザードマップの情報をしりぞけようとする動きがあった（トンプソン, 2003）．

以上の3点からは，ハザードマップが提供する情報は，科学的な知見にもとづき作成され，その情報は学者や行政から住民に対してトップダウン的にもたらされるが，住民は必ずしもそれを歓迎するとは限らないし，情報がうまく伝わるとも限らないし，さらに防災対策に活かされるとは限らない，というハザードマップと住民との関係を，日本で最初期にハザードマップを紹介した新聞記事がすでに端的に示していたことがわかる．

それから約30年が過ぎ，日本でも，火山，地震，津波，洪水，土砂災害など様々な自然災害についてのハザードマップが多数作成されるようになった．中学校の社会や理科の教科書にもハザードマップが登場し，「ハザードマップ」という用語は日本社会に広く流布するところとなった．しかし上で述べた，ハザードマップと住民との関係にはあまり変化がない．

2015年9月に発生した「平成27年関東・東北豪雨」で特に甚大な被害を被った茨城県常総市では，洪水ハザードマップが作成され住民に配布されていたが，災害後に実施された被災住民（浸水地域または避難勧告等が発令された地区の住民）へのヒアリング調査結果によれば，「家族でハザードマップの内容を確認している」と回答した住民は全体の7％，「ハザードマップを見て自分の家がどの程度浸水する可能性があるかわかっている」は6％にすぎず，回答者の6割以上が「ハザードマップを知らない，見たことがない」と回答した．また，災害発生時にハザードマップを見た住民もわずか5％に過ぎなかった（中央大学理工学部河川・水文研究室, 2016）．この豪雨災害では，避難が遅れたため多くの住民が孤立し，約4,300人が救助される事態となった．洪水ハザードマップには，想定浸水域を示した地図のほか，避難所の位置や避難方法などが記載されている．しかし，そもそもハザードマップ自体が，多くの住民に知られていないか，知られていても積極的に利用されていなかったので，災害時の避難にもハザードマップはほとんど役立たなかった．

平成27年関東・東北豪雨による被害を受けて，国土交通省は水害ハザードマップのあり方について検討し，そこでは「住民の目線にたった」ハザードマップの作成が強調された．具体的には，家屋倒壊等氾濫想定区域などの早期の立退き避難が必要な区域を表示することや，浸水深の閾値や配色など表示方法の最低ルールを地域間や災害間で統一することが提案された（水害ハザードマップ検討委員会, 2016）．しかし，ハザードマップがどれだけ見やすくわかりやすいものになったとしても，住民がそれを見ることの必要性を感じ，実際にハザードマップを手にしなければ，ハザードマップが住民の防災に役立つものとはならない．

2. 住民による手づくりハザードマップの作成

住民がハザードマップなどの防災情報を主体的に収集・活用していくようになるためには，どうすればよいか．その方策として，行政の直接的・間接的な支援のもとに住民が自らハザードマップを作成することにより，住民が主体的に地域の防災情報を学ぶといった試みがいくつかの地域でなされている（岡本ほか, 2014）．ここでは，それらの事例を紹介し，意義と課題を考える．

2-1. 愛知県の「みずから守るプログラム地域協同事業」

愛知県では2000年の東海豪雨を契機に，洪水ハザードマップが相次いで作成され，流域の全戸に配布された．しかしその後の各種調査で，住民の多くがハザードマップの存在を知らないということが明らかとなり，行政の取り組みが一方通行になっているとの認識がもたれるようになった．そこで，愛知県河川課は2010年に「みずから守るプログラム地域協同事業」を開始した．住民への働きかけは，行政が直接行うより，NPOの方が適しているとの認識のもと，県は，愛知県NPO交流プラザに登録している防災NPOに対しプログラム支援団体となることを呼びかけた．

この事業の募集対象は，愛知県内で浸水実績のある地域の住民団体(自治会，町内会など)である．住民団体はNPOの支援を受けなくても事業に応募できるが，NPOの支援を受けることを県は推奨している．「みずから守るプログラム地域協同事業」は，「手づくりハザードマップ作成支援事業」と「大雨行動訓練実施支援事業」からなり，後者は前者を終了した市民団体によって実施される．

「手づくりハザードマップ作成支援事業」は，4つのステップからなっている．

ステップ1：住民が市町村職員から洪水ハザードマップについて説明を受け，最大浸水深などを学ぶ．

ステップ2：住民は都市計画白図を持ってまち歩きをする．

ステップ3：住民は都市計画白図の中に「水に浸かりやすい場所」「危険な場所」「安全な場所」を書き込む．

ステップ4：上記の情報をパソコンに読み込み綺麗に図化した上で，地図を見ながら追加情報を書き込んでいく．

ステップ2以降は，地図作成を含め，防災NPOのコーディネートのもとで住民が行う．ステップ4で手づくりハザードマップの見栄えを整えたりするのも防災NPOが担っている．最終的に出来上がった地図の印刷も防災NPOへの委託料に含まれている．

プログラムの実施に際し，県と地域住民団体との間で委託契約が結ばれる．その後，地域住民団体と防災NPOとの間で再委託契約が結ばれる．県と防災NPOとの間には契約関係は発生しない．防災NPOがプログラムを支援する場合，県は39万2千円(2015年3月現在)を住民団体に支援し，住民団体はそれをNPOに支払うという形を取る．県は，防災NPOの活用によって，コンサルタント会社に委託するよりかなり安価にプログラム支援を外部委託することができる．

このプログラムは，行政がこれまで実施してきたプログラムに比べて次の3つの特徴を持っている．①県の河川課という，これまで主として水害のハード対策に注力してきた部署が企画・実施したソフト対策事業である．②町内会・自治会を対象とした事業である．③事業主体にNPOを想定している．

①に関して，本プログラムは，近年のいわゆるゲリラ豪雨の頻発に対して従来のハード対策のみでは対処が難しいという認識から始められた．ハード対策に充てることができる予算が近年大幅に縮小していることも無関係ではない．

ハード対策がいわば公助の災害対策であるのに対して，ソフト対策は，共助・自助の対策である．これまでの行政によるソフト対策は，専ら，住民の共助・自助活動の参考になるようにハザード情報を提供することであった．しかし，すでに述べたように，こうした情報提供を防災に生かす住民や住民組織は極めてわずかであり，多くの住民は無関心である．そこで，これまでの一方通行の情報提供から，コミュニケーション型・参加型の情報周知を目指して策定されたのが愛知県河川課の「みずから守るプログラム」である．住民参加型，コミュニケーション型のプログラムであるため，参加する住民団体の単位は小規模とならざるを得ない．そのため，本プログラムの対象は町内会・自治会である．県によれば，住民参加型とするためには，学区単位でも大きいとの認識であった．

町内会・自治会と直接関わる行政は，一般に市町村である．本プログラムは，県が市町村を飛び越えて町内会・自治会と関わるという点で，特異な性格を持っている．そして，県と町内会・自治会をつなぐ仲介の役目を果たすのがNPOである．NPOという第三者を枠組みに入れたことで，プログラムが住民団体と行政との対峙の場になるのを避け，さらに，公助にたよらない共助・自助の精神を醸成することができる．

愛知県には数千の町内会・自治会がある．「みずから守るプログラム」は，これら町内会・自治会の全てがプログラムに参加することは初めから想定していない．「やれるところからやればいい」という考えである．意識が高く積極的な住民や住民組織が最初は少なくても，そのうちに本プログラムが波及効果を及ぼし，共助自助精神の育成と，無関心層の減少につながっていくことを期待している．

しかし，こうした住民組織の積極性を前提とする防災プログラムでは，積極的なコミュニティのみが防災力を高め，コミュニティ間の防災力格差につながる恐れがある．実際，本プログラムを実施した地域団体の中には，防災だけでなく様々な地域活動に積極的に取り組んでいるところがあった．逆に，コミュティ活動が全く不活発で，行政が用意したプログラムについての関心が低い地域も見られる．また，町内会の会長やリーダーの意見が，プログラムへの参加・不参加に影響する．行政側がプログラムの周知を図っても，会長の一存で実施されないケースがあった．

仮に積極的な住民組織が多数あった場合，今度は行政側の負担という問題が発生する．「みずから守るプログラム地域協同事業」で愛知県は,「やれるところからやればいい」という考えであるが,こうしたスタンスは，県だから可能であったと言えなくもない．町内会・自治会と直接的に接する市町村の場合は,こうしたスタンスは取りにくい．その例が次の熊本市である．

2-2. 熊本市の「地域版ハザードマップ」事業

熊本市の事業の内容は，基本的に愛知県のプログラムと同じであるが，異なる点は，NPO ではなく熊本市の職員が住民のハザードマップ作成を直接手伝っていることである．しかも，熊本市にある 910 の全ての町内会・自治会でのハザードマップの作成が事業の目標となっている．

この事業を開始した 2013 年度には 247 の町内会から申請があり，申請の早かった順に 146 の町内会での実施となり，106 の町内会でハザードマップが完成した．ハザードマップの作成には,準備段階から仕上げまで，早い町内会でも 3 カ月かかる．その間，町内会のハザードマップ作成を支援するのは，主として市の職員である．町内会の活動のほとんどは週末に行われるので，市の職員は休日出勤となり，その負担は大きいと推測される．2016 年 1 月末までに 225 の町内会でハザードマップが作られた．

熊本市の事業のもう 1 つの特徴は，住民たちが作成した地図から個人情報を除いたものをデジタル化して,ウェブ上で公開していることである（熊本市地域版ハザードマップ公開サービス http://hzd.city.kumamoto.kumamoto.jp/localhazardmap.html）．NTT 西日本が開発したシステムに熊本市の職員（退職後の再雇用）が入力する．熊本市全体の地図の中に各町内会の地図をはめ込んだもので，ズームイン・アウトはできるが，外部の他の地図情報との重ね合わせはできない．NTT 西日本のシステム自体は，住民の手でデジタル地図を作成することが可能である．しかし本事業で，そうした方法をとらずに，あくまで白地図に書き込みをするというアナログな方法を採用している理由は，もし住民がシステムに直接入力すると，入力する住民 1 人のみの作業になり，住民全体の作業にならないし，議論も広がらないと熊本市の担当部署が考えているからである．

3. 参加型 GIS によるハザードマップの作成と課題

前節で紹介した住民たちが作成するハザードマップに掲載される情報の多くは，危険な側溝の位置や水につかりやすい場所など，日頃の経験にもとづくローカルな情報であり，行政のハザードマップが提供する想定浸水深のような情報とは性質が大きく異なる．両方の情報が統合されてこそ，防災に効果がある．そもそも愛知県などが住民による手づくりハザードマップ事業を始めた目的は，事業を通じて住民に行政版のハザードマップに関心を持ってもらい，それが実際にコミュニティや個々の住民の防災対策につながることを期待してであった．

図 15-1 は，行政のハザードマップが提供する「科学的な知」と住民が経験によって導き出す「ローカルな知」を統合して防災に導く行程を図式化したものである．問題は，両者を統合する作業を誰がどのように行うかということである．愛知県の「みずから守るプログラム」では防災の専門的知識を持った NPO，熊本市の「地域版ハザードマップ」事業では市の職員がその役割を担っている．しかし，熊本市の職員の負担は大きいと推測されるし，愛知県のプログラムでも 1 つの NPO が同時に支援できる町内会の数には限度がある．一方で，ローカルな住民団体の数は途方もなく多い．

住民団体や個々の住民自らが，容易に科学的

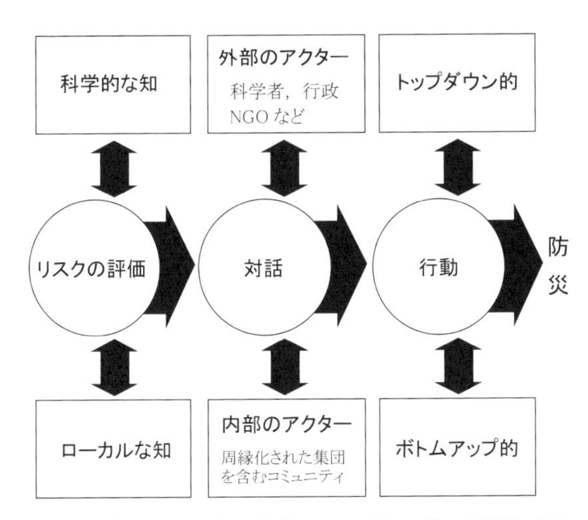

図15-1 防災のための知・行動・ステークホルダーの統合に向けてのロードマップ．出典：Gaillard and Mercer（2013）

な知を導入でき，それをローカルな知とうまく統合できるような方法の開発がぜひとも必要である．その方法として期待されるのが参加型GISの活用である．なぜなら，参加型GISアプローチの基本原理は，「構造化された体系の下，人々のローカルな空間知識と，環境専門家の広範な科学的知識，衛星画像，地図などを結合すること（Chingombe et al., 2015）」にあるからだ．

現在の日本で，ハザードマップ作成に最も多く利用されている参加型GISはeコミマップであろう．eコミマップとは，独立行政法人防災科学研究所が開発したWebマッピングシステム（Web GIS）である（http://ecom-plat.jp）．このシステムを利用して，地域住民は，自ら防災地図を作成し，Web上でグループ内あるいはグループ外との情報共有を行える．また，行政や研究機関などが提供する様々なハザードとも統合が可能である（eコミマップの利用事例としては，崔ほか（2014）などがある）．

ハザードマップ作成においてGISを利用する利点として，次の3点が考えられる．

1）ハザードマップの内容の変更が容易である
2）多様な情報を盛り込むことが可能である
3）プライバシーの保護が容易である

まず，GISハザードマップは，地図を頻繁に更新できることが挙げられる．紙の手づくりハザードマップは，新たな情報を得ても，紙の上に手書きで書き足していくしかなく，きれいな印刷物として作り直すには費用と手間がかかる．それに対して，GISハザードマップは頻繁に内容を更新でき，しかもその情報を住民間で共有できる．また，行政が提供するハザードマップも本来は，例えば洪水ハザードマップの場合，流域の土地利用の変化にともなう雨水流出量の変化や河川改修による河川の流下能力の変化によって洪水危険度は変化するので，その都度ハザードマップは更新されなければならない．しかし現実にはほとんど改訂されない．今後は，ハザードマップの改訂は，変更が容易なデジタル情報によってなされる可能性が高く，GISの活用はその点でも利点がある．

また，GISなら，ある災害についての情報だけでなく，様々なハザード情報を重ねて表示できる．eコミマップの場合は，水害ハザードマップや地震ハザードマップ，航空写真など多くの情報を取り込むことができる．

さらに，要援護者など災害時に特別に救護すべき住民の位置情報を入力することも可能である．こうした情報はプライバシーの保護や防犯と関わるために，紙地図には載せにくい．しかし，GISハザードマップでは，適切な運用によって，情報を保護し，災害時に役立てることができる．すでにeコミマップでハザードマップを作成している自治会の中には，要援護者のほか消防団員の自宅の位置を地図に入れている例もある．その自治会で消防団や要援護者の自宅の位置をeコミマップの地図上に示している理由の1つは，災害時に外部からの支援者と情報をスムーズに共有できるようにするためである．災害時には，外から災害ボランティア，行政，自衛隊などが支援に来ることがあるが，その際に，テントを張れる場所，トイレの場所，避難所の場所などが必要となるので，そうした情報は住民向けのものでもあるが，同時に外部の支援者にもわかるようにしておくとよい．要援護者の自宅情報などは通常は閲覧できないようになっているが，災害時には支援者に対して閲覧を可能にする．このように，状況に応じて掲載情報を瞬時に変更でき，外部との情報共有もスムーズにできるのは．GISならではの機能である．

参加型GISを用いたハザードマップには，こうした利点があるが，問題点もある．最大の問題は，情報リテラシーを要するという点である．一般に，比較的高齢の人が自治会や町内会の中心的な担い手となっている場合が多い．GIS の使用にはある程度の情報機器の操作技術が求められるため，住民組織で GIS ハザードマップを使いこなすのは容易なことではない．すでに e コミマップを利用している先進的な町内会・自治会においても，多くの場合，e コミマップを操作しているのはごく少数の人たちである．

しかし，これまで見てきたように，ハザードマップが防災に効果を発揮するためには，従来のトップダウン的にもたらされる科学的な知とボトムアップ的に形成されるローカルな知の統合が不可欠であり，それを少ない人的資源で可能にし，平常時でも災害時でもフレキシブルに運用していくためには，参加型 GIS の活用は必須であろう．そのためには，学校や社会で GIS を含めた地図情報に関するリテラシー教育をいかに充実していくかが重要な課題となる．

（岡本耕平）

【文献】

岡本耕平・松田曜子・前田洋介（2014）『コミュニティーを主体とした水害対策の可能性と課題に関する研究』平成 25 年度河川環境整備基金助成報告書．

崔　青林・李　泰榮・田口　仁・臼田裕一郎（2014）防災コンテストにおける地域防災活動の実践事例と文化遺産防災への課題と展望：文化遺産と周辺地域コミュニティの連携を目指して．歴史都市防災論文集 8: 311-316.

水害ハザードマップ検討委員会（2016）『住民目線にたった水害ハザードマップのあり方について～水害ハザードマップ検討委員会報告～』国土交通省水管理・国土保全局．http://www.mlit.go.jp/river/shinngikai_blog/suigaihazardmap/pdf/suigai_hazardmap_houkoku.pdf

中央大学理工学部河川・水文研究室（2016）鬼怒川洪水時の浸水・避難状況に関するヒアリング調査結果．http://hydlab-chuo.jimdo.com/ 茨城県常総市で実施したヒアリング調査の結果 /

トンプソン，D. 著，山越幸江訳（2003）『火山に魅せられた男たち：噴火予知に命がけで挑む科学者の物語』古今書院.

Burton, I.（1961）Education in the human use of flood plains. *Journal of Geography* 60（8）: 362-371.

Chingombe, W., Pedzisai, E., Manatsa, D., Mukwada, G. and Taru, P.（2015）A participatory approach in GIS data collection for flood risk management, Muzarabani District, Zimbabwe. *Arabian Journal of Geosciences* 8（2）: 1029-1040.

Gaillard, J. C. and Mercer, J.（2013）From knowledge to action: Bridging gaps in disaster risk reduction. *Progress in Human Geography* 37（1）: 93-114.

World Bank and Columbia University（2005）*Natural disaster hotspots - A global risk analysis*. Washington, DC: Hazard Management Unit, The World Bank.

【参考文献】

岡本耕平・前田洋介・森田匡俊（2015）地域住民の様々な実態に配慮したハザードマップ．鈴木康弘編『防災・減災につなげるハザードマップの活かし方』178-195, 岩波書店．

第 16 章 放射線量マッピング

PGIS の応用

災害対応・危機管理への応用

1. 東日本大震災後の放射線量マッピング

カウンターマッピング（第 6 章参照）とは，自らを表象する地図を自らが管理し，自身の資源の管理を自ら行うことで，それぞれの生活が営まれている場所における人々を力づけるものである（Peluso, 1995; Johnson et.al., 2006）．東日本大震災における福島第一原子力発電所事故後に行われた放射線量マッピングは，そのようなカウンターマッピングの 1 つとして考えることが可能である．

福島第一原子力発電所事故の発生後，発電所から放出された大量の放射性物質がどのように拡散し，汚染の分布がどのようなものであったのかが，市民にとって重要な関心事となった．その理由の 1 つとして，政府によって福島第一原子力発電所からの距離に応じて，避難や立ち入りの規制が設けられたが，放射性物質による現実に起こった汚染は，発電所からの距離に応じて，同心円状に分布するような単純なものではなかったことが挙げられる．放射性物質は東日本を中心に広範囲に拡散し，かつその分布は，放出時の風向や降水などの気象条件が関連して，複雑な地理的分布を示すものであった．また，放射性物質が降下した後も，雪や雨，河川や地下水によって運搬され，その分布状況は変化した．このような状況を空間的に知るために，放射線量の空間的分布に関する地図の必要性は高まった．

しかし，その一方で放射線量の空間的分布に関する情報の公開は必ずしも迅速には行われなかった．多くの市民は，迅速に知りたい情報の公開のペースが遅かったことに不満を持ち，また，公開された情報が，果たして現実の状況を正しく反映した情報なのか，深刻な状況を隠そうとする意図があって公開が進まないのではないかと疑念の目を向けた．

また，公開された情報の多くは，小縮尺の全般的状況に関わる地図であった．住民が知りたい情報は，自分の居住地域や日常的な生活が行われる

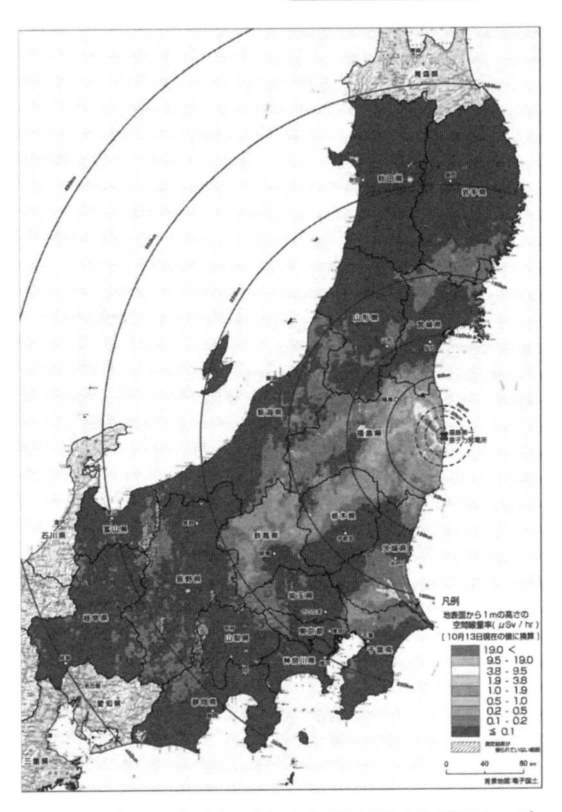

図 16-1 政府による福島第一原子力発電所事故の放射線量マップ．
http://emdb.jaea.go.jp/emdb/portals/b136/

様々な場所での放射性物質の汚染状況がどのようなものであるかであったのに対して，こうした小縮尺の地図では，地域の全体的な状況を把握することはできても，個々人の日常生活のスケールで，その放射性物質の分布状況を理解することを可能にするものではなかった．特に国の公開した放射線量に関わる地図は，都道府県レベルの分布状況を理解するために作成され，基礎自治体内の分布はもとより，日常生活空間における放射線量の空間的分布の状況を知ることはできなかった（図 16-1）．

また，事故発生後に多くの自治体が，その行政域における放射線量の測定を行った．市民に向けて公開された測定データは，国のデータよりは詳細な情報を含んでいたものの，依然として，個人の日常生活が行われるスケールでの放射線量を把

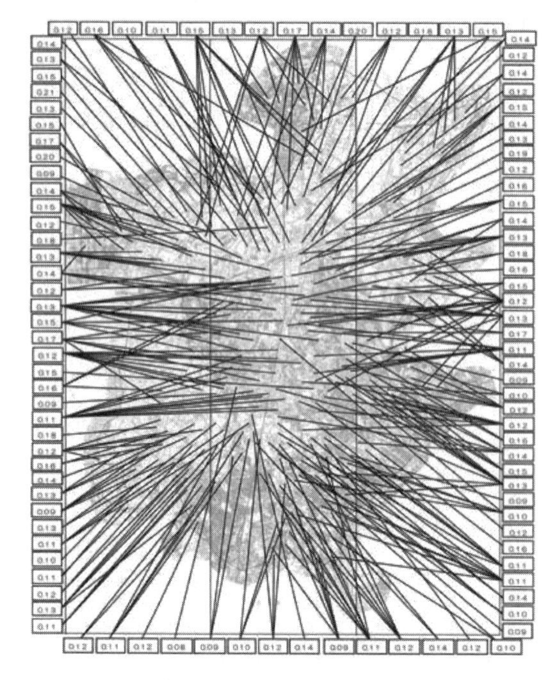

図 16-2　鎌ケ谷市の放射線量データのインデックスマップ．

握することができるものではなかった．また，測定を行った自治体は，これらの放射線量の空間的な分布を示すために地図を作成したが，それらの地図の多くはPDF形式でのみ公開され，ウェブ地図などでマッシュアップすることができるような情報として公開されることはほとんどなかった．また，このような放射線量に関する地図によっては，情報を収集・公開する側の地理情報の処理に関する知識不足などもあって，一般市民が把握・理解することが困難な形で地図が公開されるケースもあった（図 16-2）．

2. 市民による放射線量のカウンターマッピング

このような状況に対応するために，市民による放射線量のマッピング活動が始まった．様々な団体・個人によって，放射線量の測定が行われ，それらの情報が，主にウェブ地図を用いて公開された．

その1つ例として，福島市内に居住するOpenStreetMapの世界的なマッパーの1人が，GPSレシーバ，デジタルボイスレコーダと携帯型のガイガーカウンターを用いることによって，放射線量のマッピングを開始した．彼は，自動車や徒歩などで，自分が移動した全ての道路の放射

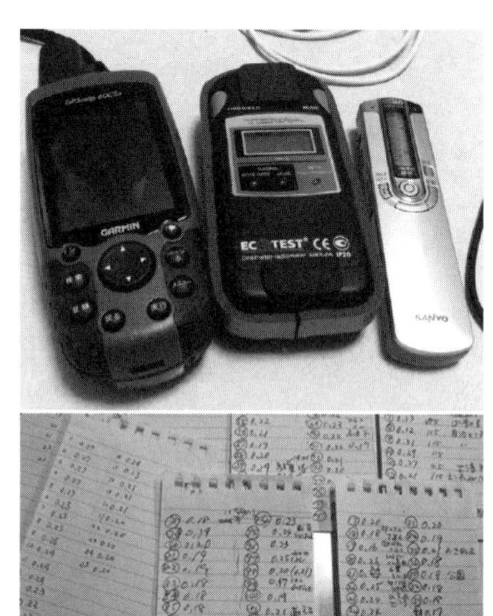

図 16-3　市民による放射線量マッピングの方法．出典：Inoue（2011）

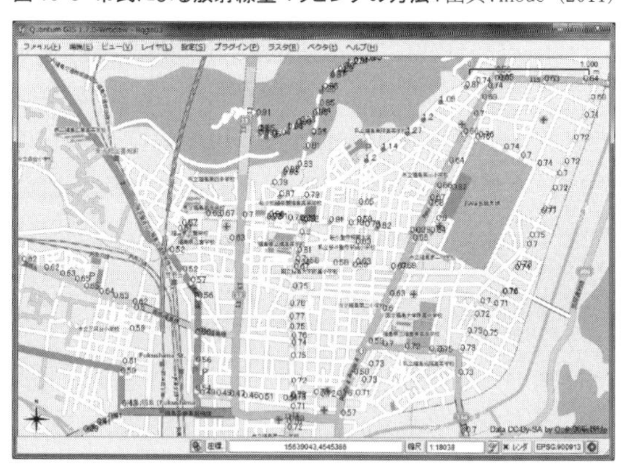

図 16-4　市民による放射線量マッピング．出典：Inoue（2011）

線量を逐次測定し，ボイスレコーダを読み上げて，その測定値を記録した．移動においては，同時にGPSレシーバを携行することで位置情報を記録した（図 16-3）．

フィールドワークが終わった後，GPSレシーバによる位置情報と測定値を結びつけることによって，放射線量マップが作成された．この地図化の作業には，日本のOSGeoコミュニティの支援のもと，QGISなどのFOSS4G（Free Open Source Software for GeoSpatial）ソフトウェアが用いられた．このようにして放射線量の測定結果が地図化された（図 16-4）．

地図化の目的は，自分の日常生活空間の放射線

量を可視化することにあった．自宅，自宅の玄関や庭，建物内の様々な場所，自宅近隣の道路，車道や歩道，側溝などの場所，学校や職場内の様々な場所の放射線量が測定され，可視化された．このような日常生活空間における放射線量を迅速に可視化するために，1/500, 1/200, 時には1/100スケールの地図が必要とされた．

その一方で，放射線量マップの作成や作成された地図の共有に様々な障害が発生した．

例えば，先述した福島市内のマッパーの場合，OpenStreetMapによる共有型の地図作成プロジェクトに長年関わっており，フィールドワークによる地図作成の卓越した技術を持っていた．しかしその一方で，彼はガイガーカウンターの利用の仕方について学ぶ必要が生じた．放射線量の測定は，環境や条件に応じて，適切な測定の方法を取らなければ，信頼性の高いデータを取得することはできない．また，この事例以外の市民による放射線量マップ作成においては，位置情報の取得技術や，GISなどを用いて取得した放射線量データを可視化する方法などの地理的情報の処理に関して技術的な知識を新しく得る必要があった．また，1/500, 1/200, 時には1/100スケールの詳細な地図を一般の市民が容易に入手することは困難であったため，その可視化には限界が生じた．

一方で，放射線量の地図化のために放射線量の測定が市民自身の手で行われることによって，放射線量の測定の信頼性やその品質の問題が市民自身においても認識されることとなった．放射線量の測定結果は，その測定方法，測定機器やその測定環境に応じて大きく変動し，収集されたデータの多くは，容易に標準化できるようなものではなかった．そのため，その測定結果は，単純に比較できるようなものではなかった．

そのため，このような放射線量マップの多くを共有したり，比較したり，信頼性の高い放射線量として公開することは難しかった．福島市のマッパーの場合，QGISを用いて作成した放射線量マップそのものを，インターネット上のウェブ地図として公開することはなかった．彼は，家族や近隣の人々にのみ，この情報を見せ，広く共有することはなかった．それは，このようなデータの単純な比較ができないことを知ったこと，またデータが一人歩きすることによるデマの発生などを恐れたためであった．

3. 放射線量マッピングのその後

このような放射線量マッピングの活動は，福島市内に限らず，東京大都市圏などの日本国内の様々な場所で始まった．その結果は，日本全域にわたる広範囲に放射性物質が拡散したことを示している．また，このような市民による放射線量マッピング活動が示した重要な点は，政府や自治体が，その行政界などの範囲を前提にして全体の状況把握のために作成される地図と，市民がそれぞれの関心にもとづいて作成する日常生活スケールの地図では，同じ放射線量マップでありながら，異なる結果が示されうることであった．

放射線量マップの共有に関して，その信頼性を向上させるための取り組みも始まった．例えば，その1つの試みとして，日本の携帯電話キャリアであるソフトバンクは，2012年7月にビルトイン型の放射線量測定センサー付きの携帯電話を発売した（図16-5）．この携帯電話の発達は，日常生活において放射能汚染の不安を強く抱えている市民が少なくないことを示している．しかしながら，この携帯電話によって測定されたデータは，インターネット上にその位置情報とともにアップロードされるものの，自分自身が測定・記録したデータのみ閲覧可能であり，同じ携帯電話を持ったユーザ同士がその情報を共有できるものにはなっていない．

市民により測定したデータを簡単に共有できない状況は，市民によって作成された放射線量マップが，何らかの政策や政治的な行動に結びつくことが難しいことを意味する．市民によって作成さ

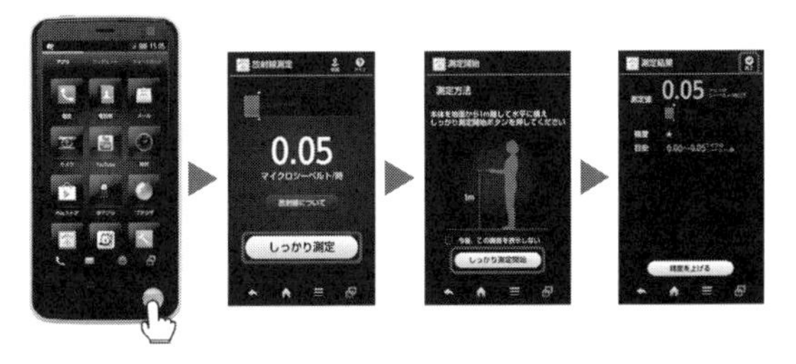

図16-5 ビルトイン型放射線センサー内蔵の携帯電話．
http://help.mb.softbank.jp/107sh/pc/03-12.html から筆者作成．

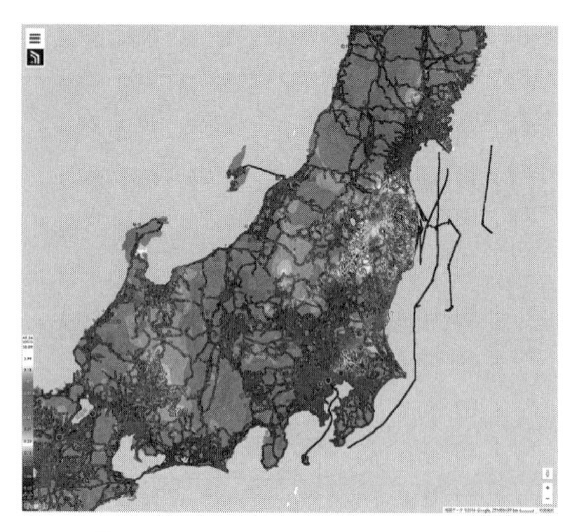

図 16-6 safecast.（http://safecast.org/tilemap/）

れた放射線量マップは，政府や自治体によって作成された放射線量マップが絶対的なものではないことを示したが，一方で，市民によるマッピングの限界をも同時に示すこととなった．

しかしながら，そのような状況は市民の手によって改善されつつある．例えば，オープンソースの放射線量計測機器を用いて，放射線量並びに位置情報の測定を統一的，比較可能な形で行うための試みが始まっている． 事故後 1 カ月で立ち上がった safecast プロジェクト（http://safecast.jp）では，オープンソース，標準化された方法，測定機器を用いて放射線量の記録を行い，それらの測定結果をオープンデータとして公開し，リアルタイムに放射線量マップを共有することが可能なしくみを構築している（図 16-6）．

（西村雄一郎）

【付記】 本稿は , Seto and Nishimura（2016）の内容の一部を日本語化して加筆修正したものである．本稿の概要の一部は 2012 年米国地理学会ニューヨーク大会ならびに 2013 年度日本地理学会春季学術大会で報告した．

【文献】

Inoue,K.（2011）The state of Fukushima, State of the Map EU 2011. http://sotm-eu.org/slides/LT05_KinyaInoue_Fukushima.pdf

Johnson, J.T., Louis, R.P. and Pramono, A.H.（2006）Facing the future: encouraging critical cartographic literacies in indigenous communities. *ACME* 4: 80-98.

Peluso, N. L.（1995）Whose woods are these? Counter-mapping forest territories in Kalimantan, Indonesia, *Antipode*, 27: 383-406.

Seto, T. and Nishimura, Y.（2016）Crisis Mapping Project and Counter Mapping by Neo-geographers. In *Japan after 3/11: Global Perspectives on the Earthquake, Tsunami, and Fukushima Meltdown*（*Asian In The New Millennium*）ed. Karan, P.P. et al., 288-304.The University Press of Kentucky.

第 17 章 通学路見守り活動における地図活用 ー富山県 A 市 H 学区の事例ー

PGIS の応用

まちづくり，地域づくりへの応用

1. はじめに

日本は戦後，都市計画や地域社会の様々な活動を通じて児童の安全安心な環境構築に取り組んできた．まず，交通事故への対策のために，通学路を策定し，通学路のハードも一定程度まで整備するとともに，交通安全に関する教育にも取り組んできた．その結果，交通事故は減少傾向がみられる．しかしながら，現在でも登下校時に事故が発生することが多く，空間的にみると児童の屋外活動の密度が高くなる学校周辺で多く発生することが指摘されている（水野ほか, 2009）．

2011 年から 12 年にかけては集団登校時に重大な交通事故が発生した[1]．これを受けて，通学路安全のために 2012 年に文部科学省が中心となり，通学路の緊急合同点検を実施し，様々な通学路の問題箇所が明らかになった．しかしながら，土地の状況や予算の確保といった問題からハード整備による問題解決が困難な場所が数多く存在することが明らかとなった．そして，それらに対応するには，小学校，地域社会，PTA の連携によるソフト面での対応が必要であるとの意見も出るようになった[2]．そのように指摘される以前から，様々な地域の団体によって見守り活動は行われてきたが，改めてその必要性が強調されるようになった．

また，交通安全だけではなく，子どもたちが犯罪に巻き込まれる危険性も指摘されるようになった．その結果，見守り活動は，犯罪被害の予防の側面も担うようになった．ただ，子どもに対する犯罪認知件数は減少傾向にある（図 17-1）．少子化が進行しているとはいえ，それを差し引いても犯罪に関しては，減少しており，安全な社会になってきたといえる（浜井・芹沢, 2006）．しかしながら，保護者の安全に対する不安は高い．それに対応するために，地域の危険を見出す技能を養成することをねらいとして，犯罪機会論を援用した地域安全マップづくりに数多くの小学校が取り組むようになった（大西, 2007）．

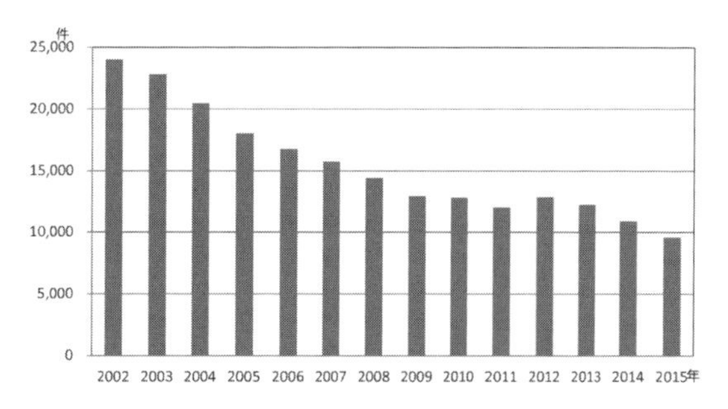

図 17-1 子どもが被害者となった粗暴犯の認知件数の推移．
出典：警察白書．

また，保護者や地域社会，学校などから，通学路の見守り活動への強い要望が生まれ，全国各地で取り組まれるようになった．このような地域の見守り活動は，地域住民によるボランティア活動で行われることがほとんどで，活動に体系性を持たせたり，継続的な活動を行ったりすることが困難な場合が多い．そのため，IC タグを用いて児童の位置を確認することができるシステムの構築などを試みる地域もあらわれている（日比野ほか, 2007）．

様々な取り組みのある中，本研究は地図を活用して安全に関する地域情報を整理するとともに，見守り活動を効率化する取り組みを行った富山県 A 市 H 学区の活動に焦点を当て，地図を活用することでどのように活動を変容させてきたのかを検討する．

2. 学校における安全教育

日本では子どもの安全教育について，学校内外で様々な取り組みが行われている．公立の小学校では例外はあるものの，徒歩通学を前提として学校区が計画されており，その通学路で見守り活動が行われている．見守りは地域のボランティアグループで取り組まれ，地域社会での負担が大きく，活動を継続できない地域も珍しくない．

見守り活動とは関係なく，学校教育として児童が安全に対する意識を高める取り組みも必要であり，学校では交通安全教育が行われている．調査地域の H 小学校では警察官をゲストとして招き，交通ルールを教えたり（図 17-2），ボランティアの手を借りながら，横断歩道のわたり方などを体験的に学ぶ機会を持っている（図 17-3）．安全教育は，防犯や交通安全，防災安全などの領域がある（図 17-4）．これらは教育されるだけではなく，安全教育を実施する手法には，安全学習と安全指導がある．学習は内容を理解することに重点を置くものであり，指導は学んだ内容について身体を通じて定着させることが目的である．交通安全でいえば，安全学習は警察官による講和であり，安全指導は横断歩道を正しくわたる体験である．また，安全教育は関わる教科が多岐にわたるため，横断的に行われている（Ohnishi and Mitsuhashi, 2013）．

図 17-2　警察と見守り隊による安全指導．
H 子ども見守り隊により撮影

図 17-3　実地による交通安全指導．
H 子ども見守り隊により撮影．

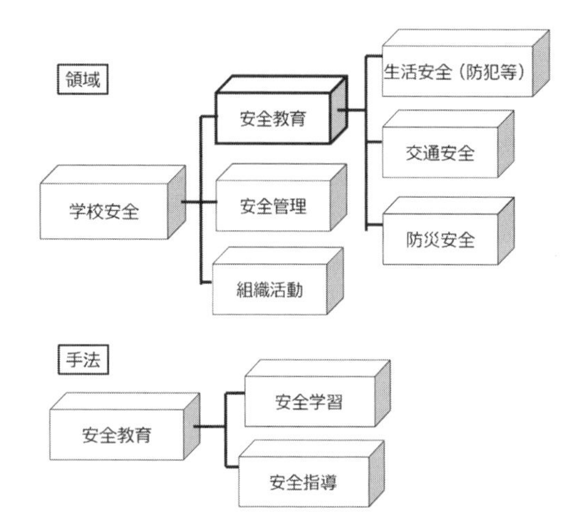

図 17-4　学校教育における安全教育の位置づけ．
Ohnishi and Mitsuhashi（2013）を一部改変．

このようにして，学校教育を通じて，子どもに安全教育を実施している．地域の安全をさらに高めるために，地域の力を利用して多くの地域で見守り活動が実施されている．

3. H 小学校区における通学路見守り活動

H 小学校区の H 子ども見守り隊は通学路安全に積極的に活動に取り組んでいるグループである．2005 年 12 月に結成された組織であり，組織的な活動が継続している．一時期，役員の交代や活動の引き継ぎがうまくなされず，停滞した時期もあったが，2014 年 9 月に組織を見直し，現在まで活動が続いている．取り組みは大きく分けて，①子どもに対する防犯や安全教育，②通学路や校区点検，③地域の危険個所に対する保護者へのアンケート調査，④見守り活動がある．

①については警察署と協働して実施する児童への安全に関する講話や道路の横断についての指導であり，学校行事に組み込まれている．次に②であるが，紙を媒体とした地理情報を活用しながら住民参加を伴う形で実施している．見守り活動を行う以前から，この地区では高齢者の交通安全に関する啓発活動の必要性が議論されていた．そこで，A 市交通センターが協力しながら，見守り隊やその他の地域団体が協働で H 校区の「ヒヤリハットマップ」を 2008 年に作成した（図 17-5）．

ただ，見守り隊はその取り組みの結果，地図上の情報が日々変化するものであると認識しており，継続的な調査を行うようになった．そこで，年度初めの 4 月に通学路点検を実施している．点検は見守り隊が活動の中で得た危険情報や小学校からの情報を手掛かりに，実地調査にもとづいて点検し，図 17-6 のように地図と写真を利用してまとめている．

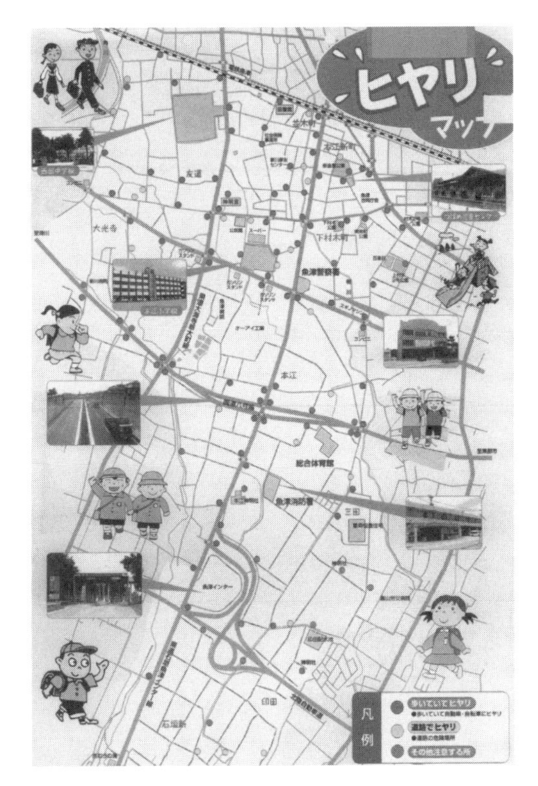

図 17-5 H 校下ヒヤリハットマップ．

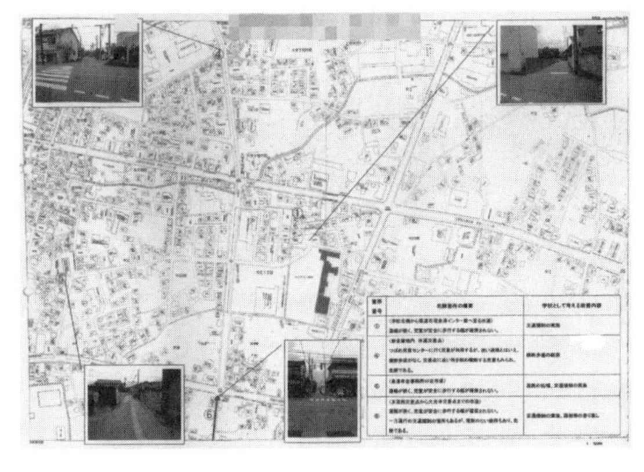

図 17-6 通学路点検資料．
H 子ども見守り隊資料

③のアンケート調査であるが，地域の児童会を経由して実施し，見守り隊メンバーが見逃しているかもしれない危険についての情報も収集している．保護者からは自由記述で危険地点の情報が寄せられる．危険地点の情報は，交通安全から不審者情報まで多岐にわたるが，それを地図上にプロットすることで，校区のどこに問題があるのか，見守り隊のメンバーだけでなく，地域，学校ともに理解しやすい形で共有している．保護者からは，例えば「＜ B 電力の裏＞　車は多少通るが，人

図 17-7 見守り活動の例．
H 子ども見守り隊により撮影（2014 年 12 月）

通りがない」という意見が寄せられると，それを地図上にプロットするとともに，危険地点のコメント一覧と合わせて，情報を共有している．コメントをパソコンに入力したり，その内容を紙の地図に直接手書きで記入したりする．このようなアナログな作業であるが，地域の地理空間情報について地図を利用することで可視化し，自分たちの取り組みに活かそうとする意思のあらわれといえる．スマートフォンなどの携帯端末で地理情報を容易に作成でき，さらに共有できる仕組みがあらわれれば，この作業が現在より効率よく進められ，地域で効率よく共有されることになるであろう．

④の見守り活動は，地域の負担がとても大きく，継続するのが簡単ではない．基本的に集団登校するため，時には通学路を一緒に歩くこともある（図 17-7）．

H 校区内のそれぞれの町内会から見守り隊のメンバーを募っても，それぞれの地区の事情があり，必ずしもメンバーをたくさん集められるわけではない．そこで，「できる方が・できる所で・できる時に（できるだけの精神で）」活動するという考えで，校区内の人々の賛同者を集め，活動を継続している．この地区には 36 の自治組織（区）がある．各区で見守り活動をしなければならない場合，見守り隊の隊員として，各区に複数名が登録される必要がある．それは現実的に困難であるため，次のように見守り隊の組織を編成している．H 学区は 11 の通学路を設定しており，それに対応したグループになるよう，36 区を再編成し，メンバーの見守り活動の負担を軽減した．また，各通学路を何らかの形で見守るが，必ずしも危険地点そのものに立つばかりではなく，一緒に歩いたりするなど，担当者の都合に合わせて通学自体を見守る形で活動をしている．小学校へ近づくにつれ，複数の通学路が合流することになり，11のグループすべてが必ずしも，最後までその通学路を監視する必要はない．

36区を11グループに再編成するには空間的視点が必要である．各区の広さや世帯数には差があり，一律に見守り隊のメンバーの必要数を割り当てることができない．それぞれの地区の事情を考えるには，地図が非常に有効なツールとなる．11グループに再編成するとき，どこの地区の担当領域が大きいのか，また世帯数や児童数から考えて，それぞれの地区がどの程度の負担ができるのか，地図を活用しながら情報を整理することで，合理的な意思決定が可能になる．このように見守り隊を11グループに編成することにより，1名しかメンバーを用意できない区が発生しても，この取り組みが持続的に行えるようになった．

4. 見守り活動の限界と課題

このような安全に対する取り組みは，子どもの安全に対して一定の効果のある活動である．また子どもと地域の様々な人々，特に高齢者との間での交流が生じる．このことは，よりよい地域社会の形成のためには有効な取り組みといえる．

しかしながら，現在の子どもたちにとっての登下校は，単純に学校へ移動することだけではない機能を持つ．少子化が進み，地域における子どもの密度が低下するとともに，自宅の周囲に一緒に遊ぶことのできる友達が少なくなってしまった．さらに，習い事に代表される様々な活動に多くの子どもたちが参加するようになった．その結果，放課後，地域の中で子ども同士が何も約束なく出会い，遊ぶ機会を持つことが簡単ではなくなった．地域社会で遊ぶこと，地域の中にある事物に何気なく触れあうことそれぞれに意味がある（ドベス，1983）．徒歩通学である登下校にこそ，現代の子どもの重要な時空間が広がっている．

登下校の見守り活動は無償でボランティアが時間を提供している．登校時は決まった時刻に集団登校し，比較的対応しやすい．これに対して下校時は簡単ではない．学年別に下校時刻が異なることや，相対的に余裕があり，友達同士で談笑したりしながら下校することになる．見守り隊メンバーにとって，児童の通過時刻もまちまちのため，長時間の見守り活動となる．

そのような中，見守り隊の活動が行われていることも手伝って，道草をしている下校時の児童に対して，帰宅を促したり，まっすぐに帰ったりすることを伝えることも増えてきた．また，様々な機会に見守り隊から学校や児童会へ児童にまっすぐ帰るよう指導を依頼することも珍しくない．児童が下校時に友達たちと一緒に道草をしながら地域とふれあう機会と見守り活動が共存する方法を考える必要がある．

5. おわりに

見守り隊の活動は，児童の登下校の安全のために行われる重要な活動であるのは間違いない．どの地域にも不審者情報は一定程度存在し，声掛け事案などは頻繁に警察に通報があり，それに伴い見守り隊のメンバーは迅速に対処している．共働き世帯が増え，保護者が児童を常に見守ることができない中，見守り隊の存在は安心感を与えるものでもある．ただ，現在のような形の見守り活動のままでは，ボランティアが疲弊し，また子どもの成長にとって一定の阻害要因になる可能性もある．見守り隊の活動の方法や子どもの道草なども許容する活動の仕方などが検討できないだろうか．

まず，H学区で行われたように，見守る活動をするグループや活動領域を見直し，大くくりにしたグループで活動することで，1人当たりの負担を減らす取り組みは有効な方法といえるだろう．

加えて，見守ることだけではなく，児童に屋外空間に存在する危険を認識する力を育成することも必要ではないだろうか．これまでに行われてきた安全マップづくりなどを通じて（大西, 2007），子どもに危険を回避する能力を養成することが大切ではないだろうか．

今回取り上げた活動で情報の整理は紙ベースで取り組まれているが，パソコンやスマートフォンが一般的な世代がこのような活動の中心になる時代になったり，Web上の地図が現在より容易なユーザインターフェースとなれば，Web上で行われるようになり，参加型GISが積極的に活用されるようになるであろう．そのような時代はすぐにやってくるであろう．

（大西宏治）

【注】

1）2011年4月18日には栃木県鹿沼市でクレーン車が集団登校の児童に突っ込み，6名が死亡した．2011年7月5日には熊本県山鹿市でトラックに追突されたワゴン車が児童の集団に突っ込み1名が死亡，4名がけがをした．そして，2012年4月23日には京都府亀岡市で，児童たちが集団登校中に無免許運転の自動車にはねられ，10名が死傷した．

2）文部科学省ホームページ「通学路交通安全の確保に関する有識者懇談会意見とりまとめ」. http://www.mext.go.jp/b_menu/shingi/chousa/sports/014/attach/1324642.htm（最終閲覧日：2016年9月10日）

【文献】

大西宏治（2007）子どものための地域安全マップへの地理学からの貢献の可能性. E-journal GEO 2（1）: 25-33.

ドベス, M.（1983）『教育の段階－誕生から青年期まで』岩波書店.

浜井浩一・芹沢一也（2006）『犯罪不安社会：誰もが「不審者」』光文社.

日比野愛子・加護謙介・伊藤京子（2007）ICタグによる「子ども見守り」システム. 集団力学 24: 60-79.

水野恵司・元村直靖・廣瀬隆一（2009）子どもの交通事故・犯罪被害発生分布と土地利用との関係. 大阪教育大学紀要第IV部門 58（1）: 187-200.

Ohnishi,K., Mitsuhashi, H.（2013）Geography Education Challenges Regarding Disaster Mitigation in Japan. *Review of International Geographical Education Online* 3（3）: 230-240.

第 18 章 地域づくり：能登島の事例

PGIS の応用

まちづくり，地域づくりへの応用

1. 集落支援員制度

集落支援制度は，2008 年に過疎問題懇談会が作成した提言「過疎地域等の集落対策についての提言～集落の価値を見つめ直す～」にもとづき総務省に導入された制度である．「過疎地域等における集落対策の推進について」(総務省通知)では，「集落の住民が集落の問題を自らの課題としてとらえ，市町村がこれに十分な目配りをしたうえで施策を実施して行く方策として，集落支援員制度が定められた．総務省の進めるもう 1 つの施策である「地域おこし協力隊」とは異なり，任期が定められていないこと，地域の実情に詳しい人材の採用を想定している．

活動内容は，市町村職員と連携して，①集落の状況把握，②集落点検の実施，③話し合いの促進，④集落支援に関する活動と記されている．実際の活動は，自治体によって，また支援員によって様々で，逆にこの柔軟性により地域づくりの支援を効果的にしていると言える．

2015 年度の集落支援員は，専任 994 人，兼任 3,096 人，実施自治体数 241 団体（うち市町村 238 団体）と 2008 年度に比べて専任数で 5 倍，市町村数で 3.6 倍と拡大している．この中で，筆者も参加し GIS を道具として使っている七尾市能登島地区における事例を紹介する．

2. 能登島の PPGIS のきっかけ

七尾市の集落支援員 F 氏が研修のために島根県中山間地域研究センターを訪問し，そこで GIS の研修，2011 年 10 月に実施された GIS を用いた地域づくりイベントに参加したことから始まった．この活動の経緯については，第 4 章で島根県中山間地域研究センターの活動の中に紹介してあるが，そこでは対象地域で集落ごとに高齢者に集まって頂き，集落の歴史，自然などの地域資源に関するヒアリングを行い，地図化した地域資源マップを作成し，その地図を活用したカントリー

図 18-1 能登島位置図．

能登島住民お薦め
名所の地図作成へ
親子ら写真入りで

七尾市能登島地域づくり協議会は、住民だけが知っている島の名所を写真入りで紹介する地図作りに乗り出した。21日は「カントリーウォーク&みんなの在所マップづくり」＝写真＝と銘打ち、島に住む親子ら28人が同市能登島別所町など4町の神社や井戸の写真を撮り、住民に話を聞いて地元の魅力を取材した。

今後、ほかの地区でもカントリーウォークを行い、撮った写真を集めてGIS（地理情報システム）を取り入れた能登島の地図を作成する予定。

図 18-2 能登島カントリーウォーク記事．
北國新聞 2012 年 1 月 22 日．

ウォーク・イベントであった．

能登島は，1955 年に東島村・中乃島・西島村が合併して能登島町が発足し，2004 年に，平成の合併で七尾市に合併した．人口約 3,000 人弱，約 1,000 世帯，面積は，約 46 平方キロメートル，地区（集落）は 20 地区である（図 18-1）．

2012 年 1 月に能登島地域づくり協議会は，地域住民に「カントリーウォーク＆在所マップづくり」呼びかけ，能登島における GIS づくりを始めた（図 18-2）．

当日は，模造紙に在所の地図を描き，歩いて集めた地域資源の写真を地図に貼り，発表するというスタイルで行い，後にその写真データを GIS

図 18-3 曲地区の発表．

図 18-4 南・別所地区の発表．

図 18-5 野崎地区の発表．

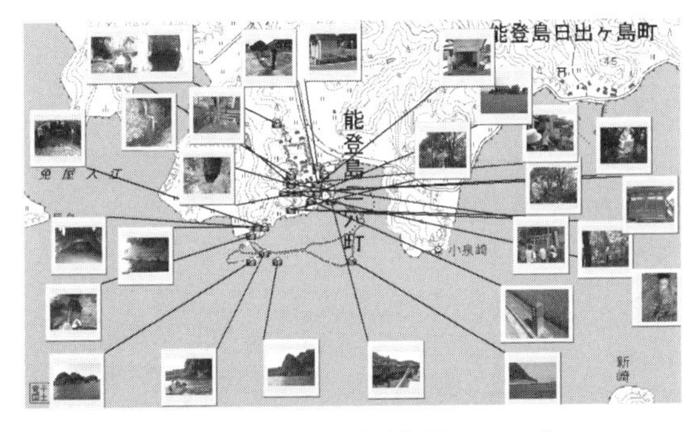

図 18-6 二穴地区の地域資源 GIS マップ．

に取り込み整理するという形で進めた．収集された写真は，野崎地区，曲地区，南・別所地区の 3 箇所についてとりまとめ発表された（図 18-3 ～図 18-5）．

この活動は，地区を変えて二穴地区でも実施され，その結果を GIS 上に整理したものを示す（図 18-6）．

図 18-7 長崎地区のゾ—ニング（パンフレット）．

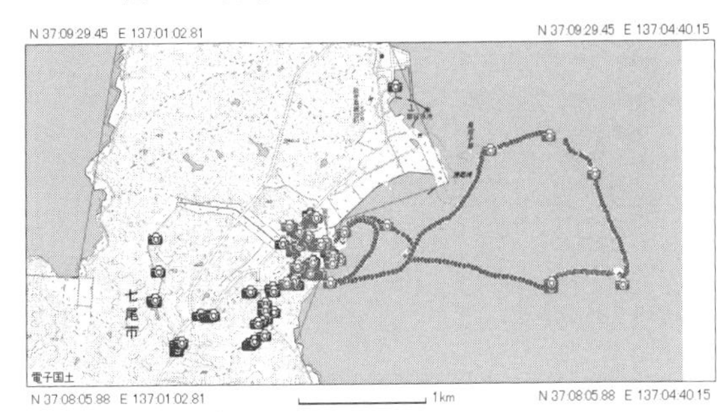

図 18-8 長崎地区の地域資源撮影地点．

3. 地域資源マップから交流活動の支援へ

2013 年度の国土交通省半島振興室「担い手強化プログラム」に採択されたことを契機に，GIS を用いて長崎地区で進められていた「自然の里ながさき」参加型プログラム作りを支援することとなった．

長崎地区は，人口 77 人，24 世帯，高齢化率 33.8% の地区である．高齢化率が低いのは，能登島と半島を結ぶ能登大橋が開通したことにより，島内から七尾市中心部に通えるためである．この地区では，これまでも，地区内をゾーン分けし，計画的に交流拠点を作る計画を持っていた（図 18-7）．

まず初めに行ったことは，他地区と同様に長崎地区の地域資源マップの作成である．各ゾーンの特徴を把握し，それを表す地域資源を撮影し GIS で表現する（図 18-8）．

このように撮影された地域資源を地域の特色である里山里海を実感できるシナリオの検討を行った．そのために，地域資源を整理し，塩をキーとした連鎖を図 18-9 のようにまとめてみた．

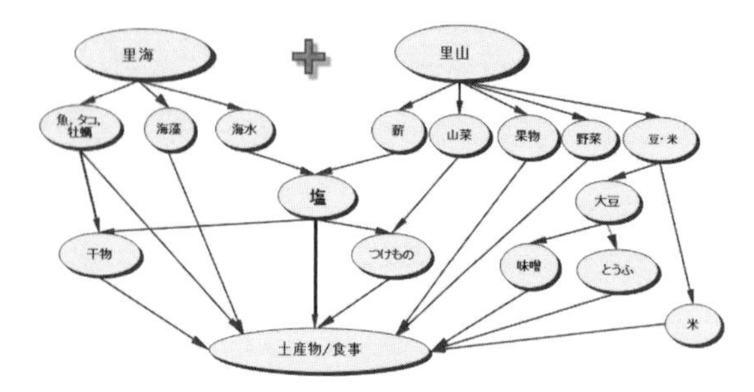

図 18-9 地域資源の連鎖.

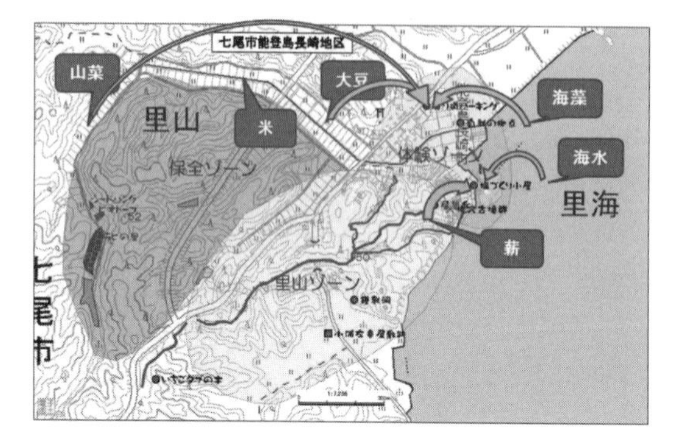

図 18-10 地域資源気づきマップ.

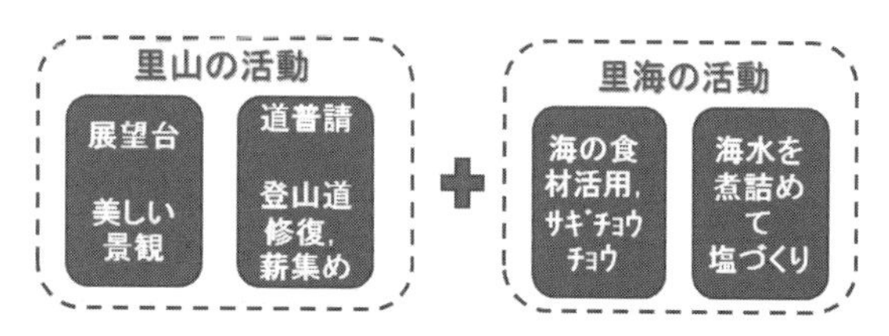

図 18-11 交流活動の計画.

このように整理した後，ここに示される資源を地図上に落とした「気づきマップ」を作ることで，皆ができることを可視化して考えることができる（図 18-10）．誰が大豆を提供できるか，誰が薪を提供できるか，誰が海水を提供できるかを地図を見ることで促されることがわかる．あとは，地元の人による話し合いで以下に示す交流活動の内容を地図に落としながら計画することができる（図 18-11）．

2014年1月地元の旧正月の祭りである「サギチョウチョウ」に合わせてイベントが計画された．初めてのイベントであり，試行錯誤の部分もあったが，地元で協力してくれた人たちが満足してくれたイベントになった．地元では，これで交流イベントに対する自信をつけることができ，その後子どもの里山活動イベントなどをこなし，合わせて散策路や展望台の整備が進んでいる（図 18-12）．

北國新聞

1年通じて里山里海体験

能登島に定住者呼び込め

農業や製塩、みそ造り

長崎町の団体が事業

七尾市能登島長崎町の住民団体「能登島自然の里ながさき」は新年度から、同町の豊かな里山里海環境を生かした体験プログラムを始める。農業や製塩、みそ造り、耕作放棄地を使った自然保全活動などを盛り込んだ年間プログラムを作り、県内外から参加者を募る。里山里海の魅力を体験してもらうことで町へ愛着を持つ人を増やし、定住者の獲得につなげる。

新年度から

19日は、能登島で前日から田舎暮らしを体験している東京の市民大学「丸の内朝大学」のメンバーや地元住民らが、製塩の見学や里山保全活動などを行った。

体験プログラムでは、耕作放棄地を活用した大豆や米の栽培、海水を煮詰める昔ながらの製塩、大豆と塩を使ったみそ造りを行う。まき割りや林道整備などの里山での活動にも参加してもらう。参加者は同団体や行政のホームページなどで募集する。

同団体は以前にも、農業や里山保全を手伝うボランティア団体を受け入れてきた。能登島長崎町で可能な体験メニューを年間通して行うことで、島の自然や暮らしをより深く楽しみ、体験できると考え、プログラム化することにした。

能登島自然の里ながさきは、昭和初期の長崎町の海沿いに並んでいた舟小屋や製塩の小屋の再現にも取り組んでいる。参加者はこの舟小屋造りなども手伝う。

高岡哲生代表は「長崎の里山里海を発信し、ふるさとを離れた人もUターンしたくなるような、魅力あふれる町にしたい」としている。

海水が煮立つ釜を見学する参加者＝七尾市能登島長崎町

海水を使った雑煮を取り分ける住民＝七尾市能登島長崎町

熱々 海水の雑煮満喫

50年ぶり「サギチョウチョウ」

七尾市能登島長崎町で19日、昭和40年代に途絶えた小正月の伝統行事「サギチョウチョウ」が約50年ぶりに復活した。地元住民ら約50人が、野菜や餅などを海水で煮込んだ雑煮を味わい、懐かしい味を楽しんだ。

長崎町そばの広場に竹で2棟の小屋を組み、その中で、海水を入れた鍋を火にかけた。続けてハクサイやネギ、鶏肉、餅、卵を煮込んだ。

海水は、塩分を抑えるために真水で薄めた。大半の住民が初めて食べる味で、「素材からうま味が出ていてあっさりしていた」と笑顔を見せ、半世紀ぶりに食べたという住民からは「懐かしい記憶がよみがえった」と喜んだ。

サギチョウチョウの起こりは不明ながら、戦前に行っていた記録が残っているという。能登島長崎町の住民団体「能登島自然の里ながさき」と能登島地域づくり協議会が地元の子どもに伝統を残すために復活させた。

参加者は海水を煮立たせた塩を使ったおにぎりも味わったほか、住民が持ち寄った正月飾りを燃やした。

図 18-12 長崎地区交流イベントを報じた記事.
北國新聞 2014 年 1 月 20 日.

この活動では，交流イベントの記録とスマートフォンを利用した活用についても検討を行った．1月のイベント当日には，デジカメと GPS ロガーを持参し，ポイントごとにデジカメの動画機能を利用して動画を撮影した．その動画をイベント後に YouTube にアップして保存する．さらに，GPS 記録は，KML 形式に変更し，撮影ポイントにアップした動画をリンクし，KMZ 形式で保存する．この KMZ ファイルをスマートフォン上にファイル共有ソフト（Dropbox）を利用して置く．スマートフォンでの利用は，共有ソフトで，KMZ ファイルを呼び出し，GoogleEarth で表示させる（図 18-13，図 18-14）．

交流活動において，地元の人の関心事はお金のかかる駐車場や建物などのハード整備に目が向いてしまうことが多いが，実際には地域の人がそれぞれの役割を自覚して最初から全員が協力するイベントでなくては持続できない．そのためには，ここで示した「気づきマップ」と呼ばれる道具が有効であることを感じた．さらに地元では Facebook を利用してリアルタイムの自然やイベント情報などを発信するようになり，より地域

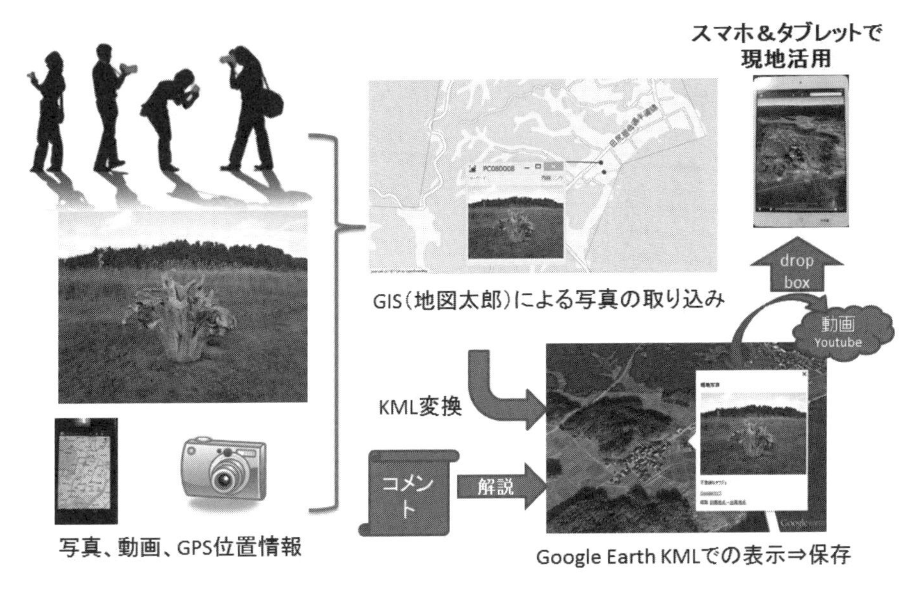

図 18-13　交流イベントの記録と活用の手順．

図 18-14　スマートフォン画面の表示．

を身近に感じられるようにする工夫に気づき始めた．このような取り組みはこれからも他の地域で有効になる．

4. 集落点検カルテから地域づくり全体へ

集落支援員制度の設立に際しては，集落支援員の役割として，集落点検について示されている．集落点検は，地区が持つ総合的な力を①源，②勢い，③つながり，④資源，⑤基盤，⑥自立性，⑦将来性の7要素で点検し，集落の実情を把握し，地区の話し合いに役立てる道具である．さらに，これらを利用して以下の4つの型に合わせて活用していくことが想定されている．

①目標開拓型：住民に活力があり，住民主体の活動が行われており，新たな目標を開拓する．

②課題解決型：住民が地域の課題をある程度認識している地域において，解決に向けた活動のきっかけを与える．

③問題発見型：過疎化や高齢化が進展し，生活の質が低下している地域において，現状を見つめなおし，何とかしようという意識・意欲を持ってもらう．

④施策実現型：地区を対象にした特定の施策に関する検討を行うために行う．地区を越えた連携などにも活用できる．

能登島においては，地区から，農地の管理に対する要望が大きいため，島根県中山間地域研究センターで実施されている，農地1筆マップをベースに地域資源マップを組み合わせて地区力点検に活用することを考えて準備を進めていた．これは，2015年度の農村集落活性化事業に採択され，本格的に地区力点検に活用できるシステムの開発に着手した．

システム設計の方針としては，農村集落活性化事業で想定されている次の2つのテーマがある．

①住民が主体となった地域の将来ビジョン作成．

②地域全体の維持･活性化を図るための体制構築．

これに対して，これまでの蓄積から，能登島では，食資源を活用した地域づくりに向け，自家菜園なども含めた未利用地域資源の可視化と，高齢者福祉を意識した地域資源の活用を推進していくこととなった．

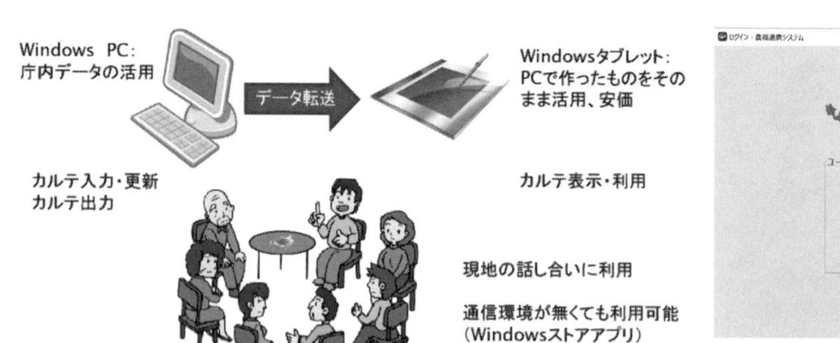

図 18-15 農福連携カルテの利用イメージ.

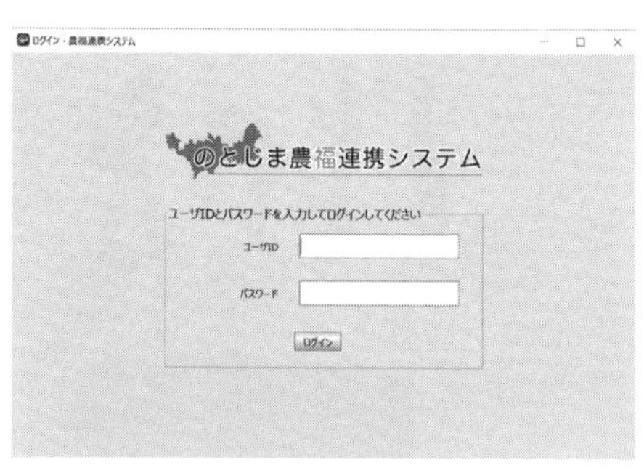

図 18-16 ログイン画面.

多くの農山村では，高齢化の進展により，高齢者介護が不十分であれば，農業従事者の手がさらに足りなくなることが予想され，地域課題の解決に際しては，農と福祉・介護のテーマは密接に関連している．一方で，農と福祉による新しい可能性についての検討も始まっており，基礎情報として，農と介護・福祉に関する情報を扱うことを考える．さらに東日本大震災を受けて，大規模災害に対する地域における自助・共助のための情報の重要性も認識されており，共通の情報として位置づける必要がある．

以上のことから，農村集落活性化事業の中で求められているビジョン作成，体制構築における基盤の情報として以下のものを整備することとした．

①基本情報：人口に関する情報を中心に整備し，その情報を人口グラフ，5歳階級別変化図，高齢化率等の密度マップ等での表示を可能とし，住民が借りやすいものとした．

②農地情報：農林センサスなどの統計情報と，農地1筆マップで扱われる土地利用，耕作者情報などを扱い，地図として表示する．さらに，鳥獣被害防止のための柵や檻などの情報も蓄積し，その活用を図る．

③介護福祉情報：地域包括ケアの推進のための「住民参加による地域診断マニュアル」を参考に自治体が保有する統計情報を扱い，高齢者の状態をグラフ，地図化で可視化し，地域の介護・福祉の状態を把握する（図 18-15）．

④防災情報：浸水想定区域，避難場所，避難路などの防災に関する情報を収集記録しておき，災害時備蓄の検討，避難誘導の検討などの活用を想定する．

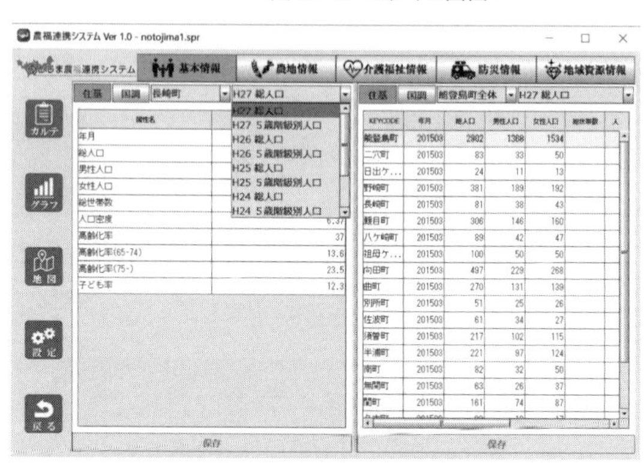

図 18-17 基本情報カルテ画面.

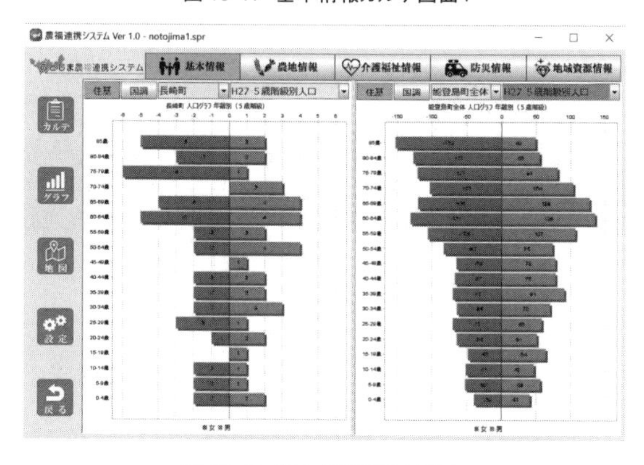

図 18-18 基本情報グラフ画面.

⑤地域資源情報：これまで蓄積してきた地域資源には，庭先の栽培などの小規模な菜園や高齢者のスキルも含まれ，これらを活用した新たな活用方策の検討に活かすことが考えられる．

システム構成は，データを QGIS 上に蓄積し，その情報を切り出してタブレットに移し，地区の話し合いの現場に持ちだすことを想定して設計した．従って，QGIS 操作は，ある程度習熟したスタッフによる運用を想定し，地区ごとには，従来農地の助成金の処理を担当してきた人によるタブレッ

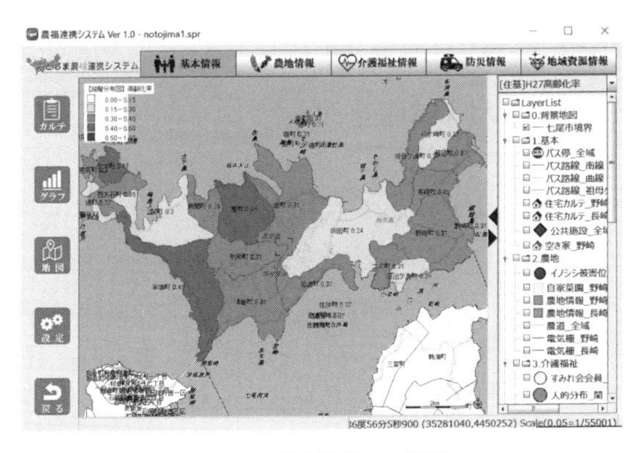

図 18-19　基本情報マップ画面．

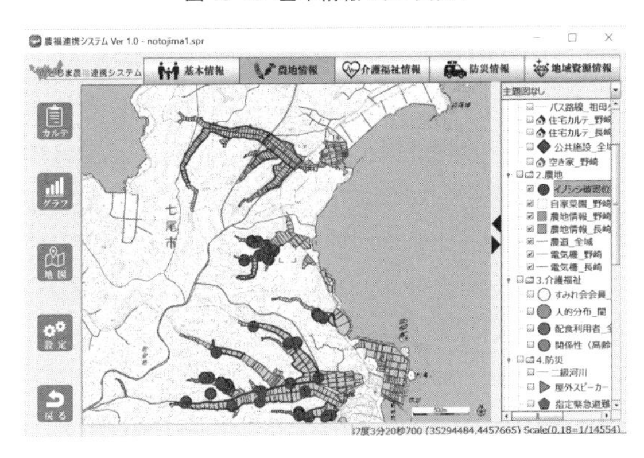

図 18-20　農地情報マップ画面．

ト操作で対応可能な仕組みとした．

さらに，人口マネージメントの重要性を理解してもらうために，単純コーホート法にもとづく国勢調査小地域単位の人口推計を作成した．このシステムには，島根県における「しまね郷づくりカルテ」に示される，20 代，30 代，60 代の世帯が移住した時の変化を実感できる仕組みを設けた．

以下にタブレットの主要な画面を示して解説する．

1）ログイン画面

利用者の属性によりアクセスの制限（例えば個人に関する情報）を必要とすることを想定した（図 18-16）．

2）地域選択

データが住民基本台帳単位か国勢調査小地域単位かを選択するようにし，一覧の中から対象地区を選択する．

3）基本情報画面

人口に関する基本情報をまとめて表示させることができる．画面は 2 画面に分けられ，片方に全体を，他方に対象地区の数値，グラフを表示することができる．数値は人口総数，5 歳階級別人口，人口増減である（図 18-17，図 18-18）．

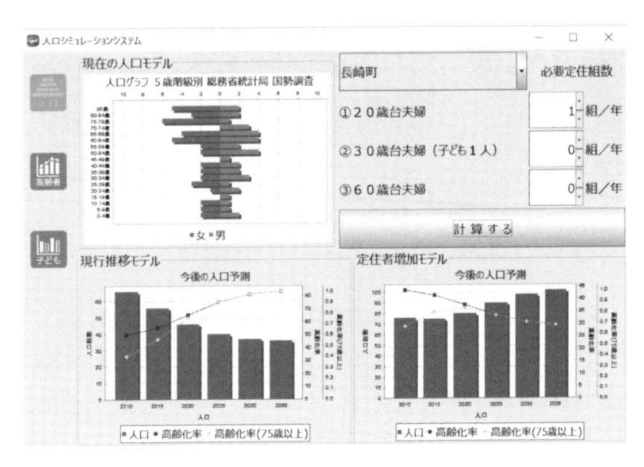

図 18-21　人口推計画面．

4）農地情報

農地情報は，農業センサスなどで収取された統計情報，農地 1 筆マップで収集された土地利用情報を表示させることができる（図 18-19）．さらに，地域の家庭菜園情報などの地域資源情報もマップに重ね合わせて表示させせることができる（ただし，データ量が多く，時間を要する）（図 18-20）．

5）人口推計画面

国勢調査結果にもとづき地区単位に 20 代，30 代，60 代の世帯が転入してきた時の様子を実感し，話し合いのきっかけにしてもらう工夫をした．図に示す通り，人口約 70 人の長崎地区は，20 代世帯が加わることで，将来人口は大きく変化する．また，60 代の転入も大きな効果があることが示される．さらに，この 60 代がその人脈を生かして若い人を呼びよせる核となる例もみられることから，この世代の U ターンも重要である（図 18-21）．

（今井　修）

【参考文献】

総務省自治行政局過疎対策室（2002）『過疎地域における集落の強化に関する調査報告書』総務省．

公益社団法人全国国民健康保険診療施設協議会（2014）『住民参加型地域診断の手引き』公益社団法人全国国民健康保険診療施設協議会．

農林水産省（2015）『地域における食と農と福祉の連携にあり方に対する実態調査事業』農林水産省．

しまねの郷づくりカルテ．http://satodukuri.pref.shimane.lg.jp/karute/

第19章 市民参加型GISによる祭礼景観の復原

―昭和30年以前の京都祇園祭の山鉾行事における松原通―

PGISの応用

まちづくり，地域づくりへの応用

1. はじめに

近年，東日本大震災の実態を伝え，復興支援と防災をめざして被災した人々の記憶を記録する，あるいは戦後70年を節目として戦争体験や戦後の暮らしを記録するなどの取り組みが様々な形で行われてきた[1]．なかでも地図上にそうした記録を載せていく，“記憶地図”という取り組みが，WebGISの普及とともに行われつつある（赤石ほか, 2015）．

こうした動向は，これまでGISが得意としてきた量的な情報の分析に加え，位置情報を持った新聞記事，HP，Twitterなどのメディア情報や一般市民から収集した情報などの質的情報をGISで可視化することが可能となったからだといえる．

記憶地図の事例としては，東日本大震災の様々な記録を地図上に配置したHarvard大学のDigital Archive of Japan's 2011 Disasters[2]や，広島原爆のヒロシマ・アーカイブ[3]などの取り組みが行われている．

そして，近年，祭礼や民俗芸能などに関する質的な情報のGISによる可視化が行われはじめた．これまで，祭礼や民俗芸能はその対象が無形文化遺産であるため，量的な情報として取り扱いづらく，GIS化することが難しかったが（本多, 2011），祭礼・民俗芸能の分布論や過去の神輿渡御のルートの復原など，無形文化遺産の研究においてもGISの活用の可能性がある．

例えば，東日本大震災で壊滅的な被害を受けた南三陸町志津川地区を対象とした被災前の祭礼に関する聞き取り調査では，被災前の志津川における祭礼の記憶地図が作成された（板谷ほか, 2015）．これにより，被災前の神輿渡御のルートや各地点における人々の行動がGIS上で復原された．また，被災者が個別に持っていた記憶を地図にまとめることで，個々の記憶を多くの人々で共有し，文化面での復興に役立てることが期待されている．

そこで，本研究では，京都市の都心部において，行事形態やその運営方法などを変容させながら継承されている祇園祭の山鉾行事を対象に，市民参加型GIS（PPGIS）の手法を用いて，失われた過去の祭礼景観の復原を試みる．

2. 京都祇園祭山鉾行事

2-1. 山鉾行事の概要とその変容

祇園祭は7月に行われる八坂神社の祭りである．祭りの本質は神輿渡御にあり，山鉾巡行は神輿渡御に付随した行事として下京の町衆が関わることで発展してきた．神輿渡御は2度行われ，17日のものを神幸祭，24日のものを還幸祭と呼ぶ．そして，山鉾行事も神輿渡御に付随して，17日に前祭巡行，24日に後祭巡行が行われる．

この山鉾巡行の巡行ルートや日程は戦後の復興後，図19-1のように4度に渡って変更されている（京都市, 1967）．元々，前祭と後祭は日程だけではなくルートも異なっており，1955（昭和30）年まで前祭が四条烏丸を出発，四条寺町を南下，松原寺町で西進，松原烏丸で解散，後祭は三条烏丸を出発，三条寺町を南下，四条寺町を西進，四条烏丸で解散というルートであった．当時の山鉾巡行では，四条通を境に南北の別の地域で巡行が行われており，2度の巡行で八坂神社の氏子区域の大部分をカバーしていた．

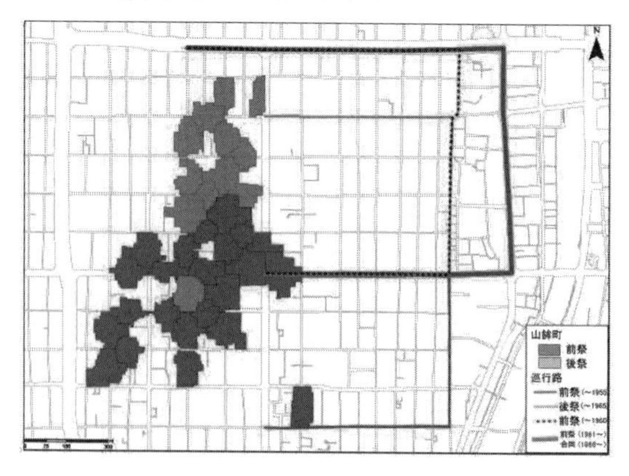

図19-1 祇園祭の巡行経路．

しかし，1956（昭和31）年から京都市は山鉾行事の観光化を図り，前祭において道幅が狭く観光客の収容に適さない松原通での巡行を廃止した．そして，四条寺町を北上に変更し，広い道幅に観覧席を設けた御池通に山鉾を通すこととした．各山鉾町は観覧席の収益による補助金の増額を条件にこれを受け入れた（伊藤, 2013）.

1961（昭和36）年から前祭は寺町通の北上を河原町通に変更，さらに，1966（昭和41）年には交通の問題，後祭の活性化や衣料関係業者の商戦の変化などの理由から，後祭の巡行は前祭の後方に続く形で，合同巡行となった（京都市, 1967）.

2014（平成26）年からは，大船鉾の復興と合わせて約半世紀ぶりに後祭が本来の日程で行われることとなったが,巡行ルートは前祭の逆回りで，三条通の巡行や寺町通の巡行は実現していない．

2-2. 祇園祭山鉾行事における失われた祭礼景観とその復原

近年，後祭の分離によって，地域住民の間では後祭の巡行経路を三条通に戻そうとする機運が高まっている.将来の復活に向けて,立命館大学アート・リサーチセンターでは,「祇園祭のデジタル・ミュージアム」の一環として，昭和初期の三条通の景観復原や山鉾の3Dモデルによる過去や現在の街並みのなかで巡行シミュレーションが行われている（矢野ほか, 2011）.

このような三条通での取り組みに対して，1956（昭和31）年に観光化と補助金の増額を理由に前祭巡行のルートから外された松原通でも，復活とまではいかないものの，松原通の巡行を体験している60代半ば以上の人々が持っている松原通での巡行の記憶を若い世代の住民に伝えようとする機運がある．筆者らは，松原通沿いの複数の町内が所属する有隣自治連合会の会長の要請を請け，失われた松原通での山鉾巡行の景観を復原することとなった．

3. 前祭巡行における旧巡行路周辺の住民を対象とした市民参加型GIS

3-1. ワークショップの実施

2015年8月と11月，戦前から戦後にかけて松原通周辺で生まれ育った方を対象に，祇園祭に限らず，松原通を中心とした京都市都心部での，かつての記憶を語っていただくワークショップを開催した．そして，本ワークショップでは語り手の記憶を呼び起こすための補助資料を用意した．表19-1に示しているのは当日に準備した地図のリストである．それぞれGISでジオリファレンスしたものをA0で印刷したものと，パソコン上でのArcGISの操作画面を大型スクリーンに表示したものを用意した．これらのうち，特に注目されるべき地図として京都府総合資料館所蔵『京都市明細図』(以下,明細図（資料館）とする）がある．

この地図は1,200分の1の大縮尺図で,1927（昭和2）年より前に作成された火災保険特殊地図と考えられている（福島ほか, 2012）．明細図（資料館）は刊行から戦後にかけて多くの加筆・修正がされており，建物の階層，住宅や店舗などの用途,店舗の業種などの情報が付け加えられている．ただし，加筆・修正した主体や作業時期が正確にわかっていないため，その点は留意しておく必要がある．

また，2014年9月，京都市南区の長谷川家から原図が発見され（以下，明細図（長谷川家)），両者の比較により，加筆修正のされ方や戦前戦後の景観の変遷を知ることができる（赤石ほか, 2015).

その他には古写真や映像を用意した．1つは松原通周辺の住民に持ち寄っていただいた古写真である．5名の語り手から，合計36枚の写真が集められ，それらはデジタルアーカイブされた．こ

表19-1 ワークショップに使用した地図

資料名	年次	縮尺	所蔵／発行
京都地籍図	大正元年（1912年）	1/1200～1/2000	立命館大学図書館
京都地籍図（土地所有者名）	大正元年（1912年）	1/1200～1/2000	立命館大学図書館
空中写真	昭和2年（1927年）		京都大学人間・環境学研究科
京都市明細図（長谷川家版）	昭和2年（1927年）頃	1/1200	長谷川家住宅
京都市明細図（府立総合資料館版）	昭和25年（1950年）頃まで修正・書き込み	1/1200	京都府立総合資料館
空中写真	昭和21年（1946年）		国土地理院
ゼンリン住宅地図	平成26年（2014年）	1/2000	(株) ゼンリン

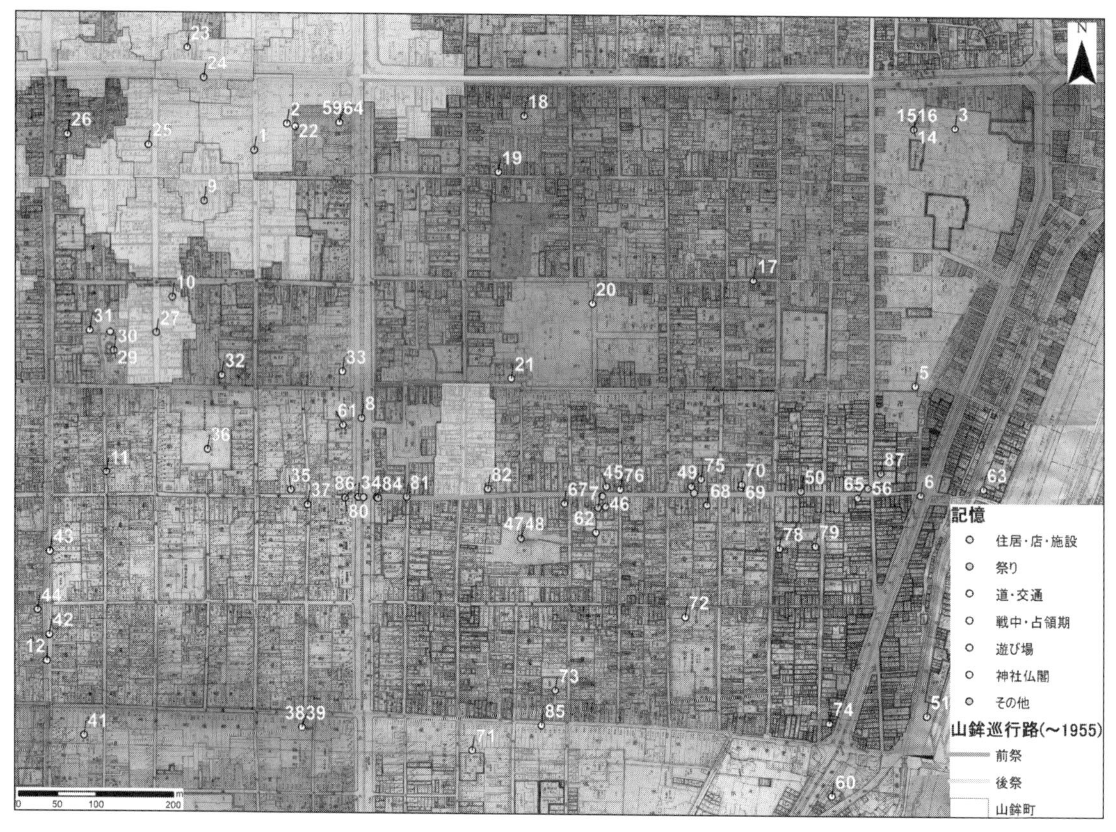

図 19-2 松原通周辺の記憶地図．(背景図は『京都市明細図』(京都府総合資料館蔵))

れらの多くは戦前における松原通での山鉾巡行を写したものと考えられるが，正確な撮影時期や場所は特定されていないものが多い．しかし，かつての松原通での山鉾巡行の姿を視覚的に伝える資料として重要である．もう 1 つは，京都市下京区船鉾町の長江家住宅に所蔵されている昭和初期の古写真や映像をデジタル化したものである．長江家住宅は京都市指定有形文化財に指定されている京町家で，立命館大学アート・リサーチセンターは当家のあらゆる所蔵品をデジタルアーカイブしてきた（佐藤・高木, 2014）．長江家は船鉾を出す町内の旧家で祇園祭関係の写真が豊富に残されており，松原通の巡行のシーンを映した 16 mm フィルムも残されていた．これらの資料は現当主の父親が大正後期から昭和前期にかけて趣味で撮影，または撮影させていたものである．これも松原通の写真同様，正確な撮影時期や場所が特定されていないものが多いが，16 mm フィルムについては松原通の巡行の定点撮影による山鉾の順序で 1929（昭和 4）年であることが特定された．

3-2. GIS によるワークショップ結果の可視化

前述の 2 度のワークショップの結果，89 件の記憶が A0 サイズの地図上に書き込まれ，その結果を記憶のテーマ別に GIS で可視化した（図 19-2）．記憶が収集された範囲は，松原通を中心に北は四条通，南は七条通，東は鴨川，西は新町通となっており，戦前から戦後にかけての，松原通周辺の人々の日常的な行動範囲を知ることができる．

記憶の内容で最も多かったのが住居や店舗，施設などの建物に関する記憶 35 件で，語り手の幼少期の家が，どのような住まいで，何の仕事をしていたか，明細図（資料館）に記載されている店舗がどのような商売をしていたか，印象に残っている建物の外観など，地図だけでは読み取ることができない当時の詳細な職住に関する記憶や街の景観に関する記憶が収集された．

次に多かった記憶は祭り関係の 17 件で，そのほとんどが祇園祭に関するものであった．これらの記憶の多くは松原通に集中しており，この地域の人々にとって松原通の巡行は特別な行事であったことがわかる．松原通以外に四条通や新町通など他の通りでの巡行の記憶も収集された．この祭りの記憶については次章で詳しく述べる．

他にも，かつて存在した路地や市電の思い出など道・交通に関する記憶が12件，戦中の疎開による街並みの変化や占領期の米軍兵に関する記憶が9件，西本願寺など神社仏閣の境内や鴨川，児童公園など子供の頃の遊び場に関する記憶が7件など，様々な記憶が収集された．

4. 松原通の祭礼景観の復原

4-1. 松原通の通景観の復原

まず，松原通の祭礼景観を復原する前に，祭礼の舞台となる通り景観を復原しておく必要がある．通りの景観復原の資料としては住宅地図が挙げられるものの，当該地域における最古の住宅地図は巡行ルートから松原通が外された1956（昭和31）年発行のものである．

当年の住宅地図から松原通の建物用途を読み取った伊藤によると，当時の松原通は一般小売店舗37.4%，業務施設37.4%，個人住宅13.9%，飲食ホテル旅館4.0%といったように（伊藤，2013），商業地域としての側面が強い景観であったと予想される．

今回のワークショップの語りでも，松原通やその周辺で商売をしていた家の記憶は多かった．そして，実際に生まれ育った家で商売をしていたという記憶も多かった．伊藤の分析では，個人住宅が13.9%となっているものの，実際は職住一体の暮らしをしていた商家が多く，店舗兼住居である京町家の街並みが続いていたことがわかった．

明細図（資料館）でも，建物の用途を知ることができる．明細図（資料館）の手書きの彩色情報は1940年代末〜50年代初頭によるものと考えられており（福島ほか，2012; 山近，2015），松原通でも，1956（昭和31）年発行の住宅地図より古い情報が記載されている．明細図（資料館）における松原通の建物分類の彩色を見てみるとほとんどが赤色の事業所であり，その間に緑色の住宅が建っていることがわかる．ここでも，事業所と住宅が塗り分けられているが，実際は職住一体の京町家が多かったと考えられる．

4-2. 祇園祭に関する記憶の検討

祭りに関する記憶17件のうち，祇園祭についての記憶は13件である．中には自分の実体験にもとづく記憶というより，書籍や新聞などから後から得た情報かどうか判別がつかない語りもいくつかあった．例えば，「月鉾が倒れた．真木が市電の架線にあたった．」（図19-2中のID21）という話は有名で，書籍にもその経緯が記されている（京都市，1967）．もし，この記憶が語り手の体験による記憶であれば，当時の見物人の行動や月鉾関係者の対処など書籍や新聞に記されていない状況を聞き取る必要があった．このように，人々の記憶を収集する際には，すでに書籍や新聞に記載されている内容に対して，差別化できる内容をいかに問うかを考慮しなければならない．そのためには，聞き手はあらかじめ，その地域の歴史や文化，大きな事件など基本的な知識を身に着けておく必要がある．本ワークショップの聞き手は複数人おり，必ずしもこの地域，祇園祭について詳しい者とは限らなかった．そのため，語り手の記憶を価値のある情報にできるか否かは聞き手にかかっているといえよう．

また，「祇園祭の時，火除天満宮で稚児が白馬に乗ってお参りした」（図19-2中のID16）という記憶が収集された．しかし，稚児の火除天満宮への社参に関する記述を持つ文献や他の者からの語りは確認されなかった．白馬に乗った稚児が四条通寺町下ルに位置する火除天満宮に参るとなると八坂神社への長刀鉾の稚児社参の行き帰りのどちらかであろうか．それとも，長刀鉾の稚児でなく，久世稚児のことであろうか．このように真偽がわからない記憶もあり，他の住民への聞き取りや,関係する場所への直接の聞き取りなどを行い，その内容を真偽や詳細を確認する必要がある．

その他，「岩戸山を船鉾が抜かすため岩戸山町の道は広くなっている.」（図19-2中のID27）という語りがあった．これは語り手自身の記憶というより言い伝えにより得られた知識であり，実際に見たという者はおらず，ほとんどが話しに聞いているだけという情報であった．しかし，これについては，ワークショップの参考資料として用意した長江家の16 mmフィルムから実際に岩戸山

図 19-3 新町通にて岩戸山を抜かす船鉾．

図 19-4 松原通を巡行している山鉾．

町で岩戸山を抜かす船鉾の姿を確認することができ（図 19-3），語り手たちもその映像を視聴し，事実確認できたことを喜んでいた．その後，この船鉾と岩戸山の動きは「1930 年代以降，岩戸山を烏丸松原で抜いていた」（図 19-2 中の ID34）や「山鉾の解散時，船が岩戸を抜かす．烏丸が拡幅されてから」（図 19-2 中の ID66）という語りのように烏丸通の拡幅後，烏丸松原で船鉾が岩戸山を抜かすように変わった．このように収集した記憶は視覚的な資料と組み合わせることによってより質の高い情報とすることができる．

さらに，ワークショップの語り手によって長江家の 16 mm フィルムにおける松原通での巡行場面の撮影位置が明らかになった．松原通を巡行する山鉾の後方に，ひときわ目立つ大規模な建築物が確認できる（図 19-4）．この建築物は住居や店舗，施設などの建物に関する記憶の中で，「三谷伸銅，後に南十条へ」（図 19-2 中の ID57），「有名な会社，10 円玉つくっていた」（図 19-2 中の ID69）と語られた三谷伸銅という銅板会社の建物であった．

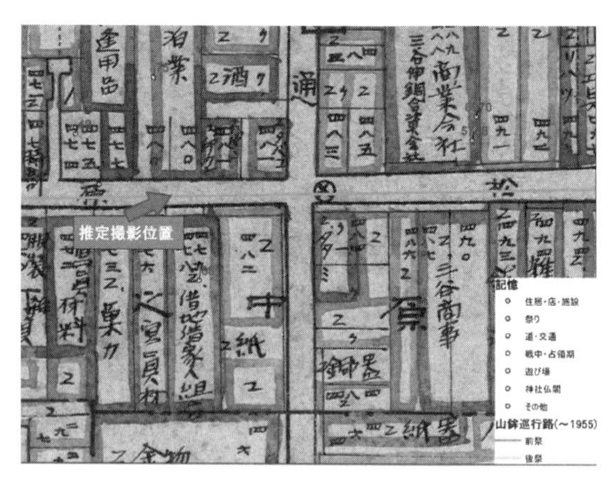

図 19-5 松原通の巡行の撮影位置．

それは，松原通でも目立つ建物であったという．撮影位置を地図で表すと，図 19-5 のように三谷伸銅の南西側の町家の 2 階，または屋根の上で撮影したものと推定できる．このように，語り手の記憶をもとにこちらで用意した資料の詳細が新たに判明した場合もあり，記憶と視覚的資料は不足している情報を相互に補完できることを指摘できよう．

4-3. 前祭巡行における松原通の祭礼景観の復原

山鉾巡行に関する記憶や古写真，16 mm フィルムを用いて松原通での巡行を復現した．まず，寺町松原で辻回をし，松原通に入る際，「寺町松原の交差点の北西角に交番があり，祇園祭の時は解体できる簡易的な交番であった．」（図 19-2 中の ID56）という記憶のように，交番が取り払われることで山鉾は狭い交差点で辻回しできた．その後，東進し，「祇園床（町会所）の前に祭壇が設けられ，山鉾が差し掛かると松原中之町の人々が抹茶で出迎えた」（図 19-2 中の ID58）というように，各山鉾は祇園床と呼ばれる床屋として使用されていた町会所の前で住民たちにより迎えられた．

また，真偽の確認が十分でないが，「松原通の角毎に各山鉾が止まっていた」（図 19-2 中の ID81）という．これは各町に入るごとに松原中之町と同様に何かしらの接待を受けていたと思われる．かつての巡行は夕方まで時間をかけて行われており（京都市，1967），このような習慣により時間を費やしていた可能性が高い．

さらに，長江家の 16 mm フィルムでも，松原通で頻繁に山鉾が停止している様子がみられる．こ

図 19-6 長刀鉾から降ろされる稚児.

図 19-7 京町家の2階で粽を受け取る人々.

れは,図19-2中のID81の記憶の通り各山鉾が停止,前進を繰り返すため起きている現象と考えられる.そして,当時の時間をかけて行われる前祭巡行では,「巡行中の昼休み,山鉾を松原にとめて長香寺へ食べに行っていた」(図19-2中のID48)という記憶がある.寺町通や松原通で昼休みをとることは以前から知られていたが,休憩場所として特定の寺院が場所を貸していたことが新たに明らかになった.ただし,これも真偽の確認が必要で,実際に長香寺が使われていたか,どの山鉾の担い手がこの場所を使ったかなどの詳細は未確認である.長江家の16 mmフィルムには無人の山鉾が松原通で停止している場面があり,昼休み中を撮影したものだと考えられる.また,語り手が持参した古写真でも昼休みの長刀鉾から稚児が降ろされる場面もある(図19-6).

そして,山鉾巡行の見物人たちは「この辺りの友達の家の2階から山鉾行事を見物し,粽を受け取った」(図19-2中のID88)というように,各戸の2階からこれらの巡行の過程を見物し,囃子方から投げられる粽を受け取っていた(図19-7).

4-4. 祇園祭以外の祭り

祇園祭以外にも祭りに関する記憶が4件収集された.1つは不動堂の祭りについての記憶であり,「お寺のお祭りで200 mほどの界隈に夜店が月3回出ていた.駄菓子とか戦前からあった.大体東京オリンピックの頃まで」(図19-2中のID22),「不動堂の祭があって,通りの両側に夜店が出ていた.3・16・28日はお不動さんの縁日」(図19-2中のID28)という語りを聞くことができた.これは明王院不動堂で月3回行われていた縁日で,その界隈の松原通は夜店でにぎわったという.記憶によると昭和40年代まで行われていたというが,現在は行われておらず,詳細について今後確認する必要がある.子どもの頃は祇園祭よりも地元に夜店が出るこちらの祭りの方が楽しかったという声も多く,不動堂の縁日は祇園祭よりも地元生活に密着した寺院の祭りとして重要な祭りであったといえる.

もう1つは5月の伏見稲荷大社の祭礼の神輿渡御についてである.「5月の祭をよく覚えている.威勢が良かった」(図19-2中のID30),「5月は伏見稲荷の神輿,7月は祇園祭り山鉾が楽しみだった」(図19-2中のID89)という記憶が収集され,現在も伏見稲荷の神輿は松原通を通るものの,トラックに乗せての渡御となっており,住民からは寂しいなどの声が聞こえた.昔の伏見稲荷の神輿は祇園祭の山鉾巡行とは違って威勢の良い祭りとして松原通の住民の記憶に残っているという.

語り手が持参した写真にも三谷伸銅や祇園床の前を担がれている神輿の写真があり(図19-8),当時の稲荷祭りの賑わいを伺うことができる.松原通は八坂神社と伏見稲荷大社の氏子区域の境目と

図 19-8 伏見稲荷の神輿渡御.

なっており，松原通の住民にとって伏見稲荷大社の神輿渡御も祇園祭と同様に重要な祭りであった．このようにどちらの祭りの記憶も松原通の活性化や文化の継承という面で重要な記憶といえる．

5. おわりに

松原通周辺の住民を対象に市民参加型GISによる記憶地図作成のワークショップを開催した結果，当時の人々の職住に関する記憶や街の景観に関する記憶が収集された．

特に1955（昭和30）年を最後に廃止された松原通での山鉾巡行に関する記憶は，松原通の失われた祭礼景観を復原する意味で価値のある情報である．これらの情報をアーカイブすることで，地域の歴史や文化を次の世代に継承することに役立ち，松原通の活性化にも繋がると考えられる．

また，本ワークショップでは，古写真や昭和初期の動画フィルムが活用されることで，語り手から収集された記憶をより質の高い情報にすることができた．それと同時に，語り手の記憶が古写真や昭和初期の動画フィルムの撮影時期や場所の特定に繋がる可能性もみられた．地域住民から得られる記憶の情報や視覚的な資料は相互の補完性が高く，うまく活用することで失われた景観をより詳細に復原することができた．

今後の課題として，実体験と書籍などからの情報の差別化などの今回の調査での反省点を改善し，調査方法を確立する必要がある．そして，今回得られた記憶の情報をより質の高い情報とするために，より多くの記憶や視覚的資料の収集を継続する．また，松原通だけでなく，三条通や寺町通などの現在巡行から外された通りを対象に同様のワークショップを開催し，京都市の都心部を対象にした祇園祭の山鉾行事における失われた祭礼景観の復原を進めていく．

（矢野桂司・佐藤弘隆・河角直美）

【謝辞】 本研究においては，京都府立総合資料館と長谷川家住宅所蔵の京都市明細図を利用した．記して感謝いたします．また，ワークショップにご参加いただいた地域の皆様のご協力に感謝いたします．

【注】

1) Yahoo! 地図ブログ . http://blog.map.yahoo.co.jp/archives/20150805_column_postwar.html

2) Harvard 大学の Digital Archive of Japan's 2011 Disasters . http://www.jdarchive.org/ja/home

3) 広島原爆のヒロシマ・アーカイブ . http://hiroshima.mapping.jp/index_jp.html

【文献】

赤石直美・福島幸宏・矢野桂司（2015）WebGIS を用いた戦後京都の記憶のアーカイブとその課題 . 地理情報システム学会講演論文集 2: 4（CD-ROM）.

板谷直子・中谷友樹・前田一馬・谷端郷・平岡善浩（2015）「記憶地図」による無形の文化遺産の現状と継承の課題－宮城県南三陸町志津川地区における地域の祭礼を事例として . 歴史都市防災論文集 9: 73-80.

伊藤節子（2013）祇園祭山鉾巡行路の変更に関する考察－山鉾巡行路の街路空間に着目して . 学術講演梗概集 2013（都市計画）: 87-88.

京都市（1967）『祇園祭 戦後のあゆみ』京都市文化観光局文化課 .

佐藤弘隆・高木良枝（2014）京町家における暮らしのデジタルアーカイブ－長江家住宅収蔵品データベースの構築 . 立命館地理学 26: 59-72.

福島幸宏・赤石直美・瀬戸寿一・矢野桂司（2012）「京都市明細図」を読む－いくつかの素材の提示として . 野口祐子編『メディアに描かれた京都の様態に関する学際的研究』平成 23 年度京都府立大学地域貢献型特別研究（ACTR）研究成果報告書 : 53-61.

本多健一（2011）祭礼・民俗芸能と歴史 GIS. 矢野桂司・中谷友樹・河角龍典・田中覚編『京都の歴史 GIS』189-200, ナカニシヤ出版 .

矢野桂司・瀬戸寿一・河原　大・速水貞彰（2011）デジタル・ミュージアム構築のための通り景観復原－京都の三条通を事例に . 電子情報通信学会技術研究報告 MVE マルチメディア・仮想環境基礎 110（382）: 383-385.

山近博義（2015）京都市明細図の作製および利用過程に関する一考察 . 大阪教育大学紀要 第Ⅱ部門 社会科学・生活科学 64（1）: 25-42.

第20章 ICTプラットフォームによる市民協働型の課題解決 ―千葉市における「ちばレポ」を事例に―

PGISの応用

まちづくり，地域づくりへの応用

1. はじめに

情報通信技術（ICT）を活用し，市民みずから道路の損傷やゴミの不法投棄といった街の不具合をインターネット上に共有することで，行政サービスを支援する試みが，第26章でも紹介するように，英語圏では一般的になりつつある．例えば日本でも複数の地方自治体で，英国発祥のFixMyStreetを用いた取り組みが始まっている．

このような取り組みの中でも2014年9月から千葉市が本運用を開始した「ちば市民協働レポート（ちばレポ）」は，政令指定都市の地方自治体による直接的な運用例として，またクラウドを活用したプラットフォームとして先駆的である（千葉市，2016）．そこでここでは，ちばレポの背景を紹介するとともに，課題となっている多様な世代の参加に関する試行的なフィールド調査結果について考察する．

2. ちばレポの概要

千葉市は，2013年4月に武雄市・奈良市・福岡市の3市とともにビッグデータ・オープンデータ活用推進協議会（現・オープンガバメント推進協議会）を設立するなど，オープンガバメントに向けた様々な政策に早期から取り組んでいる．これに遡ること2013年2月に，日本の地方自治体が主導する取り組みとしては初めてFixMyStreetによる街の点検イベントをInternational Open Data Dayの一環として開催したことを契機に導入の機運が高まり，2013年7月から12月にかけて，千葉市の市政業務フローなどを組み込む形で独自に開発されたICTプラットフォームを用い市民約1,000人が参加した実証実験を経て，5年間の開発と運用にかかる補正予算を成立させ，2014年度からはSalesforce.comクラウドサービス上で本格運用が開始された．

千葉市がこうしたICTプラットフォームを構築した背景には，オープンガバメントの実現はもちろん，人口約97万人・約42万世帯数（2016年11月時点）を抱える政令指定都市として，近い将来公共サービスの維持や予算増が困難なことがあった．したがって，将来に渡って市民のニーズにきめ細かく応えるには，行政のみが不具合の解決を行うのではなく市民の参画が不可欠であること，市民が本格的に街づくりに関わるためには制度作りを進める上で，何よりもまず行政と同じ情報を市民に知ってもらう必要があるという課題認識が大きい．千葉市では，これまで電話やFAXで年間13,000件以上寄せられていた街の不具合について，ICTを活用することで可能な限り市民と共有できる環境を構築し，行政サービスとしての解決と市民協働による解決を双方向的に実現し，その経過についても視覚化するためのツールが必要であると判断された（図20-1）．

図20-1 ちばレポのコンセプト．
出典：千葉市提供資料より．背景地図は2014 ZENRIN CO., LTD.

3. ちばレポの仕組み

ちばレポの最大の特徴は，クラウドサービスを活用することで，不具合の位置，内容そして状況の写真を市民からの投稿を受け付けるとともに，市役所の所管課による業務処理のDBとも連携され，ウェブ地図上にマッピングされている点にある．また，後述するように，ちばレポ自体の利用（投稿数）は必ずしも多くないが，従来寄せられた電話やFAX等での類似の報告についても，同プラットフォームに入力・管理されること，寄せられた投稿に対する行政側の処理の経過や対応管理をこのプラットフォームに一元化している点も特徴である（図20-2）．これにより，市の複数の管理部署が共通して利用

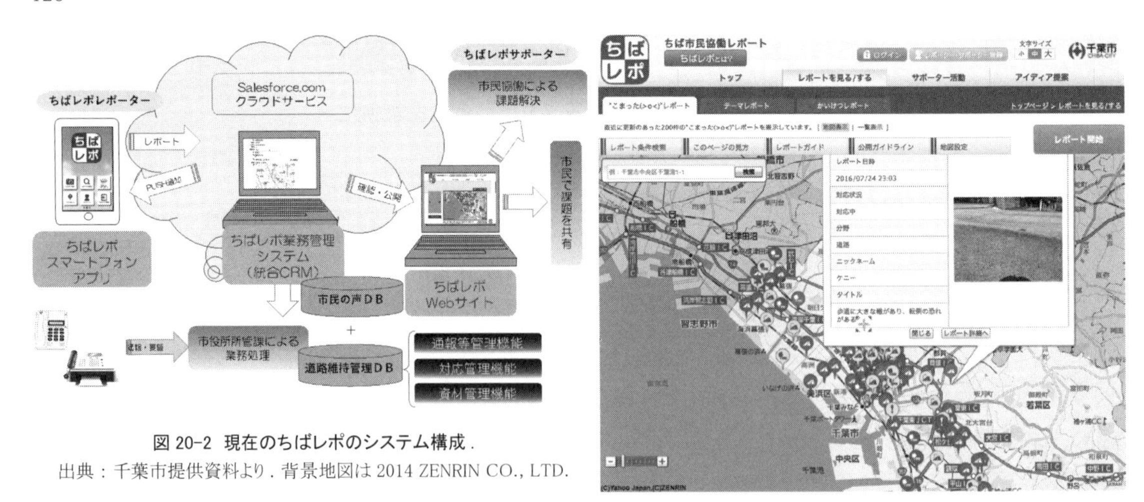

図 20-2 現在のちばレポのシステム構成．
出典：千葉市提供資料より．背景地図は 2014 ZENRIN CO., LTD.

図 20-3 ちばレポの Web 画面．
出典：千葉市提供資料より．背景地図は 2014 ZENRIN CO., LTD.

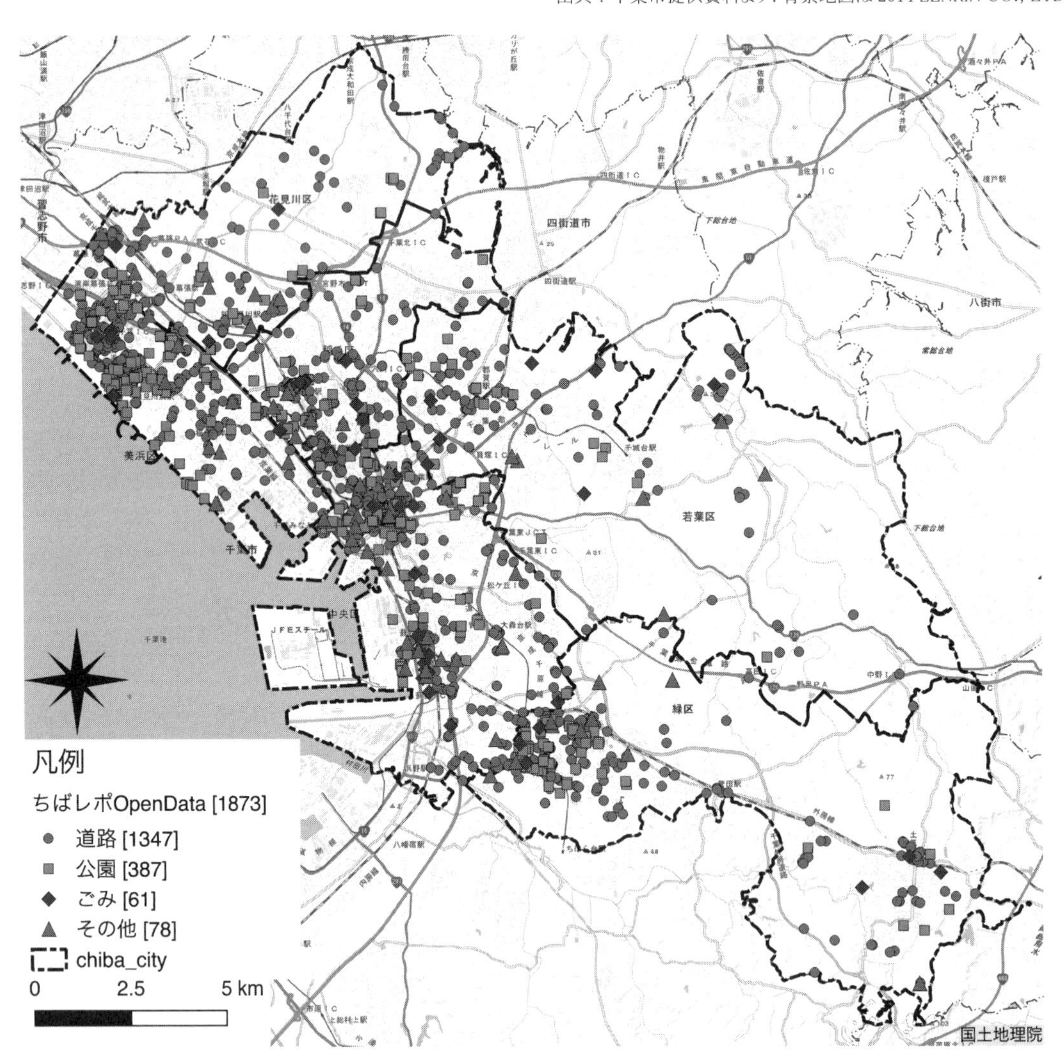

図 20-4 ちばレポ・オープンデータの投稿分布．
背景地図は地理院地図を利用．

しているほか，エスカレーション（発生した問題について対応する部署をより適切な担当につなげていくこと）をシステム上で行なうことができる．また，ちばレポに直接寄せられた投稿の多くは，千葉市側で確認され，原則として公開されるため，対応経過が閲覧可能である（図 20-3）．

ちばレポでは，街の不具合に関するレポートを「こまったレポート」として位置づけ，大きく 4 つのカテゴリーに分類し，道路・公園・ごみ・その他で投稿できる仕組みになっている．また，市民協働を促すしかけとして，2014 年 11 月から「テーマレポート」として，集中的に取り組んで欲しいテーマ（カーブミラー点検，街路灯不点報告など）や，まちのトリビア（お気に入りの都市景観やおすすめスポットなど）を市が企画して一定期間取り組んでいる．これに加えて，2014 年 12 月からは「かいけつレポート」として，市民自らが軽微な不具合に参画できるような取り組み（ゴミの回収や歩道の雑草を抜くなど）についてもレポートを集めることや，協働型の清掃活動のイベントも企画する工夫を行っている．

このように様々な種類のレポートのうち，ちばレポでは 2016 年 3 月に約 1,800 件のレポートを，従来のウェブ地図上だけでなく，オープンデータとして広く Web 上に開放した．このうち，約 1,300 件は道路に関する不具合と圧倒的に多く，公園やゴミの不具合は市の中心部や駅周辺で，比較的集中的に投稿されていることがわかる（図 20-4）．なお，千葉駅や海浜幕張駅といった主要駅周辺以外では，南西部のおゆみ野地区がニュータウンであることから全体的に多い．

2014 年 9 月に約 1,000 名の市民レポーターで始まったちばレポは，2016 年 12 月時点で約 4,300 名まで増加し，ちばレポの直接寄せられた「こまった」レポート数も 2016 年 12 月末時点で約 4,300 件にのぼる．他方，2015 年 4 月以降の参加者増加比率の低さやレポーターの約 6 割が 30~50 代の男性となっていることから，ICT を活用可能な市民の多様性確保が課題にもなっている．

そこで以下では，ちばレポの投稿が比較的多く，若い子育て世帯も多い千葉市緑区おゆみ野地区を対象に，ちばレポをもとに市民を対象としたフィールド調査を伴うワークショップを実施し，参加者の性別の違いや子育て期間の違いといった諸属性が，街の課題認識にどのような相違があるのかを検討する．

4. ワークショップの方法と結果

ワークショップは 2015 年 9 月～ 10 月にかけて 3 回実施し，地区在住の就学児童の母親（A グループ），未就学児の母親（B グループ），自治会長の男性（C グループ）が各 6 人参加した．ワークショップでは，まち歩きを中心に，ちばレポと同様に参加者の視点で気になった街の不具合をデジタルカメラで撮影すると同時に，不具合の詳細を調査票に記入し，さらにグループ参加者の間で内容について議論した．

まち歩きにおける課題・魅力に感じたスポットと議論の中身について発話を分析した結果（表 20-1），A グループは，自転車と遊歩道の関係性に着目し，駐輪場周辺の環境を含めた歩行・自転車の日常移動に関心を向けていた．B グループも同様に，特に自転車や遊歩道に着目したが，スポットの抽出数が最も多く，特にスロープや歩道といった子どもとの歩行移動を中心とした環境に注意を向けていた（図 20-5）．C グループは，遊歩道と公園について課題であると認識し，特にタイルやトイレ，階段の不具合等のハード面に着目した．

ワークショップの結果から，主に女性間の課題認識は，子育ての期間によって差異が生じていると考えられる．特に就学児童の母親（A）グループは，未就学児の母親グループと比べて子育て期間が長く，子どもの成長に沿って多くの地域の活動に参加し，地域の様々な課題に意識が向くようになったと考えられる．一方で未就学児の母親（B）グループは，

表 20-1　ワークショップにおけるグループごとの生活インフラに関する抽出語リスト

A グループ	出現回数	B グループ	出現回数	C グループ	出現回数
自転車	20	自転車	18	遊歩道	20
遊歩道	18	遊歩道	13	公園	17
道	15	タイル	12	タイル	12
公園	14	公園	12	自転車	9
駐輪場	12	道路	12	道路	9
道路	10	道	11	トイレ	8
駅	7	スロープ	9	花壇	7
		歩道	9	階段	7
		車	8		

KHCoder を利用して抽出語の集計を行った．

未就学児を育てることが生活の中心となるため，ベビーカーによる歩行環境という観点から，通行しやすい駅前を高く評価した(図20-6)．他方，自治会長(C)グループの主な課題は，ちばレポでも投稿の多いインフラの不具合（図20-7）と類似する結果となった．

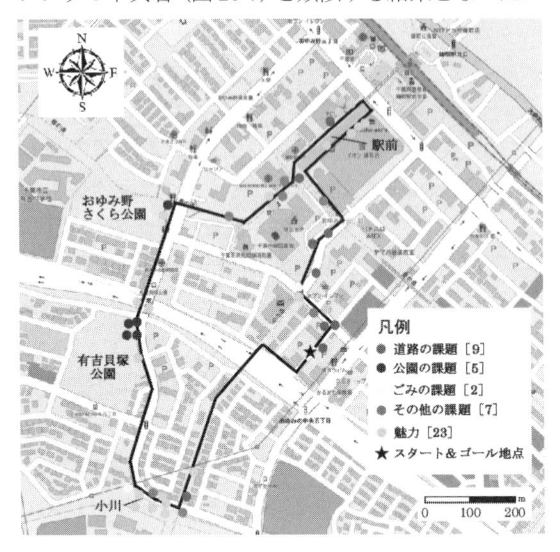

図 20-5 Bグループのまち歩き結果．
背景地図は OpenStreetMap を利用．

【魅力】駅前やショッピングモールの前が遊歩道になっているのは過ごしやすい．

図 20-6 Aグループで評価された道路景観．

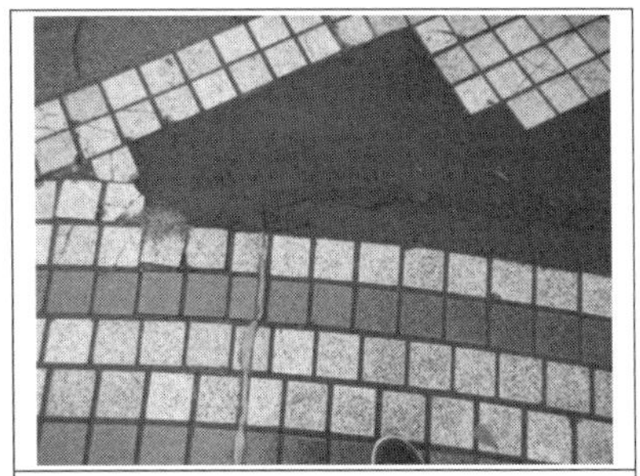

【課題】タイルがはがれ紛失し，アスファルトでの補修となっている．

図 20-7 Cグループで評価された道路景観．

5. おわりに

本章で紹介したように，ICTを用いたプラットフォームとして開始されたちばレポは，街の不具合を報告するのみではなく，行政の業務フローの効率化を意識している点，さらに市民協働型を目指して様々なソフト面でのしかけを伴って運用されていることから，地域の課題解決の共通プラットフォームになることが今後期待される．また，ちばレポの投稿や処理について，現状では多くの部分が手作業になっている面は否めない．他方，レポートや対応データ，特に道路損傷に関する写真については，データのさらなる蓄積に伴って，深層学習を援用した自動判定などが技術的に可能になりつつあり（Maeda et al., 2016），効率性の向上が見込まれる．

なお本章の後半で取り上げたワークショップ事例は，調査規模の関係等から限られた少数の市民が参加したものであることは否めない．しかし，ワークショップを通じてちばレポの現在の中心的な登録者である男性と女性との課題認識の差異だけでなく，女性間であっても子どもの成長による課題認識が異なっていた．現在のちばレポの参加者層とは異なる社会属性の課題認識をどのように，ちばレポの活動に組み込めるかが課題の1つといえる．

（瀬戸寿一・中戸川翔太）

【謝辞】 本稿は，中戸川翔太・瀬戸寿一「社会属性による課題認識の差異からみる市民参加型GISの可能性―「ちばレポ」を事例に―」（2016年日本地理学会春季学術大会における研究発表）をもとに改稿したものである．執筆にあたっては，千葉市市民局市民自治推進部広報広聴課から提供された資料を参考としたほか，資料提供等にご協力いただいた松島隆一氏，そしてワークショップに参加協力いただいたおゆみ野地区の住民および関係者の皆様に御礼申し上げたい．

【参考文献】

千葉市市民局市民自治推進部広報広報課（2016）ちばレポ（ちば市民協働レポート）：市民と行政をつなぐ新たなコミュニケーションツール．市民行政の窓 430: 25-35.

Maeda, H., Sekimoto, Y. and Seto, T.（2016）An Easy Infrastructure Management Method Using On-Board Smartphone Images and Citizen Reports by Deep Neural Network, *Proceedings of the 2nd International Conference on IoT in Urban Space*, 3p.

第21章 子育てマップと当事者参加

PGISの応用
まちづくり，地域づくりへの応用

1. 地理空間情報としての子育て情報

1990年代後半から盛んになった，インターネットを通じた地図の提供は，地理空間情報の表現や利用を大きく変えつつある（Peterson, 2005; 2008）．日本でも，生活関連情報を地図にしてWebサイトで公開する事例が増えている．日本全国の自治体のWebサイトで公開されていた地図を調査した関本ほか(2011)では，2009年当時で8,535件の事例が得られ，それらを主題別に分類すると，防災，都市計画，観光など多岐にわたることが明らかになった．これらは，以前から自治体内で地図による情報の記録や伝達が比較的進んでいた分野といえるが，地図による公開が新たに進展したのは子育て情報で，全体の1割程度を占めている．その背景には，女性労働者の増加にともなう保育需要の増大と少子化対策として，子育て支援が重要な政策課題となってきたことがある．

本章では，Webサイトに公開された子育てマップを取り上げ，その内容と表現の特徴を分析するとともに，ウェブ地図の特色といえる参加型地図の現状と課題について，目黒区を事例として検討する．

2. ウェブ地図による子育て情報の分類

対象とする子育てマップは，主に関本ほか(2011)のデータから東京圏の1都3県分を抽出したものである．ただし，このデータは2009年当時のものであるため，2012年時点での最新の状況を把握するために，1都3県全ての市区町村の子育て関連のWebページ（保育，幼児教育，子どもの遊び場など）を閲覧して，再調査を行った．分析にあたっては，ウェブ地図を次の3レベルに分類した．

・レベル1：静止画像で，利用者が内容や表現を改変できないもの．
・レベル2：Web GISなどを用いた対話型の地図で，利用者が表示情報を選択できるもの．
・レベル3：利用者がWebサイトで情報を付加したり，共有したりできる参加型地図．

また，子育てマップの作成過程と課題を詳しく調べるために，主要な自治体と団体の関係者に対して聞き取り調査を行った．

3. Webサイトの子育てマップの特徴

2012年時点で，東京圏の自治体の67%に相当する172市区町村がWebで子育マップを公開している．これらの自治体のWebサイトで得られる360枚の子育てマップを対象に分析を行った．その結果，前述の分類にもとづくと，レベル1が44.4%，レベル2が55.0%を占め，レベル3はわずか0.6%にとどまることが明らかになった．これは，自治体が提供するオンラインの子育てマップの多くがアナログ地図をベースにした静止画と対話型のウェブ地図で，参加型地図はきわめて少ないことを示している．また，関本ほか(2011)のデータに含まれる地図のうち1.4%はアクセス不能で，かわって新たに170件を超える子育てマップがWeb上で新規に公開されていることが判明した．このことから，オンラインの子育てマップはわずか3年間で大きく変化していることがわかる．

レベル1の地図の多くは，アナログ地図をPDFファイルや画像ファイルに変換した静止画で，イラストマップを含む多様な表現がみられる（図21-1）．その内容は，自治体の認可保育所などの子育て施設が多くを占めるが，母親グループなどの民間の団体が作成に関与した参加型地図も含まれている．

レベル2の地図は，提供形態によって2タイプに分けられる．その1つ（レベル2a）は，市町村など対象地域全体の子育て施設を地図上に示し，表示する情報を利用者が選択できるものである（図21-2）．その場合，利用者は地図上での位置を読み取りながら，施設を検索することになる．もう1つのタイプ（レベル2b）は，個々の

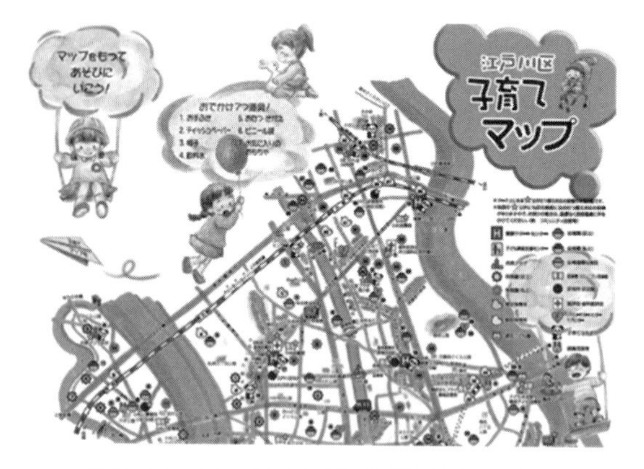

図 21-1 レベル 1 の地図の例：江戸川区（2013 年）.
http://www.city.edogawa.tokyo.jp/kurashi/kosodate/kosodatemap/files/12kosodatemap01.pdf

図 21-2 レベル 2 の地図の例：中央区（2013 年）.
http://mappage.jp/S/S01.php?X=2.4398292429785&Y=0.622418051882&L=11&MAP_x=28&MAP_y=189

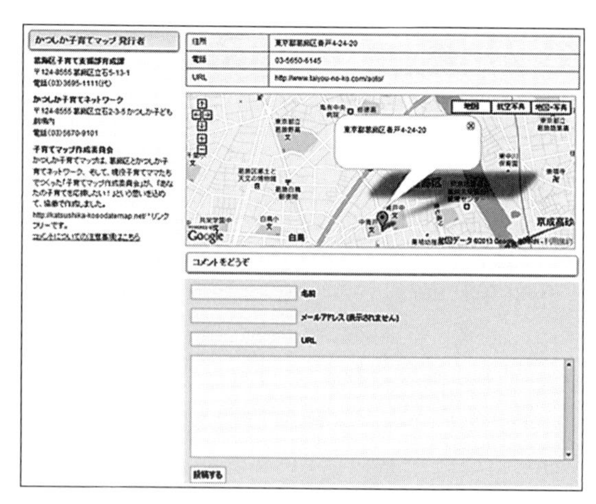

図 21-3 レベル 3 の地図の例：葛飾区（2013 年）.
http://katsushika-kosodatemap.net/1174

施設を名称やリストから検索した後で，所在地周辺の地図を表示するものである．この場合，表示される地図は施設周辺のローカルな状況や行き方についての情報を提供することになる．このように，対話型地図でも提供形態によって利用の仕方には違いがみられるが，いずれも地図の背景に Google Maps を使用したものが多い点では共通している．その結果，地図のスタイルや操作性が標準化されたことで，ユーザビリティは高まったといえるが，他方で表現の多様性が失われてきたことは否めない．また，PC 向けのフルブラウザー用地図とは別に，携帯電話やスマートフォンなどのモバイルブラウザー向けにアレンジされた携帯サイト用地図が用意されている場合が少なくない．これは，日本のインターネット利用者のうち，特に女性は携帯電話経由での利用が多いことを反映している．

レベル 3 の地図は，利用者からの情報を取り込む機能を持っている．例えば，ある Web サイトでは地図に表示された施設について，コメントなど追加情報を書き込む欄を設けているものがある．こうした機能はウェブ地図に独自のものといえるが，東京圏の自治体の事例ではきわめて少なかった．図 21-3 に示したのは，葛飾区の事例であるが，コメントした内容に自治体がどのように対応したかのフィードバックは不明である．

4. 子育てマップの現状と課題：目黒区の事例

4.1. 自治体が提供する子育てマップ

子育てマップの作成過程と利用実態について，より詳しい情報を得るために，東京都目黒区を事例地域として取り上げる．東京都内では，1990 年代後半から人口の都心回帰が顕在化し，都心周辺の区でも乳幼児を抱える子育て世帯が増加している．目黒区もその 1 つで，自治体でも保育所の待機児童問題や子育て支援のための様々な対策が講じられている．子育てマップの作成も，そうした子育て支援に関する行政情報の公開の一環として行われている．

目黒区は，2012 年当時は Google Maps を使用

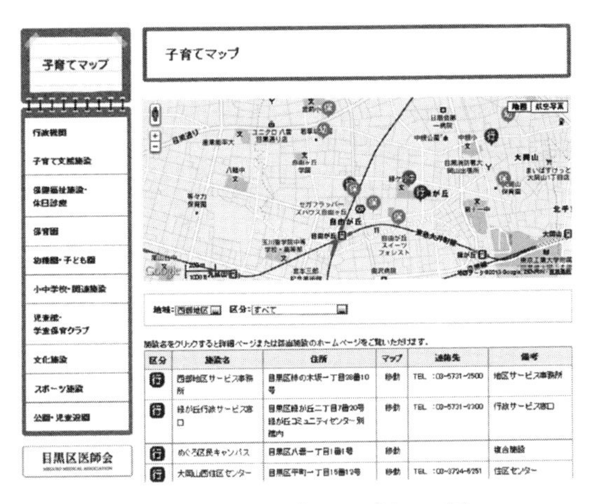

図 21-4　目黒区の子育てマップ（2013 年）．
http://megurokodomo.net/map/

した子育てマップを公開しており，利用者は縮尺や図郭を切り替えながら対話式で地図の表示を選択できるが，表示する情報内容は選べないため，レベル 1 に分類される．地図上では，各種の子育て関連施設が色や記号で区別され，背景となる Google Maps に重ねて表示される．2013 年には，利用者が表示する情報を選択できるようになり，レベル 2 のタイプに変化している（図 21-4）．

地図の作成と維持管理は専門の業者に外部委託されているため，デザインや操作性は洗練されている．しかしながら，地図の情報は自治体内の公的施設（認可保育所，認証保育所，幼稚園，公園など）に限定され，他の自治体の施設，および店舗や営利施設などの民間の施設は除外されている．また，個々の施設に対する評価やコメントは公平性の観点から掲載されない．そのため，こうした自治体の提供する地図では，子育て世帯のニーズを十分に満たすのは困難である．むしろ，利用者のニーズにきめ細かく対応した子育て情報の提供は，民間の企業や団体が担っている可能性がある．

4.2. ボランタリー組織による子育てマップ

目黒区内では，子育てマップ作成に関する講習会が開催され，それを受講した母親グループが中心になって，2009 年から独自の子育てマップ作りが行われている．この講習会は自治体が主催したものであるが，地図作成は受講者に委ねられていた．それに関わった 5 人の主要メンバーのうち，4 人は乳幼児を持つ母親で，残る 1 人は男性

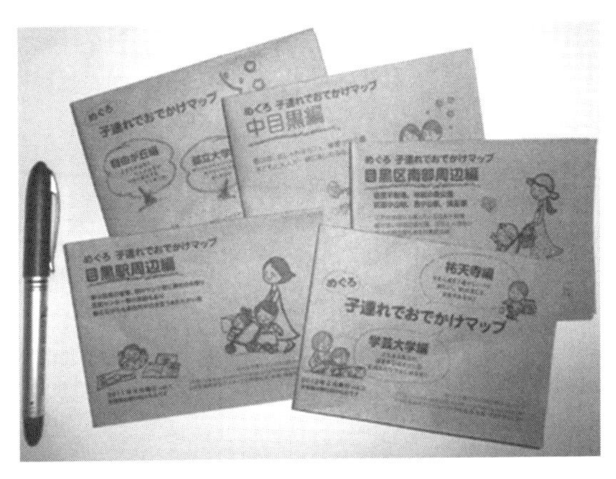

図 21-5　目黒区のボランタリー組織による子育てマップ（2013 年）．

であった．

メンバーのうちの 1 人は，他の自治体で NPO 団体の活動に関わっていて，この種の地図を作成した経験があったため，そこでのノウハウを利用することができた．また，このグループは子育てマップの印刷などに対して，自治体や他の団体から補助金を受けている．

実際には，5 人の主要メンバーを含む 10 人のボランティアが子育てマップの作成に参加した．作成に当たっては，区内をいくつかの地区に分け，子育て関連施設，遊び場，子ども向け店舗などの情報を，地元の知人を通じて収集した．メンバーや知人がいない地区については，現地を歩いて情報を集めた．メンバー間での情報交換には Google ドキュメントや Yahoo! メーリングリストを使用し，マップに関する情報発信には Facebook などの SNS も利用した．しかし，孤立した母親同士の対面コミュニケーションを促すきっかけ作りには，紙媒体の地図が適していると考え，子育てマップを Web で公開することは予定していない．

この団体の子育てマップは，地区別に B4 版の紙に印刷され，92 mm × 128 mm に折り畳んで提供される（図 21-5）．このサイズは，母子手帳を意識したものであるらしい．地図表現では，子育て関連情報を強調するために地物を簡略化し，絵心のあるメンバーがイラストを付加している．自治体の子育てマップとの顕著な違いは，店舗や民間の施設，それらに対するコメントなど，実用性の高い多様な情報を含んでいることである．その

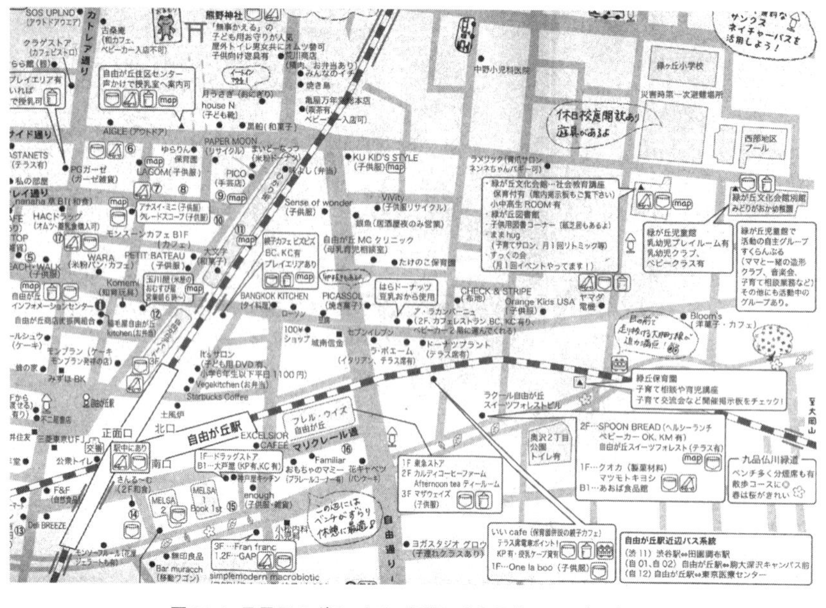

図 21-6 目黒区のボランタリー組織による子育てマップの表現．
「めぐろ子連れでおでかけマップ 自由が丘編」（2012 年発行）の一部を転載．

ため，制約の多い自治体の子育てマップの限界を，こうした民間団体が作成した地図が補っているといえる（図 21-6）．

5. ボランタリー地理情報としての子育てマップ

以上のように，首都圏における地方自治体のウェブ地図による子育て情報の公開はめざましく進展しており，新設・更新の頻度も高い．しかしながら，自治体が提供する情報は，隣接する自治体の施設や．店舗等の営利施設のものは含まれないという制約を受けるため，利用者のニーズを十分に満たすことができない．これと同様の指摘は，バリアフリーマップを調査した二口・宮澤（2004）でもなされている．

こうした限界を補うために，子育ての当事者が参加しながら民間団体が作成した子育てマップが一定の役割を担っている．こうした子育てマップは，当事者から情報を集めて作成されており，参加型地図，あるいは VGI（ボランタリーな地理情報）（Goodchild, 2007）の一種とみなすことができる．提供する形態としてみると，ウェブ地図がベストとはいえず，紙地図も依然として重要な役割を担っている．

ただし，こうした地図を継続的に更新して発行し続けるのには，いくつかの課題がある．その 1 つは，印刷費の調達である．現在は自治体からの助成金でまかなわれているが，今後も継続的に資金を確保できるかどうかは不明である．広告収入を獲得することも考えられるが，そうなると当事者の視点でみた公平性が確保できなくなる恐れもある．もう 1 つの課題は，活動メンバーの確保である．幼児をもつ母親が中心のメンバーは，子どもが成長するにつれて，子育ての当事者としての役目を終えることになる．その場合，新たに若いメンバーを確保できるかどうか，また作成のノウハウを継承できるかが，活動継続の鍵になる．

（若林芳樹・久木元美琴）

【付記】 図 21-6 の地図の転載を許可していただいた，めぐろ子育てマップ作り隊の皆様に厚く御礼申し上げます．本稿は，Kukimoto and Wakabayashi（2014）の内容を日本語化して加筆修正したものであり，2013 年に収集した資料にもとづいているため，必ずしも現在の状況を反映しているわけではない．その概要は 2013 年度日本地図学会定期大会，2015 年度 AAG（アメリカ地理学会）年次大会でも報告した．

【文献】

関本義秀・今井　修・佐藤　勲・井上昭人・山口葦平・薄井智貴（2011）全国自治体ウェブサイトにおける公開地図サービスの実態把握に向けたサイトリストの作成．GIS －理論と応用 19（2）: 47-57.

二口絵里子・宮澤　仁（2004）バリアフリーマップの現状と下肢不自由者の情報要求からみたその有用性．地図 42（3）: 1-10.

Goodchild, M. F.（2007）Citizens as sensors: the world of volunteered geography. *GeoJournal* 69（4）: 211-221.

Kukimoto, M. and Wakabayashi. Y.（2014）Provision of web-based childcare support maps by local government in Japan: Possibilities and limitations. *Geographical Reports of Tokyo Metropolitan University* 49: 47-54.

Peterson, M. ed.（2005）*Maps and the Internet*. Elsevier: Amsterdam.

Peterson, M. ed.（2008）*International Perspectives on Maps and the Internet*. Springer: New York.

第22章 ボランタリー組織による地図作製活動を通じた視覚障害者の外出支援

PGISの応用
福祉分野での応用

1. 地理空間情報の可視化の進展と視覚障害者

厚生労働省の『平成18年身体障害児・者実態調査結果』によれば，5割以上の視覚障害者が外出に困難や不満を抱えている．その理由の1つとして，視覚障害者が利用可能な地理空間情報がほとんど整備されていないということが挙げられる．世間に流通している地図の大半はビジュアルな画像であるため，視覚障害者はほとんど利用できない．情報通信技術（ICT: Information and Communication Technology）の発達は地図の民主化に繋がるとされているが，視覚障害者向け地図についてもそれは当てはまるだろうか．

視覚障害者向け地図としては触地図が製作される機会が最も多く（山本, 2006: 78)，歴史も長い．最近ではインターネット上で触地図を作るシステムも登場した（渡辺ほか, 2011)．しかし，点字を使用できる視覚障害者は少なく，触地図利用者の数はかなり限られている．

したがって，音声によって道筋や地理的領域を伝える地図，すなわち音声地図（Blasch et al., 1973）も必要である．かつてはあらかじめカセットテープ等に録音したりして直接配布する必要があったが，近年ではテキストデータのみWebサイトに掲載し，利用者はそれをパソコン等で自由に音声化できるようになった．音声化ソフトが普及し，パソコンや携帯電話を利用する視覚障害者が増加していることを踏まえれば，音声地図のニーズは今後よりいっそう高まると予想される．

しかし，現在，視覚障害者が利用可能な音声地図はWeb上にほとんど存在しない．2014年5月15日の時点で，東京都の市区町村のホームページに掲載されているアクセス情報をまとめたものが表22-1である．鉄道・バスの路線名，最寄り駅・バス停から徒歩移動でかかる時間はテキスト形式で記載されているが，庁舎の位置は基本的にビジュアルな地図で示されており，その7割以上

表22-1 東京都内市区町村ホームページに掲載されている本庁舎までのアクセス情報．

アクセス情報の種類	頻度	%
最寄り駅名・バス停名（文字）	51	94.4
鉄道・バス乗り換え情報（文字）	6	11.1
鉄道・バス乗り換え情報（画像）	1	1.9
歩行時間	44	81.5
歩行距離	4	7.4
ビジュアルな地図	52	96.3
– jpg,gif,png 画像	38	70.4
– pdf 画像	3	5.6
– Webマップ	38	70.4
– – 自治体独自	22	40.7
– – API 利用（埋め込み）	16	29.6
言葉による地図（道案内文）	20	37.0
– 自動車移動	5	9.3
– 歩行	15	27.8
– – 「ことばの地図」	12	22.2
– – 「ことばの地図」以外	3	5.6
市区町村数	54	100.0

島嶼部を除く各自治体ホームページをもとに作成．

がウェブ地図を背景に使っている．これは，関本ほか（2011）が2009年に全国自治体ホームページの地図サービスを調査した結果よりも高い割合である．ICTの発達によりWebを通じて地理空間情報を文字や音声で伝えることの可能性が開けてきている一方で，社会的にはそれを可視化する動きが強くなってきているのである．

このような状況の中，独自の音声地図を作製して視覚障害者の外出を支援しているボランタリー組織が存在する．認定NPO法人ことばの道案内，通称「ことナビ」である．当該団体は視覚障害者と晴眼者が協同で「ことばの地図」（図22-1）を作製してウォーキングナビと呼ばれるWebサイトで提供している（図22-2)．

「ことばの地図」とは，最寄り駅・バス停から様々な施設までを道案内するテキスト形式の地図であり，視覚障害者はそれをパソコンや携帯電話の音声化ソフトを通じて利用することができる．2016年11月3日現在，2,248ルート分が公開されている．ことナビは会員制ではあるが，所属会

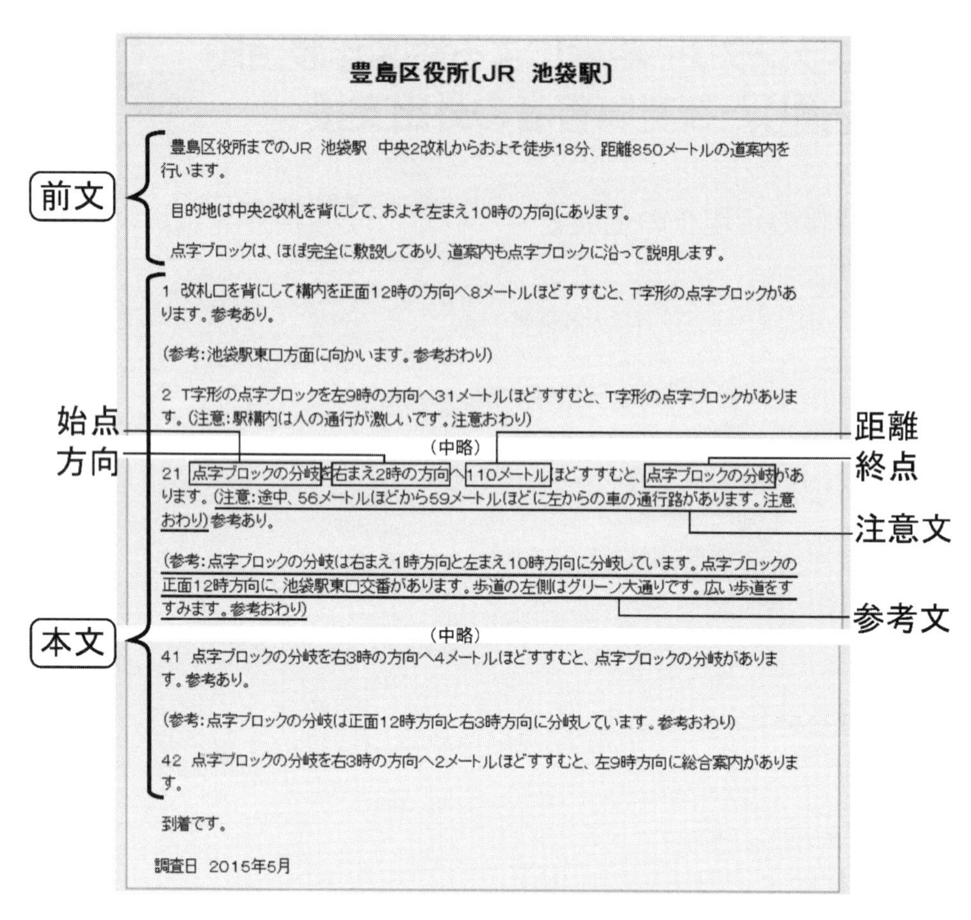

豊島区役所〔JR 池袋駅〕

豊島区役所までのJR 池袋駅 中央2改札からおよそ徒歩18分、距離850メートルの道案内を行います。

目的地は中央2改札を背にして、およそ左まえ10時の方向にあります。

点字ブロックは、ほぼ完全に敷設してあり、道案内も点字ブロックに沿って説明します。

1 改札口を背にして構内を正面12時の方向へ8メートルほどすすむと、T字形の点字ブロックがあります。参考あり。

(参考:池袋駅東口方面に向かいます。参考おわり)

2 T字形の点字ブロックを左9時の方向へ31メートルほどすすむと、T字形の点字ブロックがあります。(注意:駅構内は人の通行が激しいです。注意おわり)

(中略)

21 点字ブロックの分岐を右まえ2時の方向へ110メートルほどすすむと、点字ブロックの分岐があります。(注意:途中、56メートルほどから59メートルほどに左からの車の通行路があります。注意おわり)参考あり。

(参考:点字ブロックの分岐は右まえ1時方向と左まえ10時方向に分岐しています。点字ブロックの正面12時方向に、池袋駅東口交番があります。歩道の左側はグリーン大通りです。広い歩道をすすみます。参考おわり)

(中略)

41 点字ブロックの分岐を右3時の方向へ4メートルほどすすむと、点字ブロックの分岐があります。参考あり。

(参考:点字ブロックの分岐は正面12時方向と右3時方向に分岐しています。参考おわり)

42 点字ブロックの分岐を右3時の方向へ2メートルほどすすむと、左9時方向に総合案内があります。

到着です。

調査日 2015年5月

図 22-1 Web 上に公開されている「ことばの地図」の例 .
ウォーキングナビ http://walkingnavi.com/text_map.php?area=1&rno=3505 最終閲覧日 2016 年 11 月 3 日 .

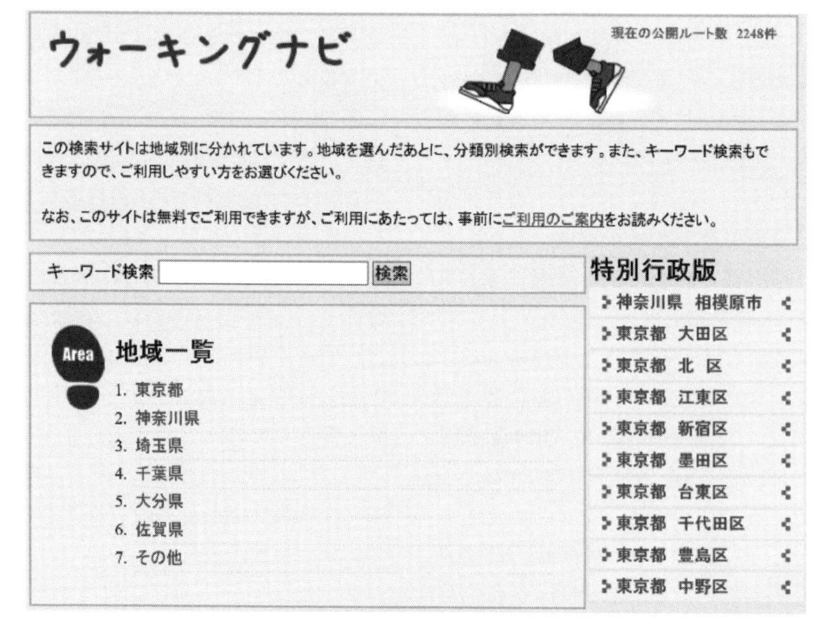

図 22-2 ウォーキングナビのトップページ .
ウォーキングナビ http://www.walkingnavi.com/ 最終閲覧日 2016 年 11 月 3 日 .

員は主婦や一般企業の定年退職者等であるから，「ことばの地図」はボランタリーな地理情報（VGI: Volunteered Geographic Information）の1つとして位置づけられる．

ちなみに，障害者向け地図としては，施設内のトイレや道路上の障害物等の情報が記載されたバリアフリー・マップが有名であるが，その多くは車椅子利用者向けであり，視覚障害者が利用可能なものはきわめて少ないとされている（二口・宮澤, 2004）．

以下では，筆者自身が2013年1月に活動の構成員となり参与観察を行って得た情報をもとに，ことナビの活動とその特徴を紹介する．なお，人名は本文中に出現した順番でa, b, c…とアルファベットで記す．

2. ことナビの概要

ことナビは全盲の視覚障害者であるa氏を代表として設立された．a氏は仕事でパソコンを利用していたこともあり，1990年代後半に視覚障害者向けのパソコン教室を開いた．開始当初はパソコン教室のスタッフが受講者である視覚障害者の自宅を訪問して教えることが多かった．「外出は社会参加への第一歩である」と考えるa氏は，視覚障害者の受講生にできる限り教室まで来てほしかった．a氏自身は最寄り駅からの道順をテープレコーダーに吹き込み，それを聞きながら教室まで通っていた．そこで，この経験をもとに，最寄り駅・バス停から教室までの「ことばの地図」を作り，教室のホームページ上に載せてみたところ，それを利用して1人で通いに来る人が出てきた．

このことを知った何人かの知り合いが「ことばの地図」を作製・普及させようとa氏に声を掛け，2002年に任意団体ことばの道案内協会が設立された．発起人の1人であるb氏（晴眼者）は，活動を始めた理由として「行政や企業の技術はどこか絵に描いた餅のような部分があり，実際に使えるものを作りたかった」と述べている．2004年に団体がNPO法人ことばの道案内となったことで活動が本格化し，2013年には認定NPO法人となった．

現在，団体の会員は約50名であり，そのうちの半数近くが視覚障害者である．年齢は40～60歳代が多い．全盲，弱視，先天性，中途など様々な立場の人が活動に参加している．また，構成員の就業状態も会社員，主婦，定年退職者など様々である．2016年5月まで東京都北区のa氏の職場近くに事務所を置いていたが，同年6月に，視覚障害者関連施設が多数立地している新宿区高田馬場へ移転した．

近年では行政との連携も強めている．筆者が活動に参加した際には，複数の団体構成員から「自分たちから言わないと行政はなかなか動かない」という発言が何度も出てきており，活動を通じて社会へ働きかけようという意欲が見られる．

また，ことナビは「ことばの地図」の編集から公開まですべて視覚障害者がWeb上で行えるシステムを独自に開発した．

3.「ことばの地図」の記載内容

「ことばの地図」は，記載内容に関するルールが定められている．これは統一性を確保するためであると同時に，誰でも地図作りに参加できるようにするためでもある．

「ことばの地図」の冒頭では必ず，出発地から見た目的地の方向，そこまでの経路距離，歩行時間，点字ブロック敷設状況を説明することになっており，これを「前文」と呼んでいる．前文の下の詳細説明は「本文」と呼ばれている．

本文は方向転換点等で一文ずつ区切る．それは「ブロック」と呼ばれ，冒頭に1，2，3…と番号が付されている．各ブロックは，①【始点＋方向＋距離＋動作＋終点】＋②【注意文＋参考文】という構造で書くこととされている．注意文は，危険事項に関する情報（路上障害物の存在等），参考文は移動する際に参考となる情報（音の出ている店の存在等）である．①は記載必須事項であるが，②は後述する現地調査の参加者の判断に応じて記載される．このように情報のまとまりで区切ることは利用者の認知的負荷の軽減に有効であるとされている．実際，「ことばの地図」は，経路上の曲がり角で分割されたGolledge（1991）の帯状触地図と類似している．

「ことばの地図」は全盲者の利用が想定されているため，終点を書くに当たっては，変化する可

図 22-3 現地調査の様子．左：2013 年 10 月 19 日筆者撮影，中央：2013 年 3 月 16 日筆者撮影，右：2015 年 11 月 7 日筆者撮影．

能性がなく，確実にそこに存在する物体，特に触覚的に直接確認できる固定物が重視されている．例えば，視覚障害者誘導用ブロック（通称「点字ブロック」）の分岐点，歩道と横断歩道の境目の段差，建物の壁，植込みの縁石などである．

以上のルールは団体設立から 10 年以上の歳月をかけてようやく生み出されたものである．構成員 c 氏（晴眼者）によれば，初期の「ことばの地図」は一続きの文になっており，方向転換点等がわかりづらく，とても使えるものではなかったという．長年活動する中で当事者が次第に自分たちの空間認知方法に気付き，何度も改良を重ねた結果，上記のようなルールになったのである．宮澤（2005: 78）は地図作製過程への当事者参加の意義として障害者と健常者の相互理解を挙げているが，ことナビの活動は当事者が自分たち自身のことを客観的に理解する場にもなっている．

4.「ことばの地図」の作製過程

「ことばの地図」は以下の手順で作製されている．

まず事務所やボランティアセンター等でミーティングを行い，「ことばの地図」の表現方法や活動の進捗状況などについて話し合う．その後，3 ～ 4 人程度のグループに分かれて現地調査と原稿作りを行う．実際に現地を歩きながら案内ルートを決め，経路距離と歩行時間を測定し，記載する情報を選定する．多様な意見を取り入れて正確に作るために，原則として同じルートは 3 回調査する．まず，1 回目の調査をもとに雛型となる A 原稿を作る．次に，別の日に別グループが 2 回目の調査を行う．そこでは A 原稿を読み上げながら現地を歩き，問題点等がないか確認し，修正を加え B 原稿を作る．3 回目も同様の方法で B 原稿に修正を加えて C 原稿を作る．そして，C 原稿を音声化ソフトで正しく読み上げられるかチェックした後，ウォーキングナビに「ことばの地図」として掲載される．定期的にメンテナンスも行う．最近では，往路だけでなく復路の「ことばの地図」も作製している．

現地調査は原稿作りのためだけでなく，道路状況の点検も兼ねている．図 22-3 は筆者自身が参加した現地調査の写真である．左の写真は，狭い道路の途中にある電柱について調査員が議論している様子である．中央の写真は，自転車が視覚障害者の移動の妨げとなっており，そのことを晴眼の調査員が記録している様子を写し出している．右の写真は，音響式信号機の押しボタンが設置されているにもかかわらず，点字ブロックが敷設されていない横断歩道について調査員たちが話し合っている様子である．

このように，ことナビは現地調査を通じて外出を妨げる様々な問題を発見・記録し，構成員同士で情報を共有している．また，必要に応じて行政等に改善を依頼している．

5. 物質的空間の重視

ことナビの活動は，「ことばの地図」だけでなく，それを取り巻く物質的空間の重要性を認識していることが特徴的である．同じ場所を何度も現地調査する姿勢にそれはあらわれている．技術や情報の精度を向上させることは重要であるが，そもそも安定した物体が地上に存在しなければ視覚障害者は移動しにくい．

図 22-4 は東京都北区中央図書館前のバス停の写真である．2013 年時点ではバス停前の点字ブロックは全て誘導ブロック（進行方向を示すブ

図22-4 東京都北区中央図書館前のバス停の様子．左：ことナビ構成員撮影，中央・右：筆者撮影．

ロック）であり，方向転換点がわかりにくかった．これでは「ことばの地図」でバス停まで誘導することも難しい．そこで，ことナビの構成員が区役所へ警告ブロック（停止位置を示すブロック）の敷設を依頼したところ，2014年に中央の写真のように修繕された．しかし，2015年になると，今度はバス停が警告ブロックから離れた位置に移動されてしまった．たとえ当事者参加のもとで「ことばの地図」の精緻化を進めたとしても，それが描こうとする物質的空間が頻繁に変化してしまうとその機能性が弱まってしまう．

障害者支援は「技術で障害問題を解決する」という技術決定論に陥りやすい（Gleeson, 1999）．従来の移動支援技術は，主に健常の専門家が主体となって開発されてきた．そして，技術や情報の精度が向上する一方で，それが関与する空間は所与のものとされてきた．当事者自身による現地調査に重きを置くことナビの活動は，急速に進展する情報化社会とそれに追随する健常者視点の地図文化に疑問を突き付けているように見える．

（田中雅大）

【付記】 本稿は，田中（2015）の一部を加筆・修正したものである．

【文献】

関本義秀・今井　修・佐藤　勲・井上昭人・山口章平・薄井智貴・金杉　洋（2011）全国自治体ウェブサイトにおける公開地図サービスの実態把握に向けたサイトリスト作成．GIS－理論と応用 19: 103-113.

田中雅大（2015）地理空間情報を活用した視覚障害者の外出を「可能にする空間」の創出－ボランタリー組織による地図作製活動を事例に．地理学評論 88: 473-497.

二口絵理子・宮澤　仁（2004）バリアフリー・マップの現状と下肢不自由者の情報要求からみたその有用性．地図 42（3）: 1-10.

宮澤　仁（2005）「バリアマップ」で可視化する障壁に満ちた都市空間．宮澤　仁編著『地域と福祉の分析法－地図・GISの応用と実例』59-79, 古今書院．

山本利和（2006）視覚障害者の移動と空間認知．岡本耕平・若林芳樹・寺本　潔編『ハンディキャップと都市空間－地理学と心理学の対話』71-91, 古今書院．

渡辺哲也・山口俊光・渡部　謙・秋山城治・南谷和範・宮城愛美・大内　進（2011）視覚障害者用触地図自動作成システムTMACSの開発とその評価．電子情報通信学会論文誌D 情報・システム J94-D（10）: 1652-1663.

Blasch, B. B., Welsh, R. L. and Davidson, T.（1973）Auditory maps: An orientation aid for visually handicapped persons. *New Outlook for the Blind* 67（4）: 145-158.

Gleeson, B.（1999）Can technology overcome the disabling city?. In *Mind and body spaces: Geographies of illness, impairment and disability*, eds. R. Butler and H. Parr, 98-118. London: Routledge.

Golledge, R. G.（1991）Tactual strip maps as navigational aids. *Journal of Visual Impairment & Blindness* 85（7）: 296-301.

第 23 章 介護カルテ：西和賀町の事例

PGIS の応用

福祉分野での応用

1. 医療・保険・介護・福祉分野の地図利用

医療・介護・福祉分野における地図利用は，英国ロンドン市のジョン・スノー医師によるコレラマップ（1854 年）が有名である．この地図は，コレラ患者の位置と，そこに井戸を重ねた地図を作成し，井戸水がコレラ蔓延の原因と想定して，井戸水の利用を中止し，蔓延を防いだという話である．現在でもインフルエンザの流行状況を学級閉鎖の状況として空間的拡散状態を可視化する，といった疫学分野の使い方が広く行われている．また，医療機関の設置に際しても，想定する利用者の分布を考慮して位置を検討する，といったことも行われてきている．このように医療の専門家，あるいは研究者の中では早くから地図を利用した分析が行われてきた．

その一方で，自治体における保険・介護・福祉分野では，住民の実態把握の活用に地図が使われることは少なかった．その原因として，土木部門のように地図を作成し利用するという業務が存在せず，住民の住所の表を作成して管理することで足りており，せいぜい住宅地図の上に訪問先の住民の位置をマークする程度の利用にとどまってきたことが大きい．

2. 地域包括ケアシステム

行政中心の計画づくりから，住民を巻き込んだ保健・介護・福祉の考え方に大きく変化したきっかけは，地域包括ケアシステムの導入である．地域包括ケアシステムの考え方は，高齢者が可能な限り住み慣れた地域で，自分らしい暮らしを人生の最期まで続けることができることを実現するために，厚労省による地域の包括的な支援．サービス提供体制（地域包括ケアシステム）を構築する政策である（図 23-1）．

その推進に際しては，75 歳以上人口が急増する大都市部，人口が減少する町村部等，高齢化の進展状況に合わせて，保険者である市町村や都道府県が，地域の自主性や主体性にもとづき，地域の特性に応じて作り上げていくことが求められている．

この実現のためには，地域それぞれにおいて，高齢者を中心に地域内の医療機関，介護機関，ケアマネージャー，地域活動団体が連携しながら活動してゆかなくてはならない．その実現の方法についても，以下のような PDCA サイクルによる推進が示されている．図 23-2 に示されるように，まず地域の課題の把握と地域資源の発掘が求められ，この情報にもとづき地域の関係者による対応策の検討の話し合いが持たれ，対応策の決定と実

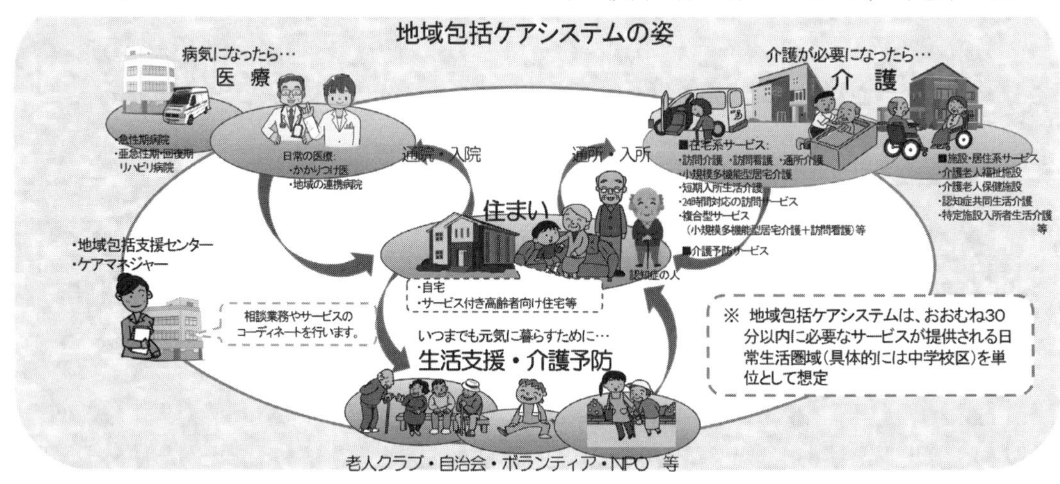

図 23-1 地域包括ケアシステムの姿．（厚生労働省）

市町村における地域包括ケアシステム構築のプロセス（概念図）

地域の課題の把握と社会資源の発掘 → 地域の関係者による対応策の検討 → 対応策の決定・実行

日常生活圏域ニーズ調査等
介護保険事業計画の策定のため日常生活圏域ニーズ調査を実施し、地域の実態を把握

地域ケア会議の実施
地域包括支援センター等で個別事例の検討を通じ地域のニーズや社会資源を把握
※ 地域包括支援センターでは総合相談も実施。

医療・介護情報の「見える化」（随時）
他市町村との比較検討

量的・質的分析

課題
□高齢者のニーズ
□住民・地域の課題
□社会資源の課題
・介護
・医療
・住まい
・予防
・生活支援
□支援者の課題
・専門職の数、資質
・連携、ネットワーク

社会資源
○地域資源の発掘
○地域リーダー発掘
○住民互助の発掘

事業化・施策化協議

介護保険事業計画の策定等
■都道府県との連携
（医療・居住等）
■関連計画との調整
・医療計画
・居住安定確保計画
・市町村の関連計画等
■住民参画
・住民会議
・セミナー
・パブリックコメント等
■関連施策との調整
・障害、児童、難病施策等の調整

地域ケア会議 等
■地域課題の共有
・保健、医療、福祉、地域の関係者等の協働による個別支援の充実
・地域の共通課題や好取組の共有
■年間事業計画への反映

具体策の検討

■介護サービス
・地域ニーズに応じた在宅サービスや施設のバランスのとれた基盤整備
・将来の高齢化や利用者数見通しに基づく必要量
■医療・介護連携
・地域包括支援センターの体制整備（在宅医療・介護の連携）
・医療関係団体等との連携
■住まい
・サービス付き高齢者向け住宅等の整備
・住宅施策と連携した居住確保
■生活支援／介護予防
・自助（民間活力）、互助（ボランティア）等による実施
・社会参加の促進による介護予防
・地域の実情に応じた事業実施
■人材育成
［都道府県が主体］
・専門職の資質向上
・介護職の処遇改善

PDCAサイクル

図 23-2 地域包括ケアシステムの構築プロセス．(厚生労働省)

行が行われる．

このような取り組み方が必要とされるのは，病院で処置されても家庭に戻って悪化するという社会的な状況を把握し，地域全体で解決の話し合いが行われなければ，高齢者に対する本質的な解決につながらないという認識があるためである．

3. 住民参加型地域診断

医療機関，介護機関，ケアマネージャー，地域活動団体が連携して地域の課題を把握し，地域資源を発掘し，解決の話し合いを行うという過程を進めるためには，関係者の間の情報共有が不可欠である．これまで重要性は理解されているものの，それぞれの機関が保有する情報は外部と共有することがなく，また住民にも十分理解されていなかった．そこで，全国国民健康保険診療施設協議会では，2011 年度に地域診断に活用することを想定した手引書を作成した．2012 年度には，多様な地区を対象としたモデル事業を実施し，手引書の改定が行われた．この地域診断による保険・医療・介護・福祉に関わる様々な課題が明らかになれば，それこそ分野横断的な取り組みを行う地域包括ケアシステムの推進となる．

この手引書では，地域診断の進め方を「コミュニティ・アズ・パートナーモデル」と呼ぶ地域全体を包括的な視点で捉え，分析から介入，評価まで実践的な過程で示したモデルを参考にして作られている．示されている地域を構成する人々と 8 つの地域の情報要素で示す．

①地域を構成する人々（人口動態，世帯構成，就業状況など）
②物理的環境（地理的条件や環境）
③経済（基幹産業，地場産業，流通システムなど）
④政治と行政（行政組織，政策，財政力など）
⑤教育（学校教育機関，社会教育機関など）
⑥交通と安全（治安，防災災害時の安全，ライフライン，交通など）
⑦コミュニケーション，情報（地区組織，通信手段，近隣関係など）
⑧レクリエーション（遊戯施設，利用状況など）

⑨保険医療と社会福祉（医療システム，保健システム，福祉システム）

手引書では，地域診断の計画，情報収集．整理，地域アセスメント，課題の整理と特定，地域保健活動計画の立案と続くが，本稿の趣旨から外れるので省略する．

4. 介護カルテ項目の検討

前述のモデルに従って介護カルテ項目の整理，検討を行った．

①の地域を構成する人々の動態に関する情報は，基本情報として位置づけ，人口動態の情報を中心にまとめる．具体的には，総人口と人口推移．将来の推計（増減），年齢3区分別人口割合（年少人口，生産年齢人口，老年人口）．

②高齢者の情報及び介護事業に関する情報は介護福祉情報として取り扱うこととし，世帯数と推移（高齢者夫婦世帯数，65歳以上高齢者単身世帯数，50～65歳の1人暮らし男性世帯），高齢者割合（65歳～74歳人口，75歳以上人口，高齢化率），介護保険要介護認定者数及びサービス利用者数．

③8つの要素で扱われた地域の情報の中から，地域資源情報として扱う次の項目を設定した．すなわち，暮らしに関する情報（行政区，生産組合，婦人会，老人クラブ，NPO，ボランティア情報），施設に関する情報（公的施設，商業施設等くらしに必要となる施設，交通機関など），その他の情報（自然環境，伝統，文化施設，特産品など）とし，これまで自治体内の保健福祉介護部門で保有，整理してきた内容にもとづき，エクセル表で作成したものを扱うこととした．

さらに，現場のデータ整理の観点から，住民基本台帳の単位での整理を基本とし，一方で，他市町村との比較のため，国勢調査の人口データを基本情報に追加した．

5. 介護カルテ画面

このような検討にもとづき岩手県西和賀町の保健部局が保有する情報を用いて，介護カルテの画面を以下のように作成した．

1）初期画面

利用者の属性に応じ権限設定が必要となること

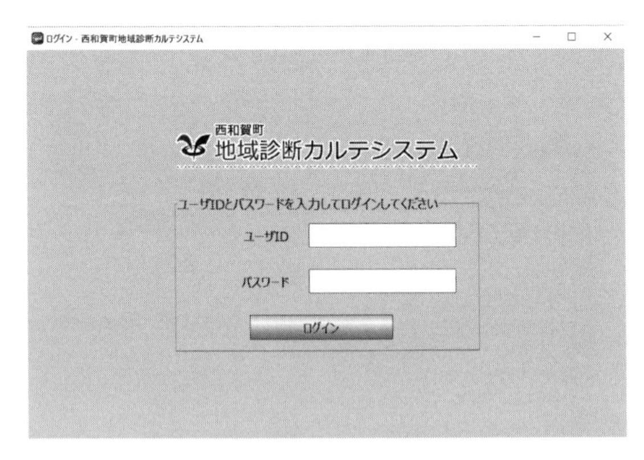

図 23-3　カルテ初期画面．

図 23-4　地域選択画面．

西和賀町地域診断カルテシステム Ver 1.0 - nishiwaga1.spr

地域診断カルテシステム　基本情報　介護福祉情報　防災情報　地域資源情報

住基　国調　大野　H27 総人口

属性名	値
年月	201503
総人口	173
男性人口	81
女性人口	92
総世帯数	52
人口密度	91.06
高齢化率	42.8
高齢化率(65-74)	13.9

住基　国調　西和賀町全体　H27 総人口

KEYC...	年月	総人口	男性...	女性...	総世...	人
西和...	201503	6224	2909	3315	2326	
貝沢	201503	246	127	119	80	
若畑	201503	210	103	107	64	
川舟	201503	433	211	222	157	
長瀬野	201503	233	111	122	77	
泉沢	201503	196	85	111	71	
弁天	201503	112	57	55	33	
猿橋	201503	228	109	119	82	1

カルテ　グラフ　地図　設定　戻る　保存　保存

図 23-5　基本情報画面．

からログイン画面を設定した（図 23-3）．

2）地域選択画面

利用者は，対象地区を選ぶ．この際，利用するデータにより，住民基本台帳で示された地区か国勢調査の調査区かを選択することを想定した（図 23-4）．

3）基本情報画面

右に対象地区，左に自治体全体を表示して立ち上がる（図 23-5）．基本情報は，住民基本台帳を利用する場合は，過去5年間の毎年の5歳階級別人口を扱い，国勢調査を利用する場合は，過去3

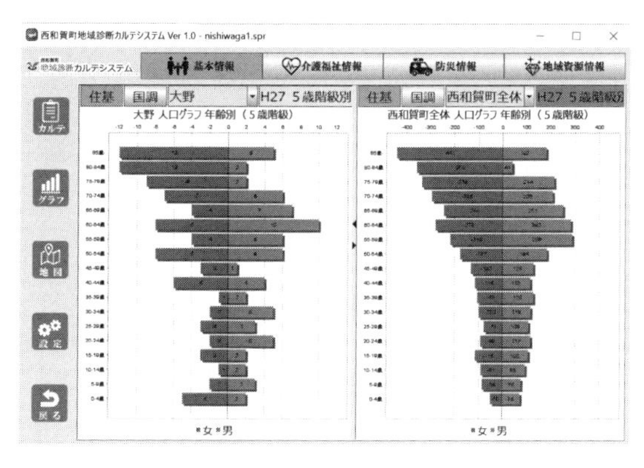

図 23-6　人口ピラミッド．

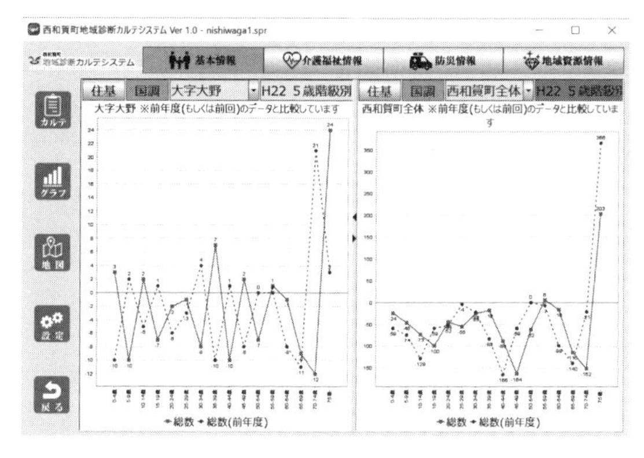

図 23-7　2時点人口増減．(国勢調査)

属性名	値
世帯数	52
男性人口	81
女性人口	92
総人口	173
65歳以上男	30
65歳以上女	44
65歳以上計	74
高齢化率	42.77

町名	世帯数	男性...	女性...	総人口	65歳...
西和...	2326	2901	3271	5926	1071
貝沢	80	127	119	246	43
若畑	64	103	107	210	40
川舟	157	211	222	433	80
長瀬野	77	111	122	233	37
泉沢	71	85	111	196	36
弁天	33	57	55	112	14
猿橋	82	109	119	228	35

図 23-8　介護福祉画面．

回（2010年，2005年，2000年）の5歳階級別人口を扱うことができる．グラフでは，人口推移，5歳階級別人口ピラミッド，5歳階級別人口増減が，年ごとに表示される（図 23-6）．

2画面表示させることで，片方に対象地域，他方に町全体や比較したい地区を並べて表示させ，地区を比較して考えることを想定した（図 23-7）．

人口増減は，国勢調査の場合は，5年間の累積の変化を，住民基本台帳の場合は，前年からの変化を5歳階級別に表示する．このことで，高校進学段階，高校卒業段階，子育て段階，定年段階の各段階における社会変動を知ることができる．この変化による地域の姿の変化を推察することを想定した．

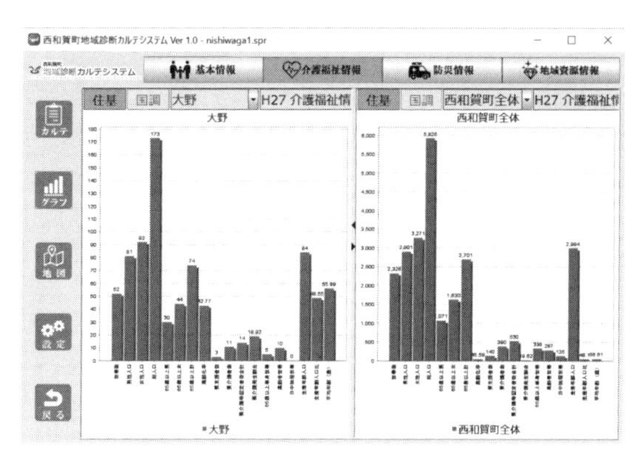

図 23-9　介護福祉グラフ画面．

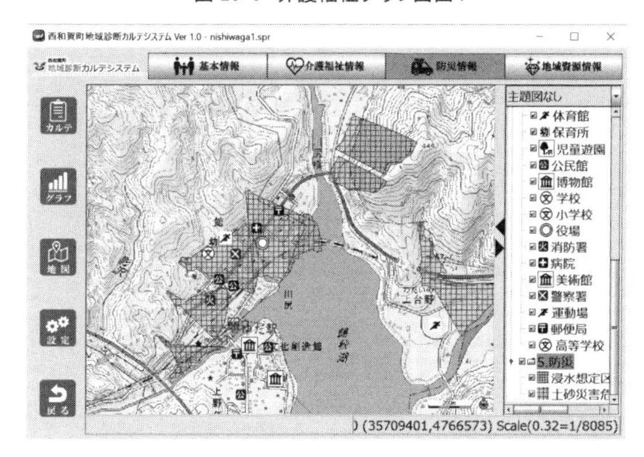

図 23-10　防災情報画面．

4）介護福祉情報画面

収集された高齢者と会議事業に関する情報を登録し表，グラフで表示させるようにしたものが図 23-8 である．この値の可視化方法として棒グラフを作成した（図 23-9）．

棒グラフの違いから2地区の比較を通じて，地域の福祉の状況の違いを知ることができる．なお，調査項目については，今後の利用ニーズに合わせて変更できるようにした．

5）防災情報画面

地区の姿は，地震災害だけでなく，風水害，豪雪災害などの自然災害により大きく影響を受ける．そこで，国による国土数値情報に登録された土砂災害危険区域，浸水想定区域のデータを基礎資料として登録した（図 23-10）．最近自治体に

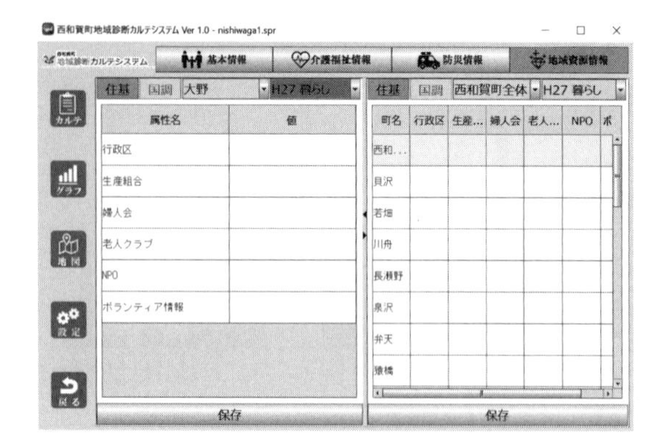

図 23-11　地域資源表．

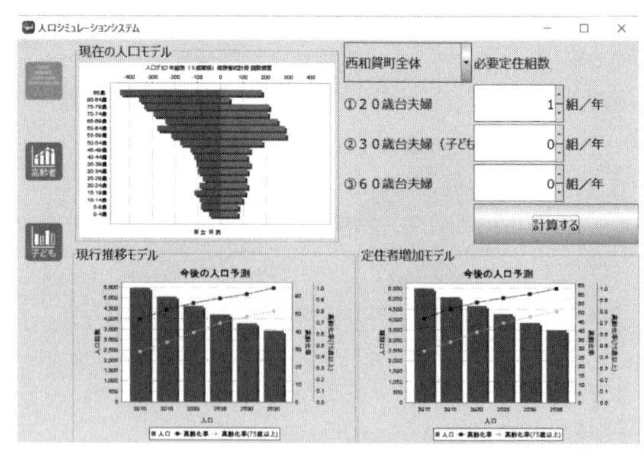

図 23-13　人口推計．(町全体)

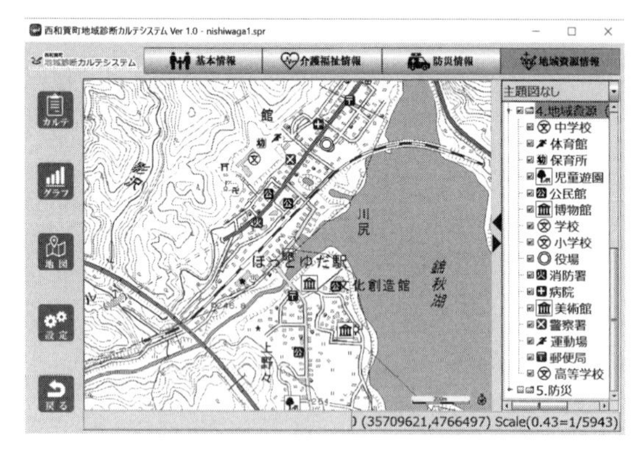

図 23-12　地域資源マップ画面．

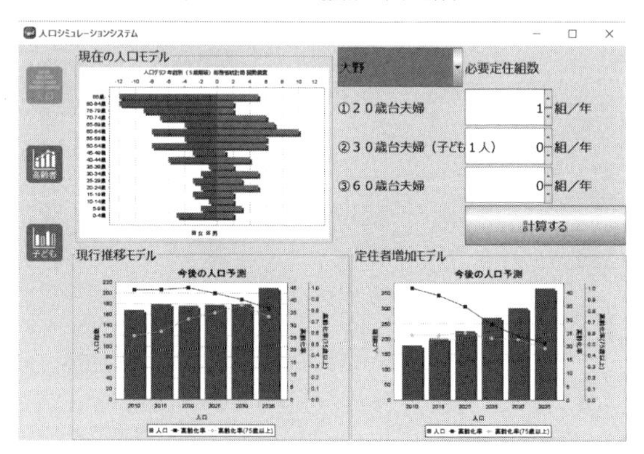

図 23-14　地区単位の人口推計．

よるハザードマップの提供が行われており，また地区の中でも過去の災害履歴を調べる活動が行われているところも多く，今後この情報にもとづく地区内での活用を想定している．

6）地域資源情報画面

地域資源情報としては，暮らしに関する情報，施設に関する情報，その他の情報を扱うこととしている（図 23-11）．しかし，西和賀町の情報整備が遅れたため，国の国土数値情報の公共施設，地域資源情報などを地図情報として整備することとした（図 23-12）．

7）人口推計画面

地区の将来人口がどのように変化するかを，たとえ単純な推計であっても，知ることができれば，その対応を考えるきっかけとなる．島根県中山間地域研究センターによる「しまね郷づくりカルテ」に示された単純コーホート法による人口推計を利用して，地区ごとの推計を行えるようにした．当然集計単位が小さくなるので，その推計誤差は大きくなってしまう．島根県の推計方法の良さは，転入人口を設定しその変化を知ることができ，20 代夫婦，30 代夫婦，60 代夫婦の値を設定できる点である．

図 23-13 は，町全体で 20 代夫婦 1 組が毎年転住してきた時に将来人口，高齢化率はどのように変化するかを示したものである．見てわかる通り，人口約 5 千人の町全体ではほとんどその影響をみることができない．

一方，その 1 組が入った地区で見るとどうなるかについて，地区における変化を計算してみると，図 23-14 に示すように，大きな変化がみられる．分母が小さいので，その変化が大きくなるのは当然であるが，顔の見える地区の中の話し合いには，このような可視化が非常に有効になる．町から出て行った若者が「そろそろ戻ってきてくれると地区の将来は明るいんだ」という話を，このような数値で可視化されることにより，より具体的に検討が進められることが予想できる．

6. 想定される介護カルテの活用

このカルテの利用は，地域包括ケアシステムの考え方に紹介したとおり，自治体ごと，地区ごとに異なる状況，ニーズにもとづき，地区の中で高齢者が豊かな暮らしを過ごすせることが求められており，この中で「豊かな暮らし」はどのようなものになるかを深く話し合うことが重要である．参加型GISの事例に介護カルテを紹介する意味も，この点にある．

具体的には，恐らく住民（代表），民生委員，医療関係者，介護関係者，自治体で話し合いが行われることであろう．もちろん参加できないメンバーはコメントを記すことで参加することも想定できる．これまでの話し合いの進め方は，地域の介護の課題を出して，その課題に対して介護の現状を検討して方策を考えるという流れになるが，介護の問題は，それ単独で課題になっているのではないことを認識する必要がある．

筆者がヒアリングしていると多く出る意見は，親の介護と自分の仕事のバランスをどのように取ったらよいのか，介護のために仕事を辞めなければならないのか，といった悩みが多い．介護の課題と仕事の課題とが連動しており，解決には地域における仕事の進め方まで考える必要がある，ということを意味している．

おそらく，高齢化が進んだ農業が中心の地区での介護問題の解き方は，営農の仕組みまで立ち入って検討する段階に来ているのではないかと感じる．一方で，共働きの個人商店の多い地区での介護問題の解き方も，個人商店の経営方針まで関係することになるであろう．またサラリーマンの多い地区はまた異なる解決方法を探ることが求められるであろう．

これまで，自治体，医療機関，介護福祉機関は，縦割りで仕事を進めてきたため，仕事の進め方の話題に絡むことを避ける傾向があった．，そのため住民の悩みに対応できることが限定されてきたが，「高齢者の豊かな暮らし方」を少しでも実現するために近づけることとしてどのようなことが可能かを話し合うことは有用なことである．

家族関係が変化しており，親の望むことが子ども世代の同意を得られないことも多く，地区，行政の参加は不可欠である．その際，感覚的に議論するのではなく，データにもとづく議論ができれば，議論を少しずつ深めることができるであろう．また，そのような議論を支援するファシリテータと呼ぶ人材が重要な役割を果たす．

ファシリテータは，課題やニーズをどのようにデータで可視化できるかと考え，そのデータを関係者に伝えることが求められる．GISを利用して関係者が色々な角度から考える過程こそ，参加型GISのモデルとして示された「ジオデザイン」（第3章参照）の考え方を踏まえているのではないであろうか．

試行的に地区の話し合いに参加してみたところ，地区内であれば，高齢者のだれがどのような状態にあるか，個々の様子は周知されていることがわかったが，地区全体の様子の可視化は，確認の意味も含め重要であり，住民はその内容を十分に理解し，話し合いを深めることができる事を実感した．

今後，このようなボトムアップでニーズをしっかりと把握し，それにもとづく「豊かな暮らし」の議論をし，それにもとづく施策，計画が立案され，実現できるとするならば，理想的な暮らしが実現できるであろう．地域包括ケアシステムでは，財源の制約ということが強く意識されているが，施設整備というハード整備ではなく，地区の支えといったソフト施策をどのように実現させるかについては，これからの社会の方向にも合致していることが重要である．

（今井　修）

【参考文献】

厚生労働省『地域包括ケアシステム』. http://www.mhlw.go.jp/stf/seisakunitsuite/bunya/hukushi_kaigo/kaigo_koureisha/chiiki-houkatsu/

（公社）全国国民健康保険診療施設協議会（2014）『住民参加型地域診断の手引き（介護予防編）』.

第24章 位置情報とARを用いたまち探検

―富山市を舞台としたIngressと「のらもじ」のイベント―

PGISの応用

教育分野での応用

1. はじめに

2016年に位置情報とAR(拡張現実)を組み合わせたネットワークゲームPokémon GOがいくつかの国, 地域でリリースされた. まちの風景にスマホをかざすとポケモンがあらわれるARを活用したゲームであるとともに, ポケストップという場所では様々なアイテムが得られる. まちにある史跡や芸術作品がポケストップとして設定され, その場に行ってスマホを操作しないとアイテムが得られない仕組みになっている. リリース直後やイベントのたびにまちにはスマートフォンを片手にPokémon GOを楽しむ人々であふれた. また, ゲームに夢中になりスマホを凝視したまま歩き, 事故を起こしたりするなど, 一種の社会問題を起こした. Pokémon GOはナイアンティック(Niantic, Inc.) と株式会社ポケモンにより共同開発されたゲームである.

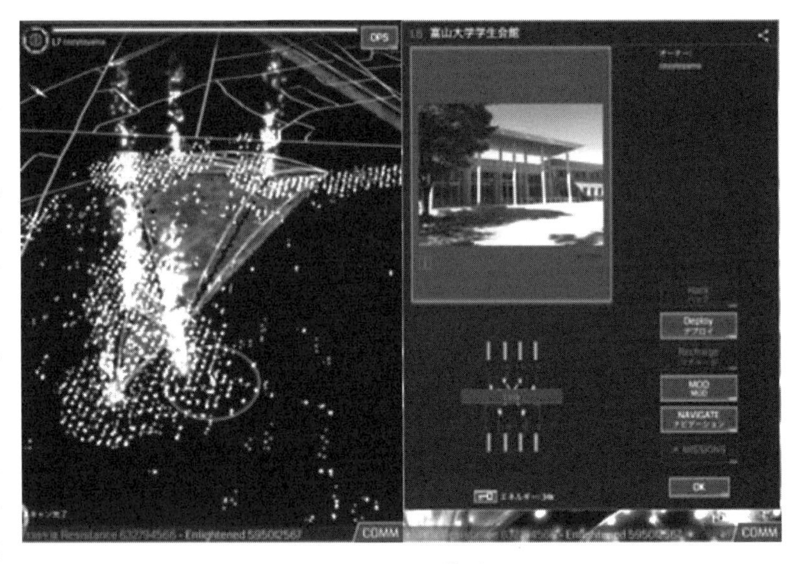

図24-1 Ingressのポータル.

ナイアンティックはPokémon GOのリリース以前から, 位置情報とARを組み合わせたネットワークゲームを開発していた. それが2013年に正式リリースされたIngressである. Ingressは世界をEnlightened (緑) とResistance (青) の2チームにわけ, 陣取りをするゲームである. Pokémon GOのポケストップにあたるものが「ポータル」といわれるもので (図24-1), その場所まで出かけて接触 (ハック) したり, ポータル同士を繋いだりして (リンク), 陣地を拡大する. 敵のポータルを攻撃することで自陣のポータルとすることができる.

Pokémon GOもIngressもゲームする人たちをまちに連れ出したことが画期的である. どちらのゲームもいくつかの自治体が地域活性化に活用しようと取り組んでいる. Ingressを活用した例であるが, 一般社団法人イトナブ石巻が 「Ingress Meetup in Ishinomaki」を実施し, 震災前の状況をポータルとして登録し, 震災後のまちを歩きながら震災前がわかるようにした. また, その地域を歩き回ってもらうために, いくつものイベントを開催し, 日本だけではなく, 世界各地からも参加者を集めている.

2015年8～10月にかけてIngressを活用して富山市の中心市街地を再発見しようという取り組みが行われた. 本章ではその取り組みについて報告する.

2. Ingressと「のらもじ」のイベント

文化庁メディア芸術祭富山展「トヤマウォーカー」が2015年10月8日～25日に実施された. 富山市はコンパクトなまちづくりで全国的に知られており, メディア芸術を利用して富山市内を楽しむことができないかと文化庁メディア芸術祭富山展事務局が検討した. これまでにメディア芸術祭で受賞した作品をみると,「のらもじ発見プロジェクト」とIngressがまちを舞台とした取り組みであることがわかった. この2つを組み合わせることで, まちを再発見できるのではないかと考えた. Ingressは2014年にメディア芸術祭エンターテイメント部門で大賞を受賞し，のらもじ発見プロジェクトも同年のエンターテイメント部門で優秀賞を受賞している．

「のらもじ発見プロジェクト」はまちなかの看板の文字を収集し，それをフォント化して保存しようとするプロジェクトである．作者たちにより，次のように説明されている．「町のあちこちにひっそりと佇む看板の手書き文字は，データとしてきれいに整えられたフォントにはない魅力を持っています．不思議な愛らしさや人間味を湛えたそれら「のらもじ」の，風雨に晒され経年変化し素材と馴染んだ様子に，デザイン的な魅力や，古道具的，民藝的な魅力を積極的に見出だし，それを愛でる．それがプロジェクトの出発点です．発見し，鑑賞し，形状を分析し，フォント化する．誰もが使えるフォントデータとして配布し使ってもらうことで，その魅力を知ってもらう．言わば，タイポグラフィにおける民藝運動です．さらに，フォントデータの代金を持ち主に還元することで，少しでものらもじが後世に残っていくように応援できればと考えています」[1]．

市民参加のイベントとして，まちを舞台としたメディア芸術作品である「のらもじ発見プロジェクト」と「Ingress」を組み合わせたイベントを2回実施した．どちらも，富山市が中心市街地に設置した若者の交流スペースの富山まちなか研究室MAG.netで実施された．その2回とは，①ワークショップ01「のらもじを見つけてポータルにしよう」(2015年8月10, 11日)と，②ワークショップ02「のらもじとIngressを使ってミッションをつくろう」(2015年9月14日～15日）である．

①の参加者は20名で，大学生，高校生が参加した．「のらもじ発見プロジェクト」を発案したアートディレクターの下浜臨太郎氏が指導をした．1日目は下浜氏による「のらもじ発見プロジェクト」についての紹介に続き，参加者20名が4グループに分かれて，担当エリアを設定し，のらもじを収集した（図24-2)．収集については，各自の持つスマートフォンで撮影し，ハッシュタグ「#富山のらもじ」をつけてInstagramに投稿して整理した（図24-3)．

2日目は，収集した「のらもじ」を地図の上で整理することからスタートした．当初は位置情報のついた画像を収集し，Google Maps上で整理する予定であったが，参加者個人の位置情報が流出する可能性があること，地図を囲んでアナログな作業を実施する方が，参加者のモチベーションが高まりやすいことなどが考慮され，富山市の中心市街地のOpenStreetMapをB0版に印刷したものを使って情報の整理を行った（図24-4)．次にのらもじの中から，トヤマウォーカーのロゴにふさわ

図24-2 のらもじ収集の様子．

図24-3 のらもじのInstagramを利用した整理．

図24-4 のらもじの地図上の整理．

しいと思う文字を探し，それを参考にして，文字を作成した．それがイベント名のトヤマウォーカーのロゴになった（図 24-5）．またそれらの看板は Ingress のポータルとなった（図 24-6）．

②の参加者数は少し減って 16 名となった．ここでは Ingress にあるミッションという機能を使った．ある領域内に設定した複数のポータルをまわると達成者にはゲーム内でメダルがもらえるという機能である．ポータルとした看板を順番にまわるストーリーを検討し，Ingress のミッションを 4 種類作成した（図 24-7）[2]．

図 24-5 トヤマウォーカーのロゴ．

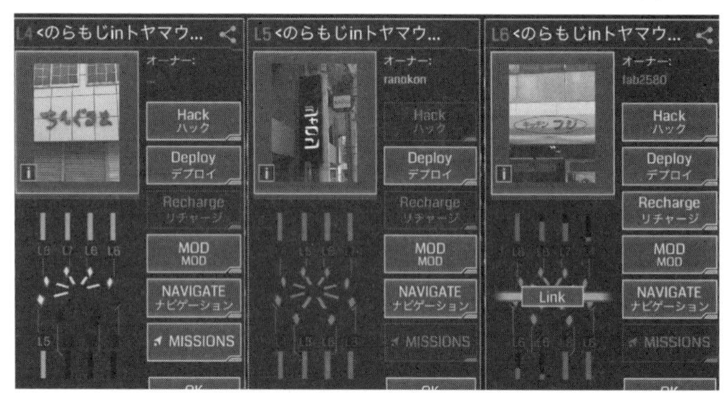

図 24-6 Ingress のポータルになったのらもじ．

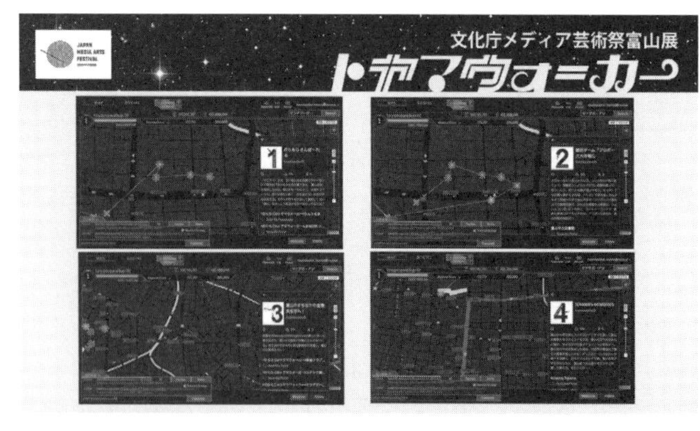

図 24-7 のらもじを活用した Ingress のミッション．

3. 位置情報と看板を使ったイベントの意義

富山市は空襲で市街地の 90％以上を焼失し，戦災復興事業で街区を整理し，現在までその街区のパターンが残っている．まちの核心部分は店舗の入れ替わりも激しく，古い看板はほとんど残らないが，そこから外れると昭和 50 年代の店舗や看板が残る．のらもじ発見プロジェクトを立ち上げた下浜氏は富山市が「のらもじの宝庫」であると評価していた．

看板文字に着目して歩くとき，店舗の歴史や地域の生活についての想像がかきたてられる．ただ，看板文字を見ることに導いてくれる何かが必要である．のらもじ発見プロジェクトにより，その面白さの部分を導いてくれる．次に必要なのは，看板へと人をナヴィゲートする仕組みである．今回の取り組みでは，Ingress のミッションを利用してゲームの参加者を看板へ導こうと試みた．また，この取り組みを通じてまちの歴史を空間的視点を持って学ぶ機会をつくり出そうとした．

スマートフォンが普及し，それぞれの端末が位置情報を取得できるようになった．それを利用しながら，地域を人々が再発見できるような取り組みがこれから広がっていくのではないだろうか．

（大西宏治）

【注】

1）のらもじ発見プロジェクト web サイト．http://noramoji.jp/（最終閲覧日：2016 年 11 月 15 日）

2）このプロセスは「富山のまちをハックしよう！富山のまちを再発見しよう！」というタイトルで動画にまとめられ，YouTube 上で視聴可能である．https://www.youtube.com/watch?v=RpDCfExWoY4（最終閲覧日：2016 年 11 月 15 日）

第25章 大学教育と参加型GIS

1. ネオ地理学者の出現と大学におけるGIS教育

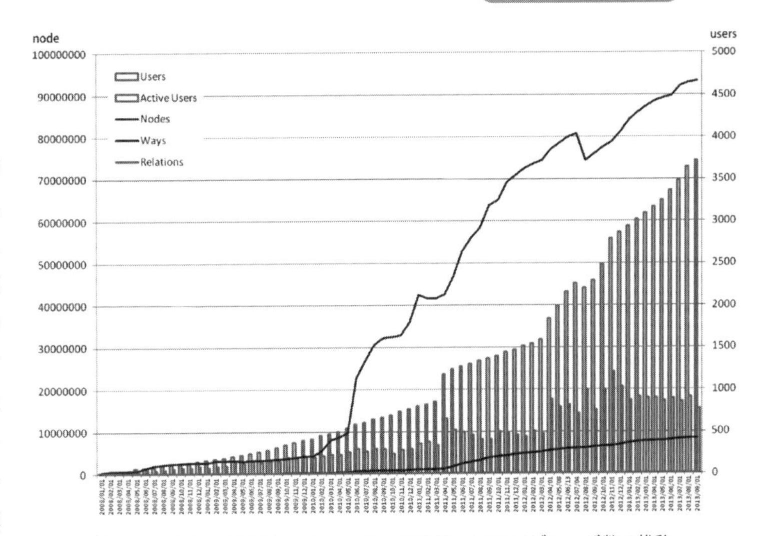

図25-1 日本におけるOpenStreetMapの登録・アクティブユーザ数の推移．
OpenStreetMap wiki: http://wiki.openstreetmap.org/wiki/User:Techstrom/JapanData（May 14th, 2015）

近年日本においても「ネオ地理学（neo-geography）」（瀬戸，2010）と呼ぶべき活動が活発に行われるようになった．ネオ地理学とは，地理学や地理情報の専門家でない一般の人々が，それぞれの興味関心や日常生活上の必要に応じて，インターネット上の地理情報を閲覧・検索・利用・作成することを指す言葉である（Turner, 2006）.

2011年に発生した東日本大震災を1つの契機として，地理情報や地理情報の地図化の重要性が一般の市民に認識されつつある．例えば，災害情報の地図化を行ったsinsai.info（http://www.sinsai.info）では，OpenStreetMapを用いた被災状況の地図化や，災害情報のチェックや掲載などのモデレーティング活動が，OpenStreetMapの振興・普及を目標とする財団の日本支部であるOSMFJ（OpenStreetMap Foundation Japan）や多くのネオ地理学者からなるグローバルなボランティアによって担われた（Seto and Nishimura, 2016）．OpenStreetMapプロジェクトは，日本ではネオ地理学としての実践を示す主要な活動の1つとなっているが，日本を主な活動場所としている登録ユーザならびに日本国内のデータ量の推移をみてみると，2011年4月に大幅に登録ユーザ数が増加し，その後も登録・アクティブユーザ数は継続的に増加していることがわかる（図25-1）.

オープンデータに関わる政策もネオ地理学的な活動を促している．2013年にG8オープンデータ憲章は合意されたものの，日本政府のオープンデータに向けての行動のペースは遅く，特に地方自治体のオープンデータ開放は限られたものにとどまっている（datainnovation.org, 2015）．その一方で，日本においてオープンデータに関する市民のボランタリーな活動は盛んになっている．市民が主体となりオープンデータを活用した地域課題解決に取り組むコミュニティ作りやテクノロジーを利用した活動を支援する非営利団体であるCode for Japanは，Code for Americaをモデルとして2013年に設立され，公認ブリゲイド[1]が33，公認準備中のブリゲイドが25を数える（図25-2，2016年1月現在）．また，ブリゲイドが関与し世界各地で同時開催されるイベントであるインターナショナルオープンデータデイでは，2013年には日本から8都市のみの参加であったが，2014年には35都市，2015年には62都市の参加により行われた（図25-3）．これらのイベントでは，オープンデータを活用して地域の課題解決につなげるプログラムを作成するハッカソン，課題解決に結びつくアイデアを考えるアイデアソン，データなどを丸一日作成するデータソンなどの様々な種類のイベントが開催されたが，これらにおいて地理空間情報の作成や利用は重要なトピックの1つとなっている．

オープンなGISデータやジオコード化されたデータは日本では未だ限られており，こうした活動では，地域の課題を可視化・分析するために，地理空間情報の作成と利用の両者を行うためのイベントも多く行われている（図25-3）.

オープンソースのデスクトップ型GISソフトウェアであるQGIS（https://www.qgis.org/）の利活用や開発に関わるイベントとして，2014年7月東京で第1回QGIS hackfestが，2015年8月に第2回QGIS hackfest，2016年9月に第3回QGIS hackfestが東京・札幌・大阪の3箇所で開催されたが，これらのイベントは全てネオ地理学者がボランタリーに企画・開催を行ったものである.

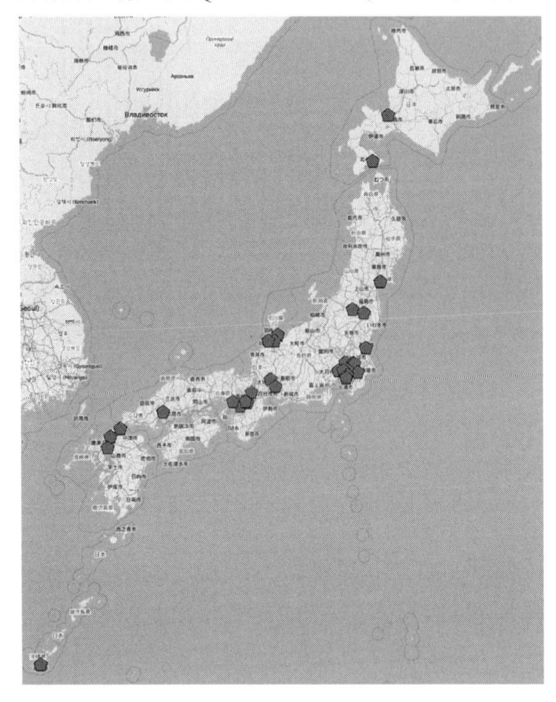

図25-2 Code for Japanの公認ブリゲイドの分布.
http://code4japan.org/brigadeのリストより作成.
背景地図：© OpenStreetMap contributors

図25-3 Code for Naraによるインターナショナルオープンデータデイのマッピングイベント.（2014年11月）

2. 日本の大学教育における参加型GIS

一般社会においてネオ地理学者が多数出現している状況の中，日本の大学教育において参加型GISやそれらに関連した概念はどのように取り扱われているのであろうか.

日本の地理教育においてGISに関する教育は21世紀に入って以降特に進展してきたと言えるが（佐々木ほか， 2008），その中で参加型GISに関連するような授業の取り組みは進んでいない. 従来行われてきた授業の中心は，あくまでもGISによる地図化や分析を行うことができる専門家の育成を最終目標としてGIS技術や概念が取り上げられた. 専門家向けのマニュアルなどを初学者向けに再編集したものが多くの教育現場で用いられたが，一般市民の参加という視点には乏しかった. すなわち日本におけるGIS教育はArcGISデスクトップのような商用ソフトウェアが未だに

図25-4 地理情報科学カリキュラム並びに地理情報科学の知識体系.
（BoK） http://curricula.csis.u-tokyo.ac.jp

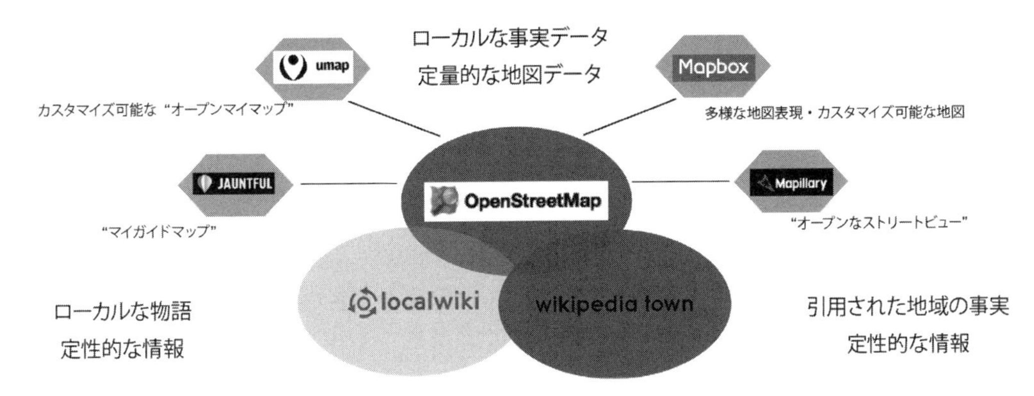

図25-5 ローカルなオープンデータ活動で用いられる地理的情報に関するプラットフォーム.

その中心であり，FOSS4G（Free and Open Source Software for Geospatial）やWeb GISを用いた教育は，先進的な一部の大学を除いては進んでこなかった．このような傾向は日本に限らず，英国でも同様であるという（Dodge and Perkins, 2008）.

また開発が比較的早期から行われていたMANDARA（http://ktgis.net/mandara/）やGRASS（https://grass.osgeo.org/）といったフリー・オープンソースの地理情報表示・分析ソフトウェアの利用は，一部で以前から行われてきたものの，これは操作が簡単であったり，無償で高度な分析ができたりするといったことから導入が行われている面があり，市民による情報の作成・共有を主眼とした参加型GISを見据えた教育がなされてきたとは必ずしも言えない.

また，米国の大学教育において利用されている完成度の高いGIS教材にならい，近い将来のGIS教育のあり方を提示するために作成された地理情報科学カリキュラム並びに地理情報科学の知識体系（BoK）（図25-4）においても，ネオ地理学に関わる項目は非常に限られている．例えば，2012年に作成されたBoKにおいて，ネオ地理学と関連する項目は下記の2つの項目に限られている.

1つは，「第6章 GISと社会」の「1.GISの社会貢献」における「市民参加型GIS」の項目，もう1つは同じく第6章の「2. 空間データの流通と共有」における「インターネットとGIS」の項目である．しかし，その一方でGISの教育や人材育成に関わる項目には，ネオ地理学に関連する用語は入っていない.

3. ネオ地理学・オープンデータ時代における地理教育の特質

ネオ地理学においては，これまでの地理教育において取り扱われてこなかった様々な地理的情報の作成ならびに利用の仕方が見られる．例えば，先述したCode for Xの活動の主要な目的は，ICTを利用した地域の課題解決であるため，地理的なものの見方や分析がその中で重要になってくる．そこで取り組まれているのは，狭い意味でのGISの利用・分析にとどまらず，インターネットを利用した様々な地理的情報の可視化・共有化の方法である.

例えば日本において，地域のオープンデータ作成活動を行っているCode for Xでは，図25-5で示されるような多様な地理的情報に関わる様々なオープンデータプラットフォームが用いられている．ここでは，主にフィールドワークや衛星画像などのトレースなどを通じて地域の事実データ，地図的な情報を作成するOpenStreetMapのみならず，OpenStreetMapと連携したオープンなストリートビューとも言えるMapillary [2]（図25-6），地図表現も含むカスタマイズ可能なマイマップとなるサービスを提供しているMapBox [3] やumap [4]，マイガイドマップであるJAUNTFULなどの様々なウェブ上のサービスが利用されている.

またCode for Xでは，このような事実データとしての地理的情報のみならず，地域に存在する定性的なデータの作成・共有なども行われている．例えば，wiki型の百科事典作成プロジェクトであるウィキペディア上に，フィールドワークと様々

図 25-6 奈良・葛城古道の Mapillary.
https://www.mapillary.com/map/im/KnBCgULcWX6PAw_Q-zaloQ

な文献上の情報を中心に情報の収集，編集を行い地域の事実情報について共有を行うウィキペディアタウン（https://ja.wikipedia.org/wiki/ プロジェクト：アウトリーチ / ウィキペディアタウン）の編集，また同じく wiki 型で，OpenStreetMap やウィキペディアタウンなどでは共有しづらいような地域の中の様々な場所に対する個人の感情や地域のストーリーなどを自由に編集，共有可能な localwiki（https://www.localwiki.org）を用いた記事作成活動などが行われている．

これらのプロジェクトで作成されたデータはオープンデータとして相互に自由に利用可能であり，地域課題の検討や解決のためのアプリケーション作成などにおいて，自由に利用可能である．これらの多様なプラットフォームが利用されていることは，地域で共有を行うべきであると住民自身が考える地理的な知が，非常に多様であることを示している．

Code for X では，これらのプラットフォームを利用したマッピングパーティや編集イベントを開催し，政府や自治体からオープンデータの公開が進んでいない状況においても，自らオープンデータの作成，共有，利用を行っている．

また近年，オープンソースの開発や利用促進を進める OSGeo 財団などが関わり，Geo for All（http://www.geoforall.org）と呼ばれる活動が進みつつある．これは，先進国・途上国といった国や個人の属性や置かれた状況を問わず，誰もが自ら地理情報をハンドリングできるような教育や知識の共有を行うことを目指した国際的な取り組みがである．ここでオープンソース GIS を用いることで，地理的情報の表示や分析の敷居を低くするための様々な活動が行われようとしている（Cowan and Hinton, 2014）．

4. 参加型 GIS を見据えた日本の高等教育における地理・GIS 教育に向けて

以上のような状況の中で，近年少しずつではあるが，日本の高等教育の地理・GIS 教育に変化の兆しが見られるようになってきた．これらには，オープンソースソフトウェア，WebGIS，オープンデータプラットフォームの利用が含まれる．日本においても，ネオ地理学者たちが用いる様々なツールを利用した GIS 学習が始まっている．そこでは，市民による地図作成の技術的・社会的な可能性と限界について，またこういったウェブベースの地図作成でしばしば問題になるウェブ地図の著作権・ライセンスについて学習もあり，これらは，従来の GIS 教育ではみられないような内容である．

表 25-1 奈良女子大学における地域環境学実習のカリキュラム概要

(1-1) フィールドワークとウェブ地図
(1-2) フィールドワークとインデックスマップの作成 （地理院地図による白地図作成）
(2-1 ～ 2) フィールドワークと主題図 （mandara による主題図作成）
(3-1 ～ 2) ウェブ地図の利用とライセンス （Google マイマップ作成）
(4-1 ～ 4) 自由に共有できる地図をつくる（OpenStreetMap）
(5-1 ～ 3) フィールドデータの GIS による分析（QGIS）

図 25-7 授業中のマッピングのためのフィールドワーク．

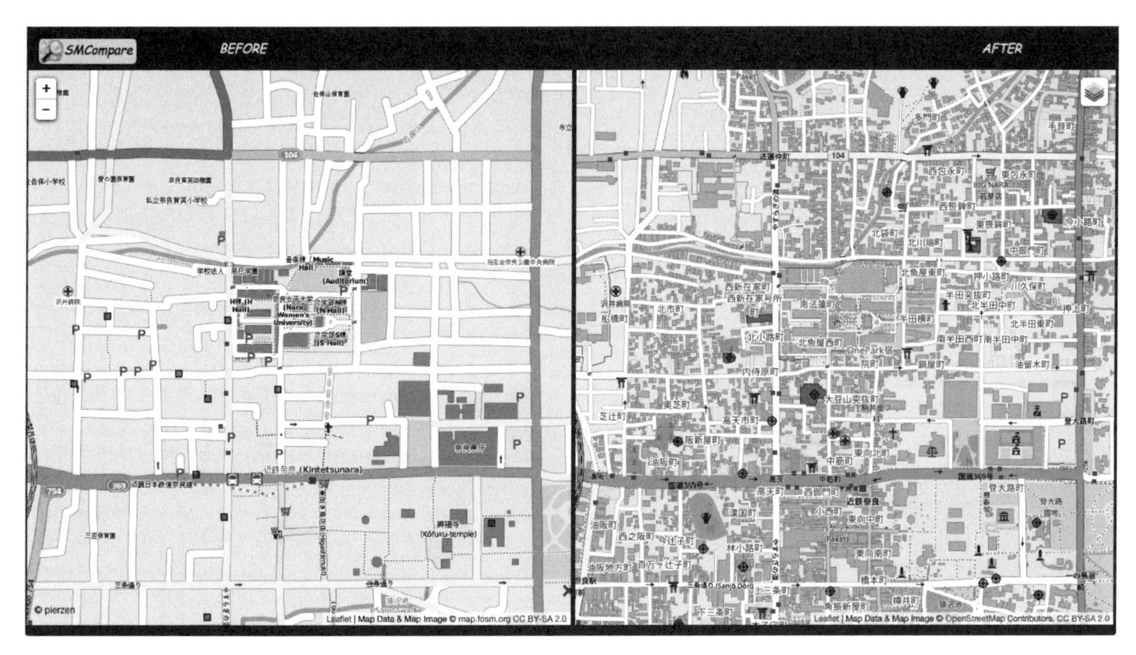

図 25-8　奈良女子大学キャンパス周辺の OpenStreetMap による地図作成.（左：2011 年，右：2017 年1月）
http://pierzen.dev.openstreetmap.org/hot/leaflet/OSM-Compare-before-after.html#16/34.6873/-1304.1719

このような新しいカリキュラムの一例として，2016 年度に著者が実施した実習授業のカリキュラムの概略を表 25-1 にまとめた（図 25-7）.

これらのネオ地理学者の用いるオープンデータプラットフォームを利用した GIS 学習によって，学習成果が，直接地域への貢献に結びつく場合もある（図 25-8）. 例えば，複数の大学で，OpenStreetMap を利用した災害発生地域のクライシスマッピングや FOSS4G を利用した災害マップの作成が行われており（図 25-9），学生を中心とするこうした活動を支援する組織として，クライシスマッパーズジャパンが設立された.

図 25-9　奈良女子大学におけるネパール地震のクライシスマッピング講習会.

このような新しいタイプの学習カリキュラムの実行に関していくつかの課題も生まれている. 1 つには，このような新たな学習カリキュラムに対応した教材が不足していること，教える側への情報の提供が進んでいないという状況がある. これらについては，例えば OpenStreetMap では，LearnOSM（http://learnosm.org/）や teachOSM（http://teachosm.org/）といったオンラインベースでの学習教材ならびに教える側に必要な知識や情報の両者が提供されており，参考となる.

それ以外にも例えば，wiki 型のオープンデータプラットフォームでは，多くのユーザがデータの編集を行うことから，自分の編集が他のユーザに書き換えられたり，また複数ユーザ間で生じるデータのコンフリクトが発生し，思い通りにデータの編集ができなかったりすることで，個人の学習への意欲がかえって損なわれる場合もある. また，これらのプラットフォームはグローバルに共有可能なものになっているが，初心者である多くの学生がデータの編集に関する知識を持たないまま，不十分な編集を行うことで，それが編集合戦となったり全体の地図作成の進行を妨げる場合もある.

これらを根本的に解決するような対策は存在しないが，1 つの方策としては，社会におけるネオ地理学者の活動と学校内の授業を積極的に結びつけ，ネオ地理学者と学生とのコラボレーションを進めることで，社会における実践に参加しながら，同時に学習を行う形態の教育を進めることが重要であると考えられる．　　　　　**（西村雄一郎）**

【付記】 本稿の概要の一部は FOSS4G Korea 2015 並びに 2016 年度日本地理学会春季学術大会で報告した．

【注】
1）ブリゲイドとは Code for Japan が提供する支援プログラムに参加している各地のコミュニティのことを指す．これらは Code for X（X には各都市名が入る）と自称している．
2）https://www.mapillary.com/
3）https://www.mapbox.com/
4）https://umap.openstreetmap.fr/ja/

【文献】
佐々木　緑・小口　高・貞広幸雄・岡部篤行（2008）日本の大学における GIS 教育の調査：地理学関係学科・専攻の事例．GIS －理論と応用 16（2）: 43-48.
瀬戸寿一（2010）情報化社会における市民参加型 GIS の新展開．GIS －理論と応用 18（2）: 31-40.
Cowan and Hinton（2014）TeachOSM. https://vimeo.com/106872862
datainnovation.org（2015）. Open Data in the G8. http://www2.datainnovation.org/2015-open-data-g8.pdf
Dodge and Perkins（2008）Reclaiming the map: British Geography and ambivalent cartographic practice. http://personalpages.manchester.ac.uk/staff/m.dodge/Reclaiming_the_map_commentary.pdf
Seto, T. and Nishimura, Y（2016）Crisis Mapping Project and Counter Mapping by Neo-geographers. In *Japan after 3/11: Global Perspectives on the Earthquake, Tsunami, and Fukushima Meltdown*（*Asian In The New Millennium*）ed. Karan, P.P. et al., 288-304.The University Press of Kentucky.
Turner, A. J.（2006）*Introduction to Neogeography*. O'REILLY Media Inc.

第26章 海外におけるオープンガバメント・オープンデータの実践事例

1. はじめに

欧米諸国を発端とするオープンガバメント政策やそれに伴うオープンデータの整備は，第8章で取り上げたように，世界各地で政府機関や地方公共団体に波及する一方，オープンデータを活用する受け皿として，市民側の取り組みも活発になりつつある．それは，ICTを積極的に活用した市民が主体的に行政や地域に関わり，その課題解決を目指す「シビックテック（Givic Tech)」と呼ばれるムーブメントである．その代表例は2009年に設立された非営利組織「Code for America (CfA)」(https://www.codeforamerica.org/) であり，米国の州政府や地方自治体との協働を通して，地域課題や行政業務の効率化に資する（Web）アプリケーションが開発されるほか，市や町を単位とするローカルなシビックテックに関する活動も積極的に支援している．

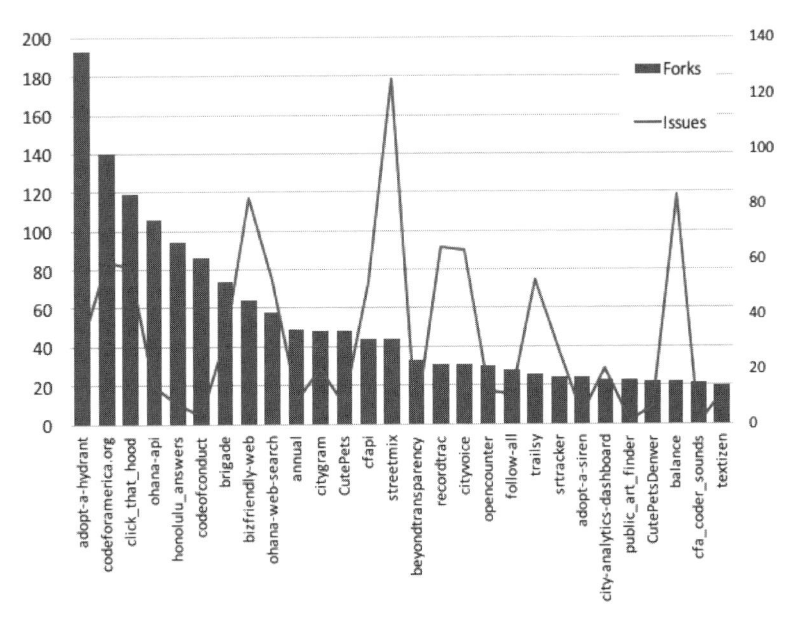

図26-1 CfAで作成されたWebアプリケーションのGithubでの共有状況.
(fork数20以上のみ.2016年8月時点)

本節ではこれらの状況を背景に，特に地域課題の解決を目的に掲げて地理空間情報を積極的に活用した具体的な地域やツール・プロトコルをいくつか取り上げ，オープンガバメントに向けた参加型GISの新たな可能性を考察する．

2. Code for Americaの取り組み

2009年に設立されたCfAでは，約50名のフルタイムのスタッフがICTの技術や社会デザイン，地方自治の基本等を日々研修しながら，毎年8～10の異なる地方自治体に派遣され，行政内部でアプリケーション開発等に従事しながら地域課題解決に関わるフェローシップ（Fellowship）というプログラムが存在する（Goldstein and Dyson, 2013）．また，ICTを用いた地域課題解決のコミュニティづくりにも注力しており，米国内に約50以上のブリゲイド（Brigade）と称するCfAの地域版にあたる組織（多くは非営利・任意団体）が，市民エンジニアやコミュニティデザイナー等によって設立され，定例のワークショップの開催や行政機関とも独自に連携することで，より緊密にオープンガバメントの実現に協力している．こうしたブリゲイド活動の一端は次節でシカゴを事例に解説する．

CfAでは，様々なワークショップやフェローシップを通じてアプリケーションやソリューションを数多く開発しているが，約500種類以上のリソースについて，ソースコードの共有サービスであるGithubを通して原則無償で一般公開していることも活動の大きな特徴である（https://github.com/codeforamerica）．

図26-1は，CfAがGithub上に公開しているプロジェクトやツール等のうち特徴的なものを示している（2016年8月時点）．Githubではフォーク（fork）という機能を用いることで，他組織や

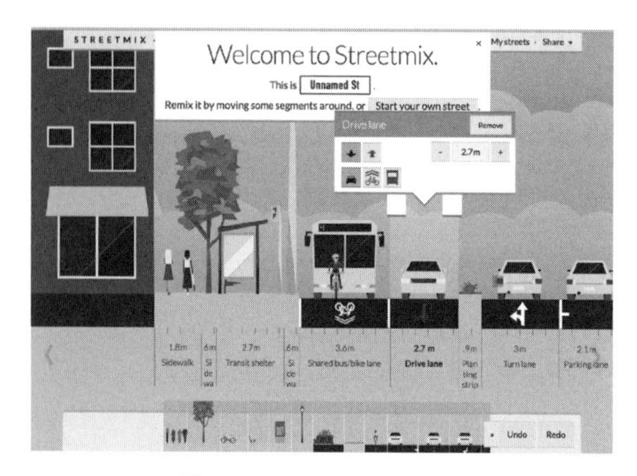

図 26-2 Streetmix の Web 画面．
(http://streetmix.net/)

他のサービスに複製することが可能である．したがって，この図においてフォーク数が多いものは他地域での活動に採用されている可能性が高いことを示しており，そのツールの普及度を端的に示している．

地図や地理空間情報と連動するアプリケーションでも特に人気があるのは，ボストン市内の消火栓維持管理ツール「Adapt-a-Hydrant」(193 forks) や，社会サービスの地図検索サービスと API のプラットフォーム (106 forks)，シャーロット市の行政地域情報通知ツール「CityGram」(48 forks)，サンフランシスコ州の道路計画を契機に開発された「Streetmix」(44 forks) などである．中でも極めてユニークなツールは Streetmix で，既存の道路計画にもとづく道路交通の規制ルールをもとに，ユーザである地域住民が車線数やレーン順序といった新しいデザインルールを Web 上でインタラクティブに提案できるものである（図 26-2)．このツールは，forks 数として多いだけでなく，ソースコードの不具合や新しい要望などを，主にユーザから開発者に報告し共有する issues という投稿が 180 と他のアプリケーション開発に比べると多く，交通計画の進捗状況や各都市の事情に合わせて，本アプリケーションが頻繁にカスタマイズされていることがわかる．

このように CfA では，ICT の高いスキルを持つ職員を市役所の現場にフェローとして派遣し，地域課題の解決に資するアプリケーション作成を推進することはもちろん，そこで得られた成果が Github 上を中心に広く開示され再利用できること

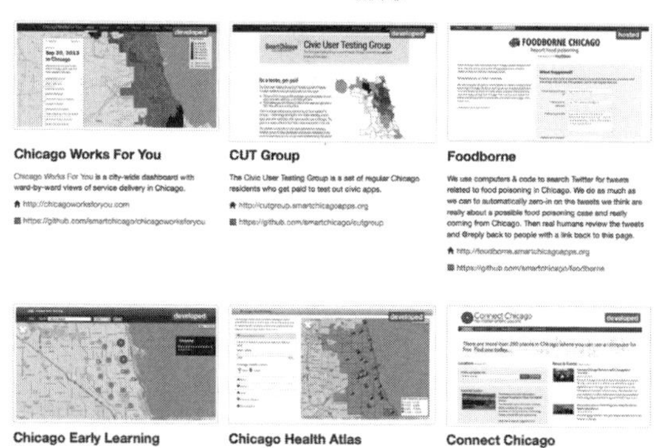

図 26-3 Smart Chicago Apps の Web アプリ例．
(http://www.smartchicagoapps.org/)

で，様々な地域での活用が促され，バグや機能要望を市民と直接やり取りできる仕組みも積極的に採用している．

3. シカゴにおける取り組み

CfA における活動の中でも，イリノイ州シカゴ市は早くから市民参加と ICT を結びつけたまちづくりに挑戦している．

シカゴ市ではエマニュエル市長が，犯罪発生や交通事故をはじめとする都市型の社会課題を解決すべく，市民参加型プロジェクトに早くから着目した都市の 1 つである．中でも，2000 年代中盤に設立され，当初デジタルデバイドの解消を目的に活動した非営利組織である「パートナーシップ・フォー・デジタルシカゴ」を母体に，現在では「スマートシカゴ・コラボラティブ (Smart Chicago Collaborative)」として，シカゴ市はもちろん，シカゴを本部とするマッカーサー財団，シカゴ・コミュニティトラストからの援助を受けて，全米の中でも積極的にシビックテックに関する活動を市と協働して行っている (Whitaker, 2015)．

スマートシカゴ・コラボラティブでは現在，市民サービス向上に向けて，健康，教育，社会的公正，エコシステムを主なミッションとして現在 10 を超えるプロジェクトを市と協働して行っており，1,000 以上のオープンデータを公開するシカゴのデータポータル (https://data.cityofchicago.org/) を駆使した Web アプリケーションを「Smart Chicago Apps」として広く提供していることが特

図 26-4 Chi Hack Night の活動の様子．(筆者撮影)

徴である（図 26-3）．2016 年 8 月現在，Web サイトで 14 の Web サービスが公開されているが，これらのほとんどはシカゴ市のオープンデータと地図サービスとを連動するウェブ地図サービスに位置づけられるものである．例えば，出生率・死亡率，犯罪発生などの統計データを地図化し，地域的な動向を可視化した「Chicago Health Atlas」（http://www.chicagohealthatlas.org/map）を始め，予防接種が受けられるクリニック情報を地図化した「Chicago Flu Shots」（http://chicagoflushots.org/）や，複数年の交通事故に関するオープンデータを地図化した「Chicago Crash Browser」（http://chicagocrashes.smartchicagoapps.org）などが代表例である．

シカゴにおける取り組みは CfA との関係も深い．その一例として，2012年に第2期目となるフェローシップ・プログラムをシカゴ市で採用し，実際に 4 名のエンジニアが市に派遣されアプリケーション開発に貢献したほか，スマートシカゴ・コラボラティブのコンサルタントとして活躍するクリストファー・ウィテカー氏も，CfA のコーディ

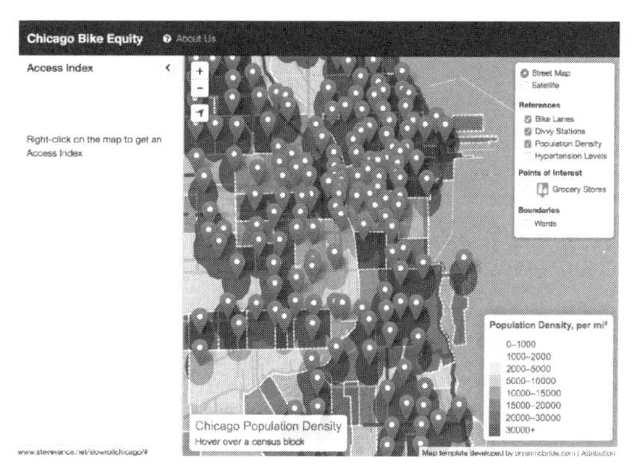

図 26-5 Chicago Bike Equity の Web 画面．
(http://www.stevevance.net/slowrollchicago/)

ネーター職「Brigade Captain」として，米国中西部地域のオープンデータ・オープンガバメントの普及に努めている．また，コミュニティイベントを核とする活動の場の構築にも積極的で，2012年5月より始まった「The OpenGov Hack Night」（現在は，「Chi Hack Night」という名称で開催）は，2016 年 4 月末時点で 200 回以上の実績を有している．このイベントは，基本的に毎週火曜日の夜（主に午後6時〜午後10時）にシカゴ市内のコワーキングスペースや地元 IT 企業（例えばオンライン決済サービスの Braintree 社）を会場に，自治体や公共機関の関係者によるシカゴの地域課題に関するプレゼンテーションの部と後半のブレイクアウト・セッションの 2 部構成で行なわれている（図 26-4）．

後半のブレイクアウト・セッションとは，特定の課題に関するアプリケーション開発を目的とする 10 の作業チームと，シビックテックの考え方やツール（プログラミングや統計処理）の使い方を学ぶ 5 つの学習チームの大きく 2 つに分かれたワークショップ形式のセッションで構成されている．10 の作業チームは，その時々で変動するが，スマートシカゴ・コラボラティブと同様に，教育・公共交通・健康・エンパワーメント・社会的公正などの分野に関するアプリケーション開発や自治体の計画策定に寄与する Web ツールの開発が行なわれることが多い．図 26-5 は，2015 年前期に取り組まれていた「Slow Roll Chicago bike equity data project」のウェブ地図インターフェースである．この活動の発端は，プロジェクトリー

ダーで地元のGISベンチャーのエンジニアであるスティーブン・バンス氏によれば，シカゴ市が計画中の2020年における交通計画の策定に寄与するためのWebツールとして始まったものであり，シカゴ市内のレンタサイクルサービス「Divvy」の貸出スポットや自転車専用レーン，市内の人口密度等をわかりやすく地図化するために開発されたものである．

Chi Hack Nightで行なわれている各種の活動は，ICTを駆使した地域課題の解決を目指す，Code for America等が共通するシビックテックの取り組みである一方，運営側は活動の経験がない初心者やプログラム開発を得意としない一般市民やデザイナーにも極力参加しやすい環境づくりを意識して行なわれている点が大きな特徴といえる．したがって，Chi Hack Nightに関わるメンバーもエンジニアだけでなく，課題を具体的に有している行政職員や地域のNPO団体など専門家，デザイナーや学生さらには退職したシニア世代のボランティアまで多様である．

4. ボトムアップ型オープンデータを流通するプロトコル：Open311

これまで取り上げたようなCfAやスマートシカゴ・コラボラティブにおける活動の実践事例は，オープンソースを中心とするようなWebアプリケーションを駆使することで，行政機関の有するオープンデータをわかりやすく視覚化・地図化し情報としての付加価値を高めるための取り組みとして捉えることができる．他方，市民側が地域課題を投稿することで，これらの情報にもとづき行政機関が道路補修など意思決定に用いる，いわばオープンデータを生成する立場として貢献する場合もある．

このような市民による街の課題に関する投稿は，1990年代後半より米国でも非緊急性の行政受付サービスとしてDial 311（電話番号）が採用されたほか，英国発祥のFixMyStreetや米国発祥のSeeClickFixといったオープンソース型のWeb投稿システムが2000年代前半より多数開発されてきた．

一方，これら投稿の仕組みやデータ処理に関する相互運用性を担保するために，1990年代後半

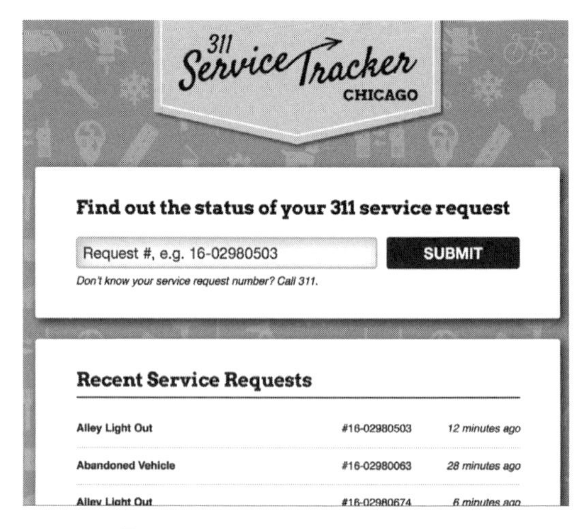

図 26-6　311 Service tracker の Web 画面．
(http://www.open311.org/)

よりオープンソースの空間分析ツールなどの開発支援を行ってきた非営利組織であるOpenPlansが中心となって「Open311」が2009年より計画された（Patal, 2015; 吉田, 2013）．実現への大きな力となったのは2010年に当時，米国政府CIO（Chief Information Officer）であったヴィヴェク・クンドラ氏によってOpen311のAPI化に対する支援が発表されたことで，投稿された情報の位置情報を取得するためのGeoreportと問い合わせ内容に関するInquiryという2つのAPI群が設計された．311システムのAPI化により311の発祥となったボルチモアはもちろん，シカゴやサンフランシスコ，ワシントン，ボストンなどでの導入が本格し，米国で10都市以上，海外でも6都市Open311を採用した行政への通報サービスのワンストップ化が行なわれている．特にシカゴ市ではCfAとの協働によるOpen311の積極的な採用を進め，問い合わせ内容の追跡ツールである311 Service Tracker（http://servicetracker.cityofchicago.org/）を2012年9月に開始し，現在に至っている（図26-6）．

5. まとめ

本節で取り上げたようにCfAでは，市民の非営利組織でありながら，政府や地方自治体と緊密な連携を取ることでそれぞれの地域で求められるアプリケーションを開発することが可能であり，またそれらがGithubを通じて多くの場合オープン

ソースとして公開されることで他の地域に派生する側面も見いだされる．他方，これらのアプリケーションを支える地域情報の多くは，公共機関によって整備されたオープンデータであり，シカゴ市における取り組み事例に見られるように，特に都市計画やインフラ，交通以外にも米国の都市問題を背景にした事故・犯罪に関するデータ利用も多いことが明らかとなった．また，Code for Chicago や OpenPlans に代表されるような地域における市民セクターがこうしたオープンデータを積極活用することで，行政の地域課題を，市民の ICT 技術によって支援する枠組みが作られつつある．

（**瀬戸寿一**）

【文献】

Goldstein, B. and Dyson, L. eds.（2013）*Beyond transparency: open data and the future of civic innovation*, Code for America Press, 316p.

Patel, R.（2015）*A Guide to Open311*, Partridge Publishing India, 240p.

Whitaker, C.（2015）*@CivicWhitaker Anthology*, The Chicago Community Trust, 141p.

吉田博一（2013）日本における OPEN311 の有用性と今後の展開について．経営情報学会全国研究発表大会要旨集：96-99.

第27章 日本におけるオープンガバメント・オープンデータの実践事例

PGISの応用

オープンデータへの取り組み

1. はじめに

第26章で取り上げたように，近年オープンデータを通じた地域課題の解決に向けた取り組みが世界的に推進され，日本でも第8章で取り上げたように2012年頃からオープンデータ政策が国レベルおよび地方自治体レベルで徐々に推進されつつある．オープンデータの提供モデルやその課題を指摘したSieber and Johnson (2015) によれば，データ提供や標準化といったオープン化以外にも，市民に対するソースコードの提供やアプリ開発の促進，さらには不備があった場合の市民側からのフィードバックなど，一歩踏み込んだ取り組みが必要とされている．

日本ではオープンデータ政策が進んだ諸外国と比べて普及の途上であるものの，いくつか先進的な取り組みもある（関本・瀬戸, 2013; 瀬戸・関本, 2015; Seto and Sekimoto, 2015）．そこで本節では，第26章と同様に日本における地理空間情報に関連したオープンデータの取り組み事例について解説する．

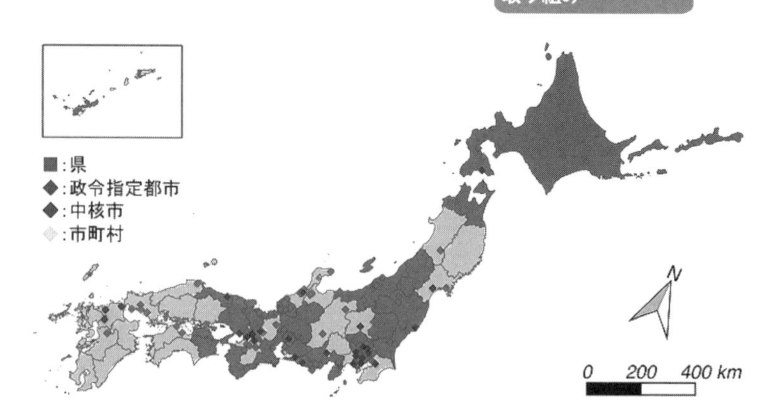

図 27-1 オープンデータ整備自治体の分布．(2015年8月末時点，筆者作成)

表 27-1 自治体規模別のオープンデータ整備状況

都市	団体	位置情報有	平均 Size (KB)	位置情報無	平均 Size (KB)	合計
都道府県	21	1,825 (10.0%)	309.5	3,097 (17.0%)	397.8	4,922
政令指定都市	14	836 (4.6%)	36,514.5	4,516 (24.8%)	415.5	5,352
中核市	15	705 (3.9%)	194.6	644 (3.5%)	874.8	1,349
市町村	87	1,576 (8.6%)	8,615.1	4,718 (25.9%)	244.3	6,294
区部	26	96 (0.5%)	64.5	232 (1.3%)	4,872.5	328
合計	163	5,038 (27.6%)	9,975.5	13,207 (72.4%)	453.9	18,245

2015年8月時点，筆者作成.

2. 日本の地方自治体におけるオープンデータの取り組み状況

日本における地方自治体レベルのオープンデータは，2010年末に福井県鯖江市が「データシティ鯖江」として活動を開始したことを契機に，2012年7月会津若松市，2013年8月静岡県，2013年10月の横浜市・千葉市における公開を代表に2014年以降全国各地で急速に広まった．

オープンデータ公開を実施している地方自治体について，福野氏・下山氏によって整備されている「日本のオープンデータ都市一覧（LinkData.org）」(http://linkdata.org/work/rdf1s127i) を参考に，2015年8月末時点で各自治体のWebページを執筆者らが独自に調査した結果，自治体数の合計は161で，県単位で21 (44.7%)，市町村単位で116 (6.7%)，および政令指定都市の区単位で26がそれぞれ確認され，その数は現在でも増加している（図27-1）．

オープンデータ化されたデータ数は自治体規模や対象となるオープンデータの内容によって様々であるが，同様に調査した結果，総計18,000以上の存在が確認され，位置情報有と分類できるデータは，約5,000件以上であることが明らかとなった（表27-1）．本調査における位置情報有の分類基準は，GISのデータ形式や地図画像として提供されているものに加え，CSV形式やエクセル形式であっても緯度経度や市町村の行政界より細かな空間単位で場所が特定できるような住所情報を有するデータも対象となっている．

地方自治体において整備されているオープンデータの多くは，一般的には統計資料や施設一覧といった表形式で提供されているものが多く，約4割がXLS形式やCSV形式で提供されている．地理空間情報については公共施設の位置情報や，避難場所，自動体外式除細動器（AED）の設置場所，コミュニティバス停の位置情報が多く，表形式やSHPファイルやKMLファイルといったGISデータとして整備されているケースもある．また，ハザードマップや被害想定図，観光マップといった地図データはGISデータよりもPDFファイルや画像データとして提供されていることも多い．また次節で触れるように，先進的な自治体のいくつかについては，都市計画現況図や航空写真データ，森林簿，地番図といった統合型GISで整備されてきたようなデータがオープンデータとして整備されるケースも増えつつある．

表27-2 地理空間情報のオープンデータに取り組んでいる地方自治体例．
内閣官房「オープンデータを始めよう」をもとに筆者作成．

地方公共団体名	データ公開の取り組みの概要	URL
北海道 室蘭市	市が保有する様々なデータを準備が整ったものから順次公開しています．特に，都市計画現況図や航空写真など，地図系のデータが多いことと，広報紙や民間バスの時刻表データなどの公開が特色です．	http://www.city.muroran.lg.jp/main/org2260/odlib.php
福島県 会津若松市	市で構築したオープンデータ利活用基盤「DATA for CITIZEN」にて，データを公開するとともにアプリの構築基盤も提供している．行政データだけでなく，民間保有の地域に関するデータも集約している．	http://www.city.aizuwakamatsu.fukushima.jp/docs/2009122400048/
群馬県 前橋市	市が保有する人口統計情報・施設情報・観光情報等を掲載している．一部のデータについては，一般的なオープンデータの形式のほか，地理情報システム（GIS）でも活用可能な形で公開している．	http://www.city.maebashi.gunma.jp/sisei/499/509/p012146.html
千葉県 千葉市	「ちばDataポータル」により，データカタログサイトによるオープンデータ等の公開をはじめ，データ活用により創出されたアプリ等を紹介しています．	http://www.city.chiba.jp/somu/joho/kaikaku/chibadataportal-top.html
神奈川県 横浜市	人口・世帯数などの統計情報，地域防災拠点などの防災関連情報，横浜市金沢区の子育て関連情報，市民意識調査の単純集計結果，中期計画掲載内容など，横浜市が提供するオープンデータセットとその掲載ページの一覧．	http://www.city.yokohama.lg.jp/seisaku/seisaku/opendata/catalog.html
静岡県	県のデータだけではなく，県内市町及び民間等のデータを「ふじのくにオープンデータンデータカタログ」で公開可能としている．あわせて，公開データを活用したアプリも紹介している．	http://open-data.pref.shizuoka.jp
静岡県 静岡市	「静岡市オープンデータ基本方針」及び「シズオカ型オープンデータシステムの推進に関する指針」に基づき，データの「公開」から「活用」に主眼を置いたオープンデータの取組みを推進していきます．	http://www.city.shizuoka.jp/186_000001.html
富山県 南砺市	G空間アプリ等での利活用を想定し，公共交通，公共施設の位置情報を中心としたデータ公開を実施中．	https://sites.google.com/site/nantoopendata
岐阜県	「岐阜県オープンデータカタログサイト」は，統計や地理空間情報を中心に，試行版として開設した．検索機能等を備えた本格的なデータカタログサイトの整備に向け，利用者の意見をもとに課題等を検討していく．	http://gifu-opendata.pref.gifu.lg.jp/
福井県 鯖江市	2012年1月から機械判読可能なデータ形式，ライセンスをCC-BYとしてデータを公開し，民間では90以上のアプリが開発されている．サイトで，データ，アプリを公開，オープンデータの可能性を模索し，各種データ公開に挑戦している．	http://data.city.sabae.lg.jp/
山口県 山口市	地図情報サービス「オープンマップ@山口市」で提供中の地図情報を中心に，準備の整ったものから順次，山口市の行政情報をオープンデータとして公開している．	http://aac-omap.com/ygmapdoc/
福岡県 福岡市	生活を便利にするアプリケーションの開発やサイトを構築する企業，公共データを利用して調査研究を行う学術・研究機関，起業家など，利用者にとって「とことん使いやすいデータ」を提供することを目的としています．	http://www.open-governmentdata.org/

3. 地方自治体におけるオープンデータ公開

オープンデータを提供する先進的な地方自治体の中でも，地理空間情報の提供を推進する団体も増えてきた．以下では，その事例をいくつかを取り上げる．なお，日本の地方自治体におけるオープンデータの提供ガイドラインはいくつか存在するが，地理空間情報については，例えば内閣官房の「二次利用の促進のための府省のデータ公開に関する基本的考え方（ガイドライン）の別添資料」や「オープンデータを始めよう：地方公共団体のための最初の手引書」（http://www.kantei.go.jp/jp/singi/it2/densi/kettei/opendata_tebikisyo.pdf），あるいは地方公共団体情報システム機構の「オープンデータ取組ガイド」（https://www.j-lis.go.jp/data/open/cnt/3/1504/1/guide.pdf）などで取り上げられている．

表27-2は，内閣官房で紹介されているオープ

ンデータ公開自治体リストのうち，特に地理空間情報に関する取り組みを推進している地方自治体の一例を示している．オープンデータ自治体の中でも特に取り組みが早期から実施された鯖江市や室蘭市，静岡県，静岡市は都市計画現況図や用途地域に関するGISデータ（主にSHPファイル形式）を提供している．なお，必ずしもオープンデータとして表明していない地方自治体であっても，例えば浦安市や富田林市は，OSM（OpenStreetMap）に対して道路や建物形状といった基盤的な地理空間情報が提供されている．

都市計画現況図と同様に，基礎となる航空写真オルソ画像データの提供についても，室蘭市や静岡市などで行なわれている．また，これまでオープンデータ化やWeb上で提供されることの少なかった地番図（室蘭市）や森林簿（静岡県），森林計画（和歌山県）などのデータ公開もされている．また，行政業務におけるオープンデータ利用の観点では，会津若松市が家庭用防災カルテ・ハザードマップの背景地図にOSMを採用している．

他方，提供事例は多くないが公共交通やコミュニティバスなどを中心とするリアルタイムデータのオープンデータ化に取り組んでいる地方自治体もあらわれつつある．例えば，静岡市と㈱トヨタIT開発センターが2015年に共同実験を行った「しずみちinfo」では，道路規制情報や道路啓開情報を始め道路に関する様々な地理空間情報と，避難所等の危機管理情報をウェブ地図やAPIが提供されている（図27-2）．また，静岡市よりは大規模ではないものの，公共交通に関しては，鯖江市の

図 27-2 しずみちinfoのWeb地図画面．
（https://shizuokashi-road.appspot.com/）

「つつじバス」（http://www.city.sabae.fukui.jp/users/tutujibus/web-api/web-api.html）や会津若松市の会津バスに関するバス停・時刻表・市内循環バス「エコろん号」の位置情報履歴などが挙げられる．

4. オープンデータによる地方自治体における市民協働

オープンデータを用いて民間企業や市民が中心となりアプリケーション開発も盛んに行われる事例が増えつつある．これらの開発成果は，地方自治体のWebページやオープンデータカタログサイトで紹介されることが一般的である．しかし，会津若松市ではData for Citizenというポータルサイトを開設し，データセットの公開だけでなくアプリケーション例やデータセット公開のリクエスト受付などに積極的に取り組んでいるほか，福岡市では，データポータルサイト自体の提供にも取り組んでいる．

開発者を考慮したオープンデータ公開に取り組んでいるのは和歌山県が代表例である．和歌山県は，オープンデータの提供に際して，ソフトウェア開発のためのソースコード共有サービス「GitHub」に日本の地方自治体で初めて公式アカウントを開設し，道路規制情報や避難所情報，津波浸水想定図などがSHPファイルやGeoJSONなどで公開され，開発者の利便性を高めている（図27-3）．GitHubを用いる利点はデータ提供以外にも，データ内容の変更を利用者側が提案する「Pull Request」機能やデータのより良い公開方法等の意見交換がスレッド形式で行える「Issue」といったGitHubの基本機能が利用可能な点にある．

市民からの課題提示という点では，第20章でも取り上げる千葉市の「ちばレポ」を代表例として，第26章の海外事例で取り上げたFixMyStreet（https://www.fixmystreet.jp/）も，日本の有志によって日本語版として構築され，愛知県半田市・大分県別府市・福島県郡山市・奈良県生駒市では，自治体の業務利用が行なわれている．また横浜市では，課題解決に向けた市民協働プラットフォームとして「LOCAL GOOD YOKOHAMA」が民間主導によって構築されている（図27-4）．これは，Web上で地域の課題を地図上に可視化し情報共

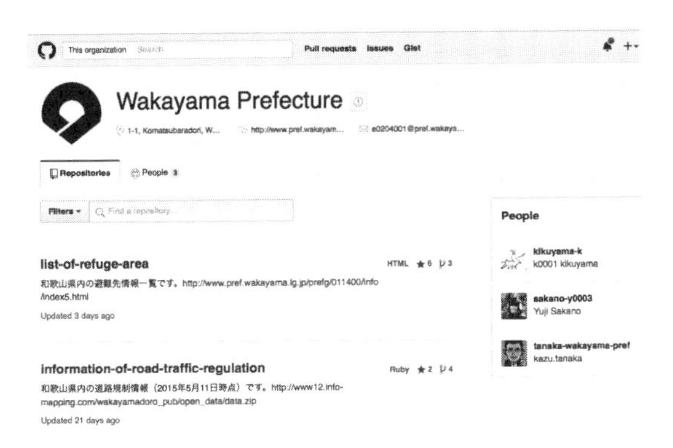

図 27-3 和歌山県の GitHub ページ.
(https://github.com/wakayama-pref-org)

図 27-4 LOCAL GOOD YOKOHAMA の Web 画面.
(http://yokohama.localgood.jp/)

有する機能を有するほか，クラウドファウンディングによる資金調達に関するプロジェクト管理機能も備わっている．こうした取り組みは，千葉市と同様に地方自治体保有の公共データの公開を超えて，オープンガバメントの先進事例に位置づけられる．

5. 市民組織によるオープンデータの活用

地方自治体によるオープンデータの公開と共に，日本でも IT 技術に長けた市民が中心となり，CfA の活動等を参考に，各地域でオープンデータの積極的な活用やアプリケーション開発が進められている．特に，Code for Japan によって認定されているローカル版の Code for コミュニティは 2016 年 2 月時点で 38 団体あり（関，2016），地域課題に即した活動を行っている．

Code for を中心とするオープンデータを用いた

図 27-5 5374.jp の操作画面.

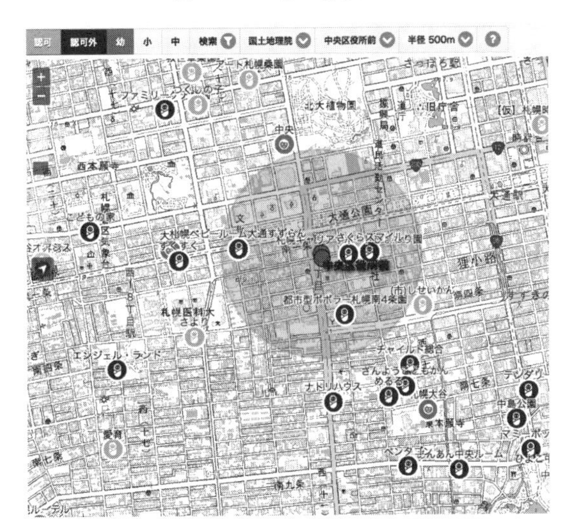

図 27-6 さっぽろ保育園マップの Web 画面.
(http://papamama.codeforsapporo.org/)

初期の活動のうち複数の地域に展開した事例は，地方自治体の予算決算データを用いた税金の使用状況を可視化する「税金はどこへ行った」が代表例である．2013 年 9 月には，ゴミ収集の情報提供に関するアプリケーション「5374（ゴミナシ).jp」(http://5374.jp) が，Code for Kanazawa によって開発され，GitHub にソースコードが提供されたことで，急速に利用地域や 5374.jp 開発のワークショップが拡大し，2016 年 4 月時点で 50 以上の地域で利用されている（図 27-5)．

Web 地図を用いたアプリケーションとして，同様に地域展開が図られたものは，Code for Sapporo により 2014 年 10 月に公開された「さっぽろ保育園マップ」も注目すべき事例であろう（図27-6）．これは2016年4月時点で東京都23区を含む11地域で公開され，子育て世代におけるWebスマートフォン向けサービスとして利用拡大されている．また，このアーキテクチャを用いて湖西市では福祉支援マップを作成する活動へと拡がっている．

6. まとめ

日本でも近年，オープンデータの流れを受け，公共データが二次利用可能になることで，Code forにおける活動を代表例とする市民エンジニアが行政と協働あるいは行政サービスに成りかわって，必要とするアプリケーションを開発するという現象が起こっている．本章で紹介した事例の多くは，データがオープンに使えるのみならず，アプリケーション開発の場で生成されたソースコードもオープンにされ，GitHub等を通じていつでも誰でも入手できる点にある．またソースコードやオープンデータは，地域課題をICTで解決したいと感じる市民とのコミュニケーション手段の1つにもなりつつあり，現状では必ずしも多くない地理空間情報のオープン化の種類やボリュームの拡大が今後期待される．他方，市民が行政のオープンデータ化を要求する以外にも，ちばレポやFixMyStreet等の課題投稿システムを始め，ゴミ収集や保育園の最新状況といった，Webや地域のフィールド上に散財する情報を，市民が自ら集めて共有するようなVGI型の活動もアプリケーション開発と伴って行われつつある点にも，参加型GISにおける新たな役割として期待したい．

（瀬戸寿一）

【文献】

関　治之（2016）Code for Japan活動紹介．http://www.slideshare.net/codeforjapan/code-for-japan-in-code-for-nanto（最終閲覧日：2016年4月30日）．

関本義秀・瀬戸寿一（2013）地理空間情報におけるオープンデータの動向．情報処理54（12）：1221-1225.

瀬戸寿一・関本義秀（2015）オープンな地理空間情報の流通量とその国際比較．地理情報システム学会講演論文集23: 4（CD-ROM）．

Seto, T. and Sekimoto, Y.（2015）Comparing the distribution of open geospatial information between the cities of Japan and other countries, *CUPUM 2015 conference papers* 14, 14p（USB）．

Sieber, R. and Johnson, P.A.（2015）Civic open data at a crossroads: Dominant models and current challenges, *Government Information Quarterly* 32: 308-315.

あとがき

本書の前身ともいえるのは，2007年に出版された『GISと市民参加』[1]である．序章でも述べたように，同書は2003～2005年度に国土交通省が実施したGIS利用定着化事業の成果をとりまとめたもので，日本で最初に参加型GIS（PGIS）を中心題目に掲げた出版物といえる．同書の監修者の1人で，本書の編者でもある今井は，その後もGISの普及と定着化のための様々な事業に関わってきたが，その一環として実施された自治体職員向けGIS研修で若林が講師を務めたことをきっかけとして，共同研究の話が浮上した．そこで，以前からPGIS関心を寄せていた山下，西村らに声を掛けて若林が代表者となって科学研究費補助金を申請したところ，基盤研究B「参加型GISの理論と応用に関する研究」（2010～2012年度）が幸いにして採択された．さらに，2013年からは，PGISに関連した新しい動きとしてのボランタリーな地理情報（VGI）の活動に関わっていた古橋や瀬戸らを加えて，基盤研究A「多様な主体による参加型GISの構築と応用に関する研究」（2013～2016年度）の共同研究に取り組んだ．それらの成果の概要をとりまとめたのが，本書である．

この間，若林が代表となって日本地理学会に「GISと社会研究グループ」が発足し，PGISを中心として，GISと社会との接点で浮上する様々な話題を議論してきた．2013年春の日本地理学会ではシンポジウム「参加型GISの現状と課題」，2016年春の日本地理学会ではシンポジウム「多様な主体による参加型GISの方法と実践」を開催し，成果の一部を公開した[2]．海外では学術雑誌でPGISに関する特集を組んだ例も数多くみられるが，広く成果を公開するには本にまとめて出版するのが最適と考えた．そこで，古今書院の原様に相談し，本書の企画が実現することになった．

本書では，PGISの理論，技術，応用について，現在の到達点を可能な限り具体例を挙げて論じてきたが，紙数の関係で取り上げられなかった話題や，十分に掘り下げて検討できなかった事項が残されている．ここでは，そのうちのいくつかについて補足しておきたい．

まず，PGIS普及の背景となるGISの利用形態と地図作成過程の変化について触れておく．GISそのものが高価で一部の専門家が利用している段階では，GISに用いる情報も少なく，組織内での利用が中心とならざるを得ない．日本では，GISを研究の道具として利用する研究者，業務の効率化の道具として利用する民間企業や行政機関などが主な利用者であった．その後も，既存の紙地図で作成された内容をデジタルデータ化する膨大な作業が続き，GISの価格が下がっても，データ作成自体にコストがかかる状態が続いた．

しかし，本書でも紹介したように，GPSの民生利用が本格化すると，それを組み込んだ機器によって，自動的に地理空間情報のデジタルデータが取得できるようになった．こうして現在位置をリアルタイムで知ることが容易になった結果，これまでとは全く異なるGISの利用形態があらわれてきた．その1つの結果が，カーナビゲーションの普及である．その後，モノや携帯電話，スマートフォンの中にGPSが組み込まれ，自動車だけでなくモノや人の位置情報の取得へと利用が拡大した．

このような技術の変化は，地図の作成方法にも影響を及ぼし，紙地図を介さずに最初からデジタルデータとして地図化する方法が一般化した．これと並行してコンピュータのダウンサイジングと低廉化が進行し，通信インフラの整備とともにモバイル化も進行した．その結果，位置情報はGPSだけでなく携帯電話会社の基地局情報や各種センサーでも取得できるようになり，あらゆる場所で大量の地理空間情報が利用できるようになる．こうして一部の専門家だけではなく，一般人が無意識にデータを作り，利用する社会へと大きな変化がもたらされた．これに伴ってVGIの活動が促進され，GIS利用に様々な影響をもたらしたことは，本書で触れたとおりである．

こうして日常生活に浸透した新しいGIS技術は，PGISの活動にも導入され，草の根の市民活動を支援したり，地域や社会の多様性を高めることにつながる可能性がある．もともとGISの機能は，レイヤーの重ね合わせや各種の空間分析を組み込む形で改良が加えられてきたが，その応用例として，本書でも取り上げたまちづくり・地域づくりの分野がある．従来は，クライアントやプランナーの考え方に合わせて「効率的なまち」,「最適なまち」を計画するための道具としてGISが利用されることが多かった．当然のことながら，同じアルゴリズムを用いて同一のデータを与えれば，同じ結論に達することは明白である．たとえばエリア・マーケティングを例に考えてみると，商圏を設定してその中の利用者の行動を分析し，最適な出店場所を探すと，結果的に同じ場所に集中出店することになりがちである．その結果，幹線道路沿いにはどこも同じようなチェーン店が展開され，似かよった景観を生み出すことになる．

一方で，条件の不利な地域は，店舗が立地せず地域の過疎・過密状態を拡大するため，消費者にとっては居住地によるアクセス条件の不均衡を生み出すことになる．そうした地域的不均衡を増幅する道具としてGISが使われてきたことは否定できない事実であろう．

編者の1人である今井が関わっている条件不利地域の地域おこしでは，何とか地域を存続させたいと願い，様々な努力が続けられている．そのためには，これまでのような効率性や最適性の追求に代わる別の考え方が求められている．地域に存在する自然環境，社会的・文化的環境に備わる豊富な地域資源は，その活用に手間がかかるために放置され，消滅寸前の状態になっており，これを活かす方策が求められている．その際に，PGISの考え方を導入すれば，効率的で最適な答えを出すための道具だけにとどまらないGIS活用の道が開ける．つまり，豊富な地域資源に関する情報を，ありのまま記録する道具としてもGISは適しており，その情報を活かすために使うことも可能である．PGISは，多様な主体から集めた情報や意見を取り込むことで，このような地域資源の活用と合意形成に有効な手段を提供するであろう．

合意形成という側面でも，GISの視覚化機能として組み込まれた地図化は，有効な手段となる．とくに，VGIの普及によってもたらされる大量の地理空間データを人間が理解して活用する際に，地図やグラフを用いてわかりやすく空間的に表現する方法が役に立つ．他方で，そうした視覚化手法を使いこなすには，PGISの参加者の側にも一定の空間的思考力（あるいは，空間的リテラシー）が求められるであろう．日本の高等学校で長らく選択科目であった教科「地理」が再必修化されれば，空間的思考力を身につけた人材が将来のPGISの担い手となることが期待される．特に日本でも地方自治体が直面する地域課題は，広域でかつ複雑な状況になっており，行政サービスの限界に対して，公共データのオープン化やITを活用した市民との協働（シビックテック）の重要性が増していることは疑う余地がない．

こうしたPGISの活動を草の根から支えるのがVGIであるが，その活動の広がりとともに課題となってきたのは，データの精度や信頼性の問題である．多くの章で指摘されてきたように，ネオ地理学やOSMを代表例とするVGIの浸透は，「GISの民主化（democratization）」[3]をもたらしたことは確かである．他方，専門家から市民に至る多様なステイクホルダーが活動に加わるOSMは，地図データとしての精度保証を必ずしも担保するものではなく，地域ごとに網羅性や精度が均質でない．こうした事情から，VGI研究ではノイズの多いデータの精度問題や品質評価の研究[4]が重要なトピックスの1つとなっており，実習機会を通じた教育効果やスキル向上に関するアプローチも模索されつつある．また，データの大量な蓄積を活かして，機械学習や自動検出といった技術的な支援も近い将来可能になるだろう．

ただし，OSMの本質は，Missing Mapsプロジェクト（http://www.missingmaps.org/）に代表されるように，基礎的な地図が必要であるにも関わらず国や民間で十分に整備・更新されてこなかった地域でも支援可能なオープンな場が用意されていることであり，地理情報科学における参加の意味を問い直す上でも今後引き続き注目されるべきである．特にOSMのようなデータの作成過程にユーザが参加するタイプのオープンデータは，絶えず不特定多数のユーザによって点検され修正されることが前提となっている．このように，データの点検や修正にユーザが関与できる点で，OSMをはじめとするVGIはオープンサイエンスの特徴を共有している．それはまた，PGISに共通する特色でもあり，研究者以外の多様な主体との協働が求められている新しい科学のあり方としての超学際的（transdischiplinary）分野の形成にも大いに寄与するはずである．

（若林芳樹・今井　修・瀬戸寿一・西村雄一郎）

【付記】 筆者らの研究グループは，P/PGISに関するWebサイト（http://www.pgisj.com/）を開設しており，今後も継続して当該分野における新しい動きや関連する情報を掲載していく予定である．

【注】

1）岡部篤行・今井　修監修（2007）『GISと市民参加』古今書院.

2）シンポジウムの概要は，日本地理学会発行のオンラインジャーナルE-Journal GEO（Vol.8, No.1およびVol.11, No.1）に記事として掲載されている．https://www.jstage.jst.go.jp/browse/ejgeo/-char/ja/

3）Byrne, D. and Picard, A.J.（2015）Neogeography and the democratization of GIS: a metasynthesis of qualitative research. *Information, Communication & Society* 19（11）: 1505-1522.

4）Haklay, M.（2010）How good is volunteered geographical information? A comparative study of OpenStreetMap and Ordnance Survey datasets. *Environment and Planning B* 37: 682-703.

索　引

【数字】

【欧文】

【あ行】

【か行】

執筆者紹介

【編著者】（担当章）

わかばやし　よしき
若林　芳樹　（序章・21章）
1959年佐賀県生まれ．1986年広島大学大学院文学研究科博士前期課程単位取得退学．現在，首都大学東京都市環境学部教授．博士（理学）．

いまい　おさむ
今井　修　（4・12・18・23章）
1948年兵庫県生まれ．1974年東北大学理学部地球物理専攻修士修了．（株）パスコ，NPO国土空間データ基盤推進協議会，東京大学空間情報科学研究センターを経て現在，（有）ジー・リサーチ代表取締役．

せと　としかず
瀬戸　寿一　（2・5・8・9・20・26・27章）
1979年東京都生まれ．2012年立命館大学文学研究科人文学専攻博士課程後期課程修了．現在，東京大学空間情報科学研究センター特任講師．博士（文学）．

にしむら　ゆういちろう
西村　雄一郎　（6・9・16・25章）
1970年愛知県生まれ．2003年名古屋大学大学院文学研究科博士後期課程満期退学．現在，奈良女子大学人文科学系研究院准教授．博士（地理学）．

【分担執筆者】（50音順，担当章）

いけぐち　あきこ
池口　明子　（13章）
1970年千葉県生まれ．2004年名古屋大学大学院環境学研究科博士後期課程修了．現在，横浜国立大学教育人間科学部准教授．博士（地理学）．

おおにし　こうじ
大西　宏治　（17・24章）
1969年北海道生まれ．2000年名古屋大学大学院文学研究科博士後期課程単位取得満期退学．現在，富山大学人文学部准教授．修士（地理学）．

おかもと　こうへい
岡本　耕平　（15章）
1955年島根県生まれ．1984年名古屋大学大学院文学研究科博士後期課程単位修得満期退学．現在，名古屋大学大学院環境学研究科教授．博士（地理学）．

かわすみ　なおみ
河角　直美　（19章）
1976年大阪府生まれ，2006年立命館大学大学院文学研究科地理学専攻博士課程後期課程修了，現在，立命館大学文学部准教授，博士（文学）．

くきもと　みこと
久木元　美琴　（21章）
1979年鹿児島県生まれ．2010年東京大学大学院総合文化研究科修了．現在，大分大学経済学部准教授．博士（学術）．

さとう　ひろたか
佐藤　弘隆　（19章）
1989年茨城県生まれ，2015年立命館大学大学院文学研究科地理学専修博士課程前期課程修了．現在，立命館大学大学院文学研究科文化情報学専修博士課程後期課程．修士（文学）．

すずき　こうしろう
鈴木　晃志郎　（7章）
1972年東京都生まれ．2004年東京都立大学大学院地理科学専攻博士課程修了．現在，富山大学人文学部准教授．博士（理学）．

たなか　まさひろ
田中　雅大　（22章）
1988年長野県生まれ．2014年首都大学東京大学院都市環境科学研究科博士前期課程修了．現在，同大学大学院同研究科博士後期課程，日本学術振興会特別研究員（DC）．修士（地理学）．

なかとがわ　しょうた
中戸川　翔太　（20章）
1993年神奈川県生まれ．2016年横浜国立大学教育人間科学部卒業．現在，平塚市立富士見小学校教諭．

ふるはし　たいち
古橋　大地　（10・14章）
1975年東京都生まれ．2001年東京大学大学院新領域創成科学研究科修士課程修了．現在，青山学院大学地球社会共生学部教授．修士（環境学）．

やの　けいじ
矢野　桂司　（3・19章）
1961年兵庫県生まれ．1988年東京都立大学大学院理学研究科地理学専攻博士課程中途退学．現在，立命館大学文学部教授．博士（理学）．

やました　じゅん
山下　潤　（1・11章）
1964年長崎県生まれ．1995年ルンド大学社会科学部社会経済地理学科博士課程修了．現在，九州大学大学院比較社会文化研究院教授．Ph.D.

書　名	参加型GISの理論と応用 －みんなで作り・使う地理空間情報－
コード	ISBN978-4-7722-4200-4　C3055
発行日	2017（平成29）年3月25日　初版第1刷発行
編著者	**若林芳樹・今井　修・瀬戸寿一・西村雄一郎**
	Copyright　©2017 WAKABAYASHI Yoshiki, IMAI Osamu, SETO Toshikazu and NISHIMURA Yuichiro
発行者	株式会社古今書院　橋本寿資
印刷所	三美印刷株式会社
発行所	**（株）古 今 書 院**
	〒101-0062　東京都千代田区神田駿河台2-10
電　話	03-3291-2757
FAX	03-3233-0303
URL	http://www.kokon.co.jp/
	検印省略・Printed in Japan